Denkmal und Energie 2017

Bernhard Weller · Sebastian Horn *(Hrsg.)*

Denkmal und Energie 2017

Energieeffizienz, Nachhaltigkeit und Nutzerkomfort

Herausgeber
Bernhard Weller
Technische Universität Dresden
Dresden, Deutschland

Sebastian Horn
Technische Universität Dresden
Dresden, Deutschland

ISBN 978-3-658-16453-9 ISBN 978-3-658-16454-6 (eBook)
DOI 10.1007/ 978-3-658-16454-6

Die Deutsche Nationalbibliothek verzeichnet diese Publikation in der Deutschen Nationalbibliographie; detaillierte bibliographische Daten sind im Internet über http://dnb.d-nb.de abrufbar.

Springer Vieweg

Springer Vieweg ist Teil von Springer Nature
Die eingetragene Gesellschaft ist Springer Fachmedien Wiesbaden GmbH
Die Anschrift der Gesellschaft ist: Abraham-Lincoln-Straße 46, 65189 Wiesbaden, Germany

Vorwort

Das klassische Themenfeld von Architekten und Ingenieuren im Bauwesen befindet sich seit geraumer Zeit im Wandel. Standen früher vor allem die Gestaltung und die Standsicherheit im Vordergrund, sind die Themen Energieeffizienz und Nachhaltigkeit heute allgegenwärtig. Von der Einführung der Wärmeschutzverordnung 1977 bis hin zur heute gültigen Energieeinsparverordnung (EnEV) haben sich die Anforderungen an die Energieeffizienz von Gebäuden stetig verschärft. Das wirkt sich entscheidend auf die Arbeit der Architekten und Fachplaner aus.

Für die Zukunft rückt neben dieser bisher viel betrachteten Energieeffizienz von Gebäuden auch die Ressourceneffizienz vermehrt in den Fokus. Der Auswahl einzusetzender Materialien und Baustoffe wird daher eine immer größere Bedeutung im Planungsprozess beigemessen. Ist diese integrale Herangehensweise bereits bei Neubauten eine komplexe Aufgabe, stellt sie bei der Sanierung denkmalgeschützter Bestandsgebäude die am Bau beteiligten vor noch größere Herausforderungen. Immerhin bewegt man sich hier in festgelegten Grenzen, welche von der historischen Bausubstanz vorgegeben werden. Baudenkmale müssen heute nicht zwingend allen Anforderungen der EnEV entsprechen. Es ist aber sicher, dass langfristig die Sanierung von denkmalgeschützten Gebäuden nur bei Erfüllung hoher Standards hinsichtlich Energie- und Ressourceneffizienz von der Gesellschaft und den konkreten Nutzern angenommen wird.

Die Beiträge dieses Bandes zeigen Möglichkeiten aber auch Grenzen bei Maßnahmen zur nachhaltigen Steigerung von Energieeffizienz und Nutzerkomfort an Baudenkmalen. Neben den Inhalten aus den Vorträgen zur begleitenden Tagung wurden zusätzliche Beiträge aus Wissenschaft und Praxis hinzugenommen, die dem Leser ein noch breiteres Feld an energetischen Maßnahmen im denkmalgeschützten Gebäudebestand anbieten.

Die Herausgeber danken den Autoren der einzelnen Beiträge, welche diese meist neben dem eigentlichen Tagesgeschäft erarbeitet haben, sowie Frau Leonie Scheuring und Frau Claudia Hildebrandt am Institut für Baukonstruktion in Dresden für deren engagierte Mitarbeit an der Drucklegung des Buches.

Dresden, November 2016

Bernhard Weller, Sebastian Horn

Inhaltsverzeichnis

Die Grundsanierung des Bundesverfassungsgerichts

Leitender Baudirektor a. D. Prof. Dipl.-Ing. Wolfgang Grether[1]

[1] Am Pfad 29, 76149 Karlsruhe

Kurzer Überblick

Bei der energetischen Sanierung von Gebäuden aus der Nachkriegszeit wird oft das geschützte Erscheinungsbild so stark verändert, dass der Fortbestand als Denkmal in Frage gestellt wird. Bei der Grundsanierung des Gebäudes des Bundesverfassungsgerichts in Karlsruhe wurde mit hohem technischen Aufwand eine energetisch optimierte Fassade realisiert, die weitgehend dem bauzeitlichen Original entspricht. Dabei wurde so viel wie möglich Bausubstanz erhalten und wenn dies aus technischen Gründen nicht möglich war durch material- und maßgleiche Ersatzbauteile, oft als Sonderanfertigungen ersetzt. Dies gilt auch für den Innenausbau. Hier wurden vor allem der Brandschutz und die komplette technische Gebäudeausstattung auf den neuesten Stand gebracht und einige wenige Bereiche funktional umgestaltet.

Schlagwörter: Sanierung, Denkmalschutz, Nachkriegsbau, Erscheinungsbild

Abbildung 1: links: Sitzungssaalgebäude; rechts: Sitzungssaal (Fotos: Stephan Baumann)

1 Einführung

Das Bundesverfassungsgericht in Karlsruhe ist als Verfassungsorgan eine der zentralen Einrichtungen der Bundesrepublik Deutschland. In den Jahren 1965-69 wurde sein Gebäude nach einem Entwurf des Berliner Architekten Prof. Paul Baumgarten errichtet.

Die offene, fließende und transparente Architektur des Gebäudes vermittelt bis heute sehr anschaulich das Demokratieverständnis im Deutschland der Nachkriegszeit. Das Gebäude stellt Dank seiner herausragenden und zeittypischen architektonischen Qualitäten ein wich-

Denkmal und Energie 2017. Herausgegeben von Bernhard Weller, Sebastian Horn.

tiges bauliches und kulturelles Zeugnis dar. Im Zentrum der barocken Stadtanlage von Karlsruhe ist es als Baukörper gleichzeitig von wichtiger stadträumlicher Bedeutung.

Seit seiner Fertigstellung wurde das Bundesverfassungsgericht im Bauunterhalt gepflegt, eine grundlegende Sanierung erfolgte nicht. Nach rund 40-jährigem Betrieb brachte eine Analyse der Bausubstanz die Notwendigkeit der baulichen und energetischen Sanierung sowie der Optimierung der thermischen Behaglichkeit im Gebäude zum Vorschein. Mit dem Planungsauftrag zur Verbesserung der unbefriedigenden Klimasituation und des sommerlichen Wärmeschutzes begann 2006 die Planung der Baumaßnahme, die zum Schluss zu einer Grundsanierung des Gebäudes des Bundesverfassungsgerichts führte.

Abbildung 2: links: Das „schwebende" Richtergebäude; rechts: Verwaltungsgebäude (Fotos: Stephan Baumann)

Das gemeinsame Ziel, das Erscheinungsbild des denkmalgeschützten Ensembles zu erhalten und es für die weitere Nutzung optimal und nachhaltig auszurüsten, machte die Umsetzung der Maßnahmen an vielen Stellen zu einer besonderen Herausforderung.

Der Schwerpunkt war die energetische Sanierung und die brandschutztechnische Ertüchtigung des Gebäudeensembles. Darüber hinaus wurde nahezu die gesamte Haustechnik erneuert, Photovoltaikanlagen montiert, die Raumakustik optimiert, es wurden alle erreichbaren Schadstoffe entfernt, neue Sanitäranlagen, ein neuer Besprechungsraum, eine neue Cafeteria und ein Ausstellungsraum gebaut, die Pforte vergrößert, die Tiefgarage saniert, neue Teppiche, Vorhänge und Möbel beschafft usw. usw. – kurzum das Gebäude des Bundesverfassungsgerichts wurde wieder für die nächsten Jahrzehnte fit gemacht.

Die Umsetzung aller Maßnahmen erfolgte in ständiger enger Abstimmung mit der Denkmalpflege und unter Abwägung der Wirtschaftlichkeit. Das Projekt wurde durch das „Energieeinsparprogramm Bundesliegenschaften" des Bundesministeriums für Verkehr, Bau und Stadtentwicklung (BMVBS) gefördert. Die energetischen Ziele wurden im „Pflichtenheft energieeffizientes Bauen" in Abstimmung mit dem Bundesinstitut für Bau-, Stadt- und Raumforschung (BBSR) verbindlich festgelegt. Im Pflichtenheft wurden Verantwortlichkeiten festgelegt und die Nachweisführung zur Bestätigung der Ziele vereinbart.

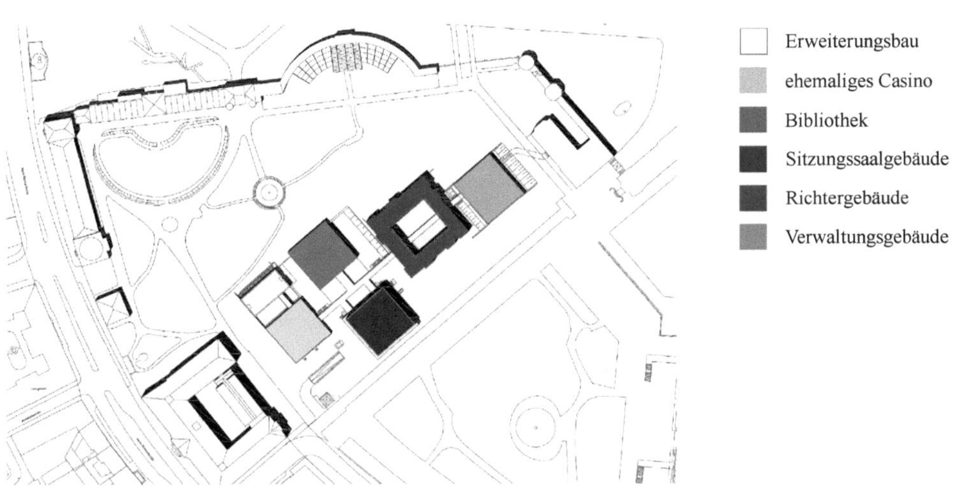

Abbildung 3: Übersichtsplan (Bild: Staatliches Hochbauamt Karlsruhe)

2 Fassadensanierung

Die transparente Fassade – ein wesentliches Merkmal des Ensembles – dient als gutes Beispiel, um die aufwendige Vorgehensweise zu verdeutlichen:

Die ursprüngliche Holzfensterkonstruktion aus Red Oregon Pine mit teilweiser Einfachver-
glasung konnte aus energetischen Gründen nicht erhalten werden. Anstelle der alten Verglasung kam eine Doppelverglasung in Weißglas zum Einsatz, um die Transparenz zu wahren. Trotz der dadurch höheren statischen Anforderungen wurden die damals handgefertig-
ten Fensterelemente in gleichem Material und Dimension neu gefertigt. Anstatt der ursprünglichen wenig gedämmten Betonbrüstungen wurden vollgedämmte Sandwichpaneele
eingebaut. Insgesamt wurden rund 7.000 m² Fassadenfläche ersetzt, wobei die größten
Elemente von 3,85 m x 7,50 m im Werk fertig verglast, per Sondertransport geliefert und
mit speziell angefertigten Sondereinhängegestellen montiert wurden. Anhand von Muster-
fassaden, die im Labor und vor Ort getestet und optimiert wurden, konnten die Details
vorher abgestimmt werden.

Die Fassadengeometrie entfachte dabei viele Diskussionen. Zunächst wurde die Musterfassade mit den alten Fenstereinteilungen gebaut. Nach der Prüfung durch die Denkmalpflege
musste ein neues Muster gebaut werden, denn trotz der nur geringfügig anderen Profilmaße
sollte die Oberkante des Querholzes exakt wie zuvor eingehalten werden. Beim nächsten
Muster gefielen die Proportionen der Glasflächen nicht, so musste nochmals neu geplant
werden. Durch eine gleichmäßige Proportionsverteilung der Glasflächen konnte man sich
dem Bestand annähern und mit der Denkmalpflege einigen.

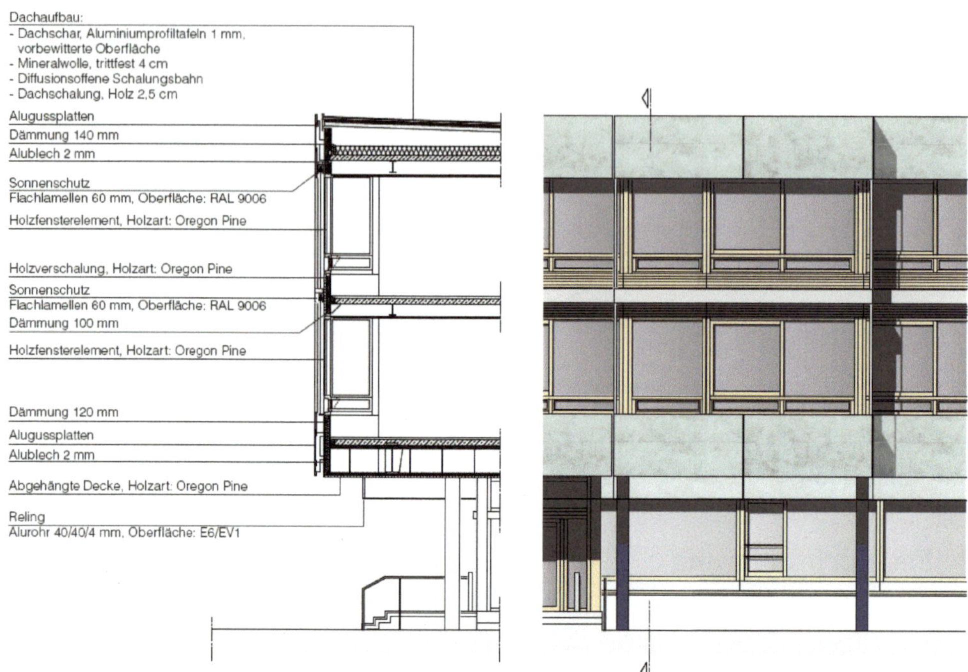

Abbildung 4: Zeichnungen der Fassadenkonstruktion des Richtergebäudes (Bilder: PlanQuadrat Karlsruhe)

Im Zuge des gesamten Rückbaus wuchs die Erkenntnis, dass die geometrischen Verhältnisse des Gebäudeensembles sehr stark von den getroffenen Annahmen und Bestandsplänen abwichen. Eine gute Architektur mit zeitgemäßer Planung war unzureichend dokumentiert, so dass die angedachte Planung der Sanierungsmaßnahme nicht 1:1 umgesetzt werden konnte. Deshalb waren viele weitere Bestandsaufnahmen zeitaufwändig nachzuführen.

Es hatte sich z.B. herausgestellt, dass die Musterfassade realisiert am Bauteil V, dem Verwaltungsgebäude, nicht auf die nahezu baugleichen Bauteile I, dem ehemaligen Casinogebäude, und Bauteil II, dem Bibliotheksgebäude, übertragen werden konnte. Ausschlaggebend waren kleine Detailabweichungen in der Randausbildung der Deckenkanten, die nicht in den Plänen dokumentiert waren. So waren z.B. die eingelegten Stahlbauteile leicht versetzt zu den Planungen platziert, so dass sie den neuen Fassadenanbindungen im Wege waren. In Verbindung mit sehr großen Maßtoleranzen im Betonbau mussten somit für alle drei Bauteile die Anbindungen überarbeitet werden. Hinzu kam, dass die neue Fassadenstatik die Fassadenplanungen nicht bestätigte und daher in jedem Bauteil verschiedene zusätzliche Lasten in den Rohbau eingeleitet werden mussten.

Die größten Abweichungen zeigten sich bei dem größten Bauteil (IV), dem Richtergebäude im Zusammenhang mit dem Einbringen der Fassadenelemente. Die Estrichstärken variierten zwischen 3 und 9 cm, eine Bandbreite, die bei korrekter Ausführung des Rohbaus niemals vorgekommen wäre. Außerdem waren die Deckenkanten weder horizontal noch vertikal in einer Flucht ausgeführt. Bestätigt wurde dies durch die Kontrollaufmaße des Rohbaus nach Abbruch der alten Fassade. Abweichungen vom Planmaß von bis zu 7 cm waren nicht selten. Solche Abweichungen konnten nur durch umfassende Anpassungen des Rohbaus ausgeglichen werden. Die heutigen maschinell gefertigten Bauteile, wie die neuen Fensterelemente, fordern eine Maßtoleranz von maximal 3 mm. Früher wurde beim Einbau der Elemente der Hobel angesetzt, heute musste die Betonsäge helfen.

Beim Richtergebäude wurden sämtliche Deckenränder der Außenfassade abgesägt und mittels angedübelter Stahlprofile (Dübelabstand 30 cm) auf das Sollmaß hin angeglichen. In der Summe wurden rund 500 m Deckenkante abgesägt und mit Stahlprofilen und 1500 Stahlverankerungen verstärkt. Die Länge der einzubohrenden Anker betrug bis zu 2 m.

Abbildung 5: links: Angepaßte Deckenränder mit Stahleinfassung; rechts: Fassadeneinbau (Fotos: Staatliches Hochbauamt Karlsruhe)

Eine besonders schwierige Rohbauproblematik wurde aber erst im Zusammenhang mit der Sanierung der Innenhoffassade erkannt. Die Kombination aus aufgeständertem Stahlbau und weitspannenden, 2-geschossigen Fachwerkträgern wurde in den bauzeitlichen Planungen falsch eingeschätzt. Die erwarteten Verformungen des Tragwerkes hatten sich nicht eingestellt. Da vor diesem Hintergrund eine rechnerische Ermittlung der Verformungen nicht möglich war, wurde das Tragwerk mittels angehängter Wassertanks und Seilabspannungen mit Kräften von 20 bis 85 kN vorbelastet. Im Ergebnis haben sich Verformungen von 3 bis 20 mm eingestellt. Das Tragwerk war aber mit Verformungen von bis zu 6 cm konstruiert und so eingebaut. Ein Fehler, der früher mit vielen zusätzlichen Unterfütterungen, Schwellhölzern und viel Estrich ausgeglichen wurde. Die neuen Fenster passen jetzt deutlich besser in den Rohbau wie zuvor.

Ein weiteres, zur Bauzeit bauphysikalisch ungelöstes Problem, war die Durchdringung der Fassade durch die Stahlträger bei den außenliegenden großen Stahlstützen des Sitzungssaalgebäudes. Zur Vermeidung von Wärmebrücken sind diese Stellen jetzt durch einzeln gesteuerte Warmwasserkreisläufe beheizt. Die Zeit von Kondenswasser an diesen Stellen ist jetzt vorbei.

Abbildung 6: links: Vorbelastete Deckenränder (Foto: Stephan Baumann); rechts: Warmwasserbeheizte Fassadendurchdringungen der Stahlträger (Foto: Staatliches Hochbauamt Karlsruhe)

Eine wichtige Planvorgabe war der Erhalt der Geometrie der markanten Aluminiumgusstafeln, die in den 60er Jahren als Spezialanfertigung in hoher kunsthandwerklicher Qualität hergestellt wurden. Jede der 420 Fassadenplatten ist ein Unikat und wurde statisch überprüft, nur mit Wasser gereinigt und mit neuer verstärkter Befestigung versehen millimetergenau wieder an der gleichen Stelle wie zuvor angebracht.

Beim Sonnenschutz war der Ersatz der kompletten Anlagen notwendig. Nach Versuchen mit unterschiedlichen Profilbreiten, Tageslichtlenkungssystemen usw. wurde an allen Fassaden geschosshohe perforierte Aluminiumlamellen installiert, welche selbst im geschlossenen Zustand einen Sichtbezug nach außen zulassen und zusammen mit der automatischen Nachführung nach Sonnenstand den Kühlbedarf deutlich reduzieren. Auch die früher erforderliche künstliche Belichtung der Büroräume bei komplett geschlossenem Sonnenschutz ist jetzt nicht mehr erforderlich.

Bei den Flachdächern (außer beim Bauteil III) konnte durch die vorhandene Kaltdachkonstruktion die Wärmedämmschicht ohne Probleme in der heute erforderlichen Dicke eingebaut werden. Die Dachdeckung aus Aluminium wurde auf Wunsch der Deckmalpflege in der alten Handwerkskunst wiederhergestellt. Die Scharenausbildung der Stehfalzdächer wurde dem ursprünglichen Dach, mit der zur Gebäudemitte hin zentrierten Aufteilung, exakt nachempfunden.

Auf den Dachflächen der beiden höchsten Pavillons verstecken sich flachgeneigte Photovoltaikmodule (Bauteil III) und laminierte Photovoltaikfolien (Bauteil IV), die einen Teil

der elektrischen Energie regenerativ decken und von keiner Stelle der umliegenden Gärten
zu sehen sind.

Abbildung 7: links: Aluminiumstehfalzdächer mit konischer Scharenausbildung (Foto: Stephan Baumann); rechts:
Eckausbildung der holzverschalten Deckenuntersichten (Fotos: Stephan Baumann)

Auch die Holzverkleidungen unter den auskragenden Bauteilen wurde an den Ecken nicht
wie heute üblich auf Gärung oder rechtwinklig gestoßen, sondern wie zuvor wieder auf die
Mitte des Gebäudes hin gerichtet strahlenförmig moniert.

Ziel war, neben der Wiederherstellung der Substanz auch die Wiederherstellung der
Raumwirkung und der Atmosphäre der Architektur Baumgartens bis ins letzte Detail.

3 Innensanierung

Die Maßprobleme des Rohbaus setzten sich im Innenausbau fort. Flure mit leichtem Quer-
gefälle führten zu unterschiedlichen Schwellenhöhen in den Türen. Einen durchgängig
einheitlichen Meterriss im Gebäude hatte man in der Errichtungsphase nicht umsetzen
können, so dass in jedem Raum wieder eigene Bezugshöhen festgelegt werden mussten.
Die Estrichergänzungen entlang den Fassaden waren mit teilweise nur 2-3 cm Stärke als
DIN-konforme Zementestriche nicht mehr möglich. Zwar hat die Situation der dann verwendete Epoxydestrich wieder etwas entlastet, nicht jedoch die Finanzlage des Projektes.

Obwohl das Gebäude in den 60er Jahren konzipiert und gebaut wurde, wies es bereits alle
baulichen Strukturen auf, die für eine moderne TGA-Planung erforderlich sind. Die zentrale
Anordnung der Gebäudetechnik, Anbindungs- und Steigtrassen zu den einzelnen Bauteilen,
sowie durchgängige Installationsbereiche in den Abhangdecken als Flächenverteiler in den
Geschossen waren vorhanden. Dass angesichts der umfangreichen zusätzlichen Installatio-
nen für neue Einrichtungen wie Einbruchmeldeanlagen, eine flächendeckende Brandmelde-
anlage, Gebäudeautomation, ein erheblich erweitertes Datennetzwerk, neue LED-Leuchten,
Kühldecken und Coolwaves-Kühlgeräte die Installationsräume eng würden, war absehbar.
Erheblich unterschätzt wurden jedoch die Übergänge in und aus den Schächten sowie die
Verteilergrößen. Immer wieder wurden seitens der Statik die geplanten Durchführungen in

Form von Kernbohrungen abgelehnt. In Folge mussten ganze Trassen umgelegt oder aufgeteilt werden, was neue Planungen und oft erneute Ablehnungen zur Folge hatte. Mitunter musste das Tragwerk in Teilen neu bewertet werden, so dass zusätzliche Durchbrüche rechnerisch überhaupt nachgewiesen werden konnten. Die beschriebenen Maßtoleranzen führten zu mehrfachen Umplanungen, besonders dort, wo die wasserführenden Leitungen mit Gefälle verlegt werden mussten. Insgesamt wurden rund 2000 Kernbohrungen in tragenden Stahl- und Stahlbetonbauteilen hergestellt. Nur durch die geänderten Leitungsführungen, zusätzlichen Entlüftungen oder zusätzliche Verstärkungen der Träger konnten die Installationen im engen Deckenhohlraum untergebracht werden. Welche der Maßnahmen angeraten war, musste in der Regel im Einzelfall vor Ort entschieden werden.

Durch die neue umfassende Gebäudeautomation zur Steuerung von Sonnenschutz, Kühlung, Heizung und Beleuchtung sowie die neue Datenverkabelung, Fernmelde- und Sicherheitstechnik mussten die vorhandenen Kabeltrassen enorm vergrößert werden. Die Menge der eingebauten Kabel hat sich nach der Sanierung um mehr als das Vierfache erhöht. Die zusätzlichen Elektroinstallationen unterzubringen war eine Herausforderung für die Planer und die ausführenden Firmen.

Abbildung 8: links: Bohrungen in den Stahlträgern; rechts: Platzprobleme für Elektrokabel (Fotos: Staatliches Hochbauamt Karlsruhe)

Auch die umfangreichen Belange des Brandschutzes mussten berücksichtigt werden. In vielen Bereichen wurde erst nach dem vollständigen Rückbau deutlich, welche Probleme bestanden. Der in den 60er Jahren neu entwickelte Brandschutzanstrich F30 für Stahlbauteile war nicht mehr vorhanden oder nicht mehr wirksam. So war es notwendig, die gesamte tragende Stahlkonstruktion der Gebäudeteile unter arbeitsschutzrechtlichen Bedingungen abzuschleifen und neue Brandschutzanstriche aufzubringen sowie teilweise neue Brandschutzverkleidungen zu erstellen, damit die heute gültigen Vorschriften erfüllt werden konnten.

Abbildung 9: links: Raumentlüftung für Abstrahlarbeiten; rechts: Schneereicher Winter im Verbindungsgang (Fotos: Stephan Baumann)

Außerdem wurden, soweit dies irgendwie möglich war, auch im Innenbereich die Belange des Denkmalschutzes berücksichtigt. Zum Beispiel wurden Türen, Glaswände und Glasdecken erhalten oder wenn dies nicht möglich war den Bestandskonstruktionen nachgebildet, oftmals mit zusätzlichen Brandschutzanforderungen aber ohne Veränderung des Erscheinungsbildes. Teilweise war dies nur durch die Entwicklung von neuen Verbundglasscheiben und Leuchtenabhängungen möglich.

Abbildung 10: links, mitte: Glasflurwand (F90) im Richtergebäude (Fotos: Staatliches Hochbauamt Karlsruhe); rechts: Glasdecke in alter Optik (Foto: Stephan Baumann)

Im Innenausbau wurden die Qualitäten der alten und neuen Sichtholzkonstruktionen aufeinander abgestimmt. Viele Bauteile wurden demontiert, gereinigt, restauratorisch überarbeitet und später wieder eingebaut. Besonders im Saalgebäude wurde auf den Erhalt der Originalbausubstanz geachtet, so sind alle Holzverkleidungen im Sitzungssaal vor Ort verblieben und über die Bauzeit hinweg geschützt worden. Ein Unterfangen, das angesichts der umfangreichen Sandstrahlarbeiten im Nachhinein als eher gewagt zu bewerten ist, aber ohne nennenswerte Beschädigungen umgesetzt werden konnte. Bei der Restaurierung des hochwertigen Innenausbaus im Richtergebäude ist neben den Holz-Schachtverkleidungen besonders die akribische Aufarbeitung der Holzvertäfelungen in den Richterzimmern zu nennen. An manchen Wandbereichen lassen sich noch heute die Positionen der Bilder und Regale ablesen, die früher in den Büros hingen – ein Hauch von vergangenem Geist, der durchaus bewusst durchs Gebäude zieht.

Abbildungen 11: Holzverkleidungen in den Richterzimmern mit Zeitspuren (Fotos: Stephan Baumann)

Große Veränderungen blieben im Innern aber aus, denn die Gebäudestruktur passt nach wie vor gut für das Gericht. Nur wenige Bereiche wurden funktional umgestaltet, zusätzliche Büroräume anstelle der Hausmeisterwohnung, ein Besprechungsraum sowie eine Cafeteria und ein Ausstellungsbereich entstanden neu. Die maßgeblichen Neuerungen fanden im „unsichtbaren" Bereich statt. Im gesamten Gebäude wurde eine hocheffiziente LED-Beleuchtung installiert, teilweise mussten dazu die alten Leuchtkörper umgebaut oder neue Leuchten entwickelt werden. In den Büroräumen wurden Deckenverkleidungen in unterschiedlichen Sonderanfertigungen aus Gipskarton bzw. aus Holz eingebaut. Eine neue Lüftungsanlage und eine neue Raumakustik mit Lautsprecheranlage kamen im Sitzungssaal zum Einsatz. Die vollständige Neumöbelierung des Gebäudes, teilweise mit nachgebauten Stühlen und Tischen unterstützen das Ziel auch im Innern das Erscheinungsbild der 60er Jahre zu erhalten.

Der Übergang von Außen- und Innenbereich ist eines der wesentlichen zeittypischen Merkmale für die Pavillonarchitektur Baumgartens. Die umgebenden Flächen sind zum einen die Außenanlagen des Schlossvorplatzes, zum anderem der denkmalgeschützte Botanische Garten. Die Grünflächen fließen zwischen den Gebäuden hindurch und binden diese in den Außenraum ein.

Für die Neukonzeption der Außenanlagen wurde 2012 ein internationaler, eingeladener Wettbewerb durchgeführt, den das Rotterdamer Büro West 8 für sich entschied. Alle Außenbereiche wurden zusammenfassend überarbeitet. Mit Bezügen zum Gebäude und unter teilweiser Einbeziehung alter Materialien wurde das neue Gesamtkonzept umgesetzt und die Außenanlagen dadurch aufgewertet. Aufgrund des Rückbaus der ehemals unter dem Richtergebäude aufgestellten Bürocontainer ist der Durchblick vom Schlossgarten zum Botanischen Garten jetzt wieder frei.

Abbildung 12: links: Neue Gestaltung der Außenanlagen; rechts: Neue Brandabschnittstür und Wandbilder (Fotos: Stephan Baumann)

Für die Kunst am Bau wurde ein hochrangiger, international besetzter Wettbewerb durchgeführt, aus dem der an der Staatlichen Kunstakademie in Karlsruhe lehrende Künstler Prof. Franz Ackermann als Sieger hervorging. Er gestaltete Teile der Flurwände im Richtergebäude mit großformatigen, farbigen Wandgemälden. Ackermann nahm bei seinem rund vierwöchigen Arbeitsprozess vor Ort in seiner expressiven und dynamischen Malerei viele Beziehungen zum Gebäude und seinen Nutzern auf und lieferte so den gewünschten, unkonventionellen künstlerischen Beitrag zur Grundsanierung des Gebäudes.

Die Bediensteten des Bundesverfassungsgerichts konnten im September 2014 nach dreijähriger Interimsunterbringung im Dienstsitz Waldstadt genau zum vereinbarten Zeitpunkt wieder in ihren Stammsitz am Karlsruher Schloss zurückkehren.

Bei den Baukosten wurden die vorher ermittelten Zahlen nur geringfügig überschritten.

Die Grundsanierung des Bundesverfassungsgerichts wurde mit dem „Bewertungssystem Nachhaltiges Bauen" (BNB) mit Silber zertifiziert. Das BNB hat das Bundesbauministerium in Anlehnung an das DGNB-System für die Zertifizierung von Bundesbauten geschaffen. Die Sanierung des Gerichts ist bundesweit die erste Maßnahme die nach dem BNB-Modul Komplettmodernisierung von Büro- und Verwaltungsgebäuden mit einem Gütesiegel ausgezeichnet wurde.

Die Maßnahme erhielt beim Deutschen Architekturpreis 2015 eine Anerkennung und wurde für den Staatspreis Baukultur Baden-Württemberg nominiert.

4 Fazit

Das oberste Ziel der Grundsanierung des Bundesverfassungsgerichts war, das Erscheinungsbild der 60er Jahre zu erhalten und die Funktionalität des Gebäudes auf den aktuellen Stand der Technik zu bringen. Dabei wurde versucht, so viel wie möglich originale Substanz zu erhalten und nur dort neue, teilweise nachgebildete Bauteile einzusetzen, wo es technisch erforderlich war. Das Gericht wollte kein Museum, sondern ein Dienstgebäude mit guten Arbeitsbedingungen für die nächsten Jahrzehnte. Insofern ist die Sanierung des Gebäudes die Rettung eines Architekturjuwels, welches zu seiner Bauzeit nicht ausreichend gewürdigt wurde. Wieweit der Kompromiss zwischen Alt und Neu gelungen ist, mag jeder Betrachter selbst feststellen. Bisher waren die meisten Besucher der Meinung, das Gebäude sieht ja genauso aus wie vorher. Für alle an diesem Projekt Beteiligten ist dies ein großes Lob für ihre Arbeit.

Dem Anspruch, einerseits Erscheinungsbild zu wahren und andererseits in der vorgegebenen räumlichen Situation die heutigen, neuen Anforderungen an Komfort, Sicherheit, Energie und Technik zu realisieren, gerecht zu werden, war nur möglich durch eine überdurchschnittlich gute Zusammenarbeit der beteiligten Architekten und Ingenieure.

5 Projektbeteiligte

Nutzervertreter: Baukommission des Bundesverfassungsgerichts

Konzeption, Gesamtleitung: Prof. Wolfgang Grether, Staatliches Hochbauamt Karlsruhe

Projektleitung: Dagmar Menzenbach, Staatliches Hochbauamt Karlsruhe

Planung und Bauleitung: Assem Architekten, Karlsruhe

Projektsteuerung: Thost Projektmanagement, Pforzheim

Vermessungsarbeiten: COS Geoinformatik, Ettlingen

Fassadenplanung: bffgmbh Roland Stölzle, Stuttgart und planQuadrat, Karlsruhe

Technische Gebäudeausrüstung: Carpus + Partner, Aachen

Tragwerksplanung: Büro für Baukonstruktionen, Karlsruhe

Prüfstatik: Schumer + Kienzle, Karlsruhe

Bauphysik: Bayer Bauphysik Ingenieure, Fellbach

Schadstoffsanierung: SVB Dr. Sedat, Essen

Brandschutz: Halfkann + Kirchner, Erkelenz und Walsch-Kucklies, Remshalden

Außenanlagen: West 8 urban design & landscape arch., Rotterdam

6 Danksagung

Der Autor bedankt sich bei den Projektmitarbeiterinnen und -mitarbeitern des Staatlichen Hochbauamtes Karlsruhe und bei einigen Projektbeteiligten für ihre Unterstützung bei der Veröffentlichung zur Grundsanierung des Bundesverfassungsgerichts.

7 Allgemeine Literatur zum Thema

Jaeger, F.: *Transparenz und Würde*. Berlin: Jovis Verlag, 2014.

Energetische Sanierung – Schlösschen Oppenheim

Dipl.-Ing. Stefan Oehler[1]

[1] GreenTech, Werner Sobek Frankfurt, Darmstädter Landstraße 125, 60598 Frankfurt

Kurzer Überblick

Ein denkmalgeschütztes barockes Gartenhaus um 1780, vor den Toren von Mainz, das im 20. Jh. recht unbedachte Erweiterungen erfahren hat, wird wieder freigestellt und saniert. Der Anbau aus den 1950er Jahren wird ausgebaut, vereinheitlicht und dem "Schlösschen" modernisiert zur Seite gestellt. Gezielt platzierte Öffnungen setzen den Altbau, den Garten und die gegenüberliegende, unter Ensembleschutz stehende Häuserreihe in Szene. Sowohl architektonisch als auch energetisch entstand eine Gesamtlösung mit vielen spannenden Kontrasten. Barock auf der einen, Bauhaus auf der anderen Seite, denkmalgerechte Sanierung hier, hocheffiziente Lösungen dort, sowohl Denkmalschutz als auch moderner Wohnkomfort. In diesem Spannungsfeld wurde eine ausgewogene, wohltemperierte Lösung gesucht, um zwischen den beiden Welten 1780 und 1950 mit komfortablen Wohnräumen aufzuwarten. Dieses Austarieren von Ansprüchen und Widersprüchen soll im Folgenden diskutiert werden.

Das Gesamtprojekt wurde 2015 beim BDA Architekturpreis Rheinland-Pfalz mit einer Anerkennung gewürdigt.

Schlagwörter: Barockes Gartenhaus, Schlösschen, Wohnkomfort, Energiekonzept, Baukultur, CO_2-neutral

1 Einführung

1.1 Baukultur

Die Tatsache, dass sich Deutschland eine staatlich verordnete „Stiftung Baukultur" leistet (die mit Reiner Nagel an der Spitze sehr gute Arbeit leistet) deutet darauf hin, dass trotz unseres noch nie dagewesenen Wohlstandes einiges im Argen liegt und unsere Baukultur in den zurückliegenden Jahrhunderten schon bessere Zeiten gesehen hat. Sowohl die architektonische Qualität der öffentlichen als auch der privaten Bauträger ist von radikalem Pragmatismus, Wirtschaftlichkeit und einem nüchternen Effizienzstreben geprägt, die zusätzlich von einem ungebremsten Wildwuchs an Verordnungen abgewürgt wird. Und genau so sehen unsere modernen Quartiere auch aus. Die Gebäudeform wird vom dreidimensionalen Baufenster des Bebauungsplanes vorgegeben, die Fassaden werden am liebsten mit billigen Glasscheiben zugehängt und die Raumhöhen sind so weit minimiert, dass sich noch ein zusätzliches Geschoss reinzwängen lässt. Eine falsch verstandene Bauhaus Philosophie liefert Argumente, jegliche Gestaltung und jeden unnützen Raum wegfallen zu lassen und

Denkmal und Energie 2017. Herausgegeben von Bernhard Weller, Sebastian Horn.

die Krönung der Kreativität wird in der verdrehten Stapelung von möglichst vielen Schachteln gesehen. Eine Wartburg oder ein Kölner Dom wären heutzutage überhaupt nicht mehr realisierbar. Wäre die Baugeschichte der Menschheit mit dem heutigen Geiste beseelt gewesen, so wäre kein einziges der Baudenkmäler entstanden, alles, aber auch wirklich alles wäre einem Controller oder einer fehlenden Genehmigung zum Opfer gefallen.

Abbildung 1: links: Oppenheim 1876 mit dem Schlösschen im Vordergrund (Bild: Schluppkotten); rechts: Schlösschen frisch saniert (Foto: Oehler)

Abbildung 2: Der schlichte Anbau im Stil der klassischen Moderne kontrastiert das barocke Gartenhäuschen (Foto: Oehler)

Baukultur handelt auch davon, wie eine Gesellschaft ihre Umwelt gestaltet und mit ihren Ressourcen umgeht. Wie viel graue Emissionen, wie viel Betriebsenergie verbraucht ein Gebäude, wie lange kann es wirtschaftlich genutzt werden und wie viel Abfall bleibt nach dessen Rückbau übrig? Unser Zeitgeist lässt Bürogebäude heutzutage im Schnitt nur noch 40 Jahre alt werden, obwohl wir seit dem Mittelalter über eine Bautechnik verfügen, mit der Gebäude 500 Jahre und älter werden können. Der Trend scheint bei Gebäuden durch die herrschenden wirtschaftlichen Randbedingungen Richtung „temporäre Einweg-Gebäude" zu gehen. Umso wichtiger wird es in diesem Zusammenhang, Gebäude vollständig zu rezyklieren, um unser viel zu hohes Bauschuttaufkommen auf null zu reduzieren und die Menge an Grauer Emission gering zu halten. Die höchste Kulturleistung einer Gesellschaft besteht letztendlich darin, mit ihrem Lebensumfeld und ihren Lebensgrundlagen nachhaltig zu wirtschaften, um sie in einem besseren (anstatt einem schlechteren) Zustand an die nächsten Generationen übergeben zu können. Nicht nur die Wälder, auch Gebäude und Städte müssen nachhaltig kultiviert werden.

1.2 Müssen Denkmäler CO_2-neutral werden?

Einen speziellen Fall der heutigen Nüchternheit stellt die Sanierung von Denkmälern dar. Die Energieberater fordern, man solle sie genauso konsequent wie alle anderen Altbauten dämmen und sanieren, damit die CO_2-Emission genau so deutlich gesenkt werden könne. Über Erfordernis und Ausmaß solcher energetischen Sanierungen wird heftig diskutiert. Denkmalschützer halten dagegen, dass bei Denkmälern eine umfassende energetische Sanierung kaum machbar sei, ohne sie kulturell oder baukonstruktiv zu zerstören. Zugespitzt lautet die Grundsatzfrage, ob Denkmäler CO_2-neutral werden müssen oder ob sie als kulturelles Vermächtnis zu sichern sind.

Abbildung 3: links: Der Anbau aus den 50er Jahren, der als Küferei genutzt wurde; rechts: Das Schlösschen (Fotos: Schluppkotten)

Hier kann eindeutig Entwarnung gegeben werden: Gerade einmal 2 % des deutschen Gebäudebestandes stehen auf einer Liste für Baudenkmäler [1] und 1 % werden jährlich neu gebaut [2]. Betrachtet man die Gesamt-CO_2-Bilanz aller Bestandsgebäude in Deutschland, so müssen Denkmäler überhaupt nicht energetisch saniert werden. Es reicht völlig aus ihren Erhalt zu sichern und den Komfort in diesen Gebäuden im Rahmen des Machbaren vorsichtig anzuheben. Die erhöhten Emissionen dieser wenigen Gebäude spielen letztendlich keine Rolle. Wir können es uns bei der geringen Zahl von Denkmälern durchaus leisten, die wenigen Kulturzeugnisse erst einmal aus der energetischen Sanierung auszuklammern, da sie mit ihren potenziellen Einsparungsmöglichkeiten in Summe überhaupt nicht ins Gewicht fallen. Das Gleiche gilt mit entgegen gesetztem Vorzeichen für die geringe Zahl von Neubauten im Passivhaus-, Aktivhaus- oder Plusenergie- Standard. Weder die supereffizienten Neubauten noch die überhaupt nicht effizienten Baudenkmäler haben einen nennenswerten Einfluss auf die CO_2-Bilanz des Gebäudebestandes. Im Gegenteil, die energieproduzierenden Neubauten kompensieren sozusagen die wenig effizienten Denkmäler, weil es den einen sehr viel leichter fällt als den anderen, CO_2 einzusparen. Der energetisch stärkere Neubau kompensiert das energetisch schwächere Denkmal. Neubauten und Denkmäler kürzen sich gegenseitig in der CO_2-Bilanz heraus. Nüchtern betrachtet ist weder die Energiebilanz von Neubauten noch die von Denkmälern eine öffentliche Diskussion wert.

Abbildung 4: links: Das Schlösschen Anfang des 20. Jahrhunderts; rechts: Originales Mansarde Fenster (Fotos: Schluppkotten)

Denkmäler sind allerdings kein Argument dafür, die energetische Sanierung als Ganzes in Frage zu stellen. Denn viel entscheidender ist es, über die restlichen 97 % der Bestandsgebäude zu diskutieren, um hier der Effizienz, der Wirtschaftlichkeit, der Architektur und dem Städtebau mehr Spielräume zu ermöglichen und gleichzeitig mehr Umweltschutz einzufordern. Die Bestandsgebäude stehen durch ihre Unauffälligkeit medial in der zweiten Reihe, obwohl sie es sind, die durch ihre Menge das Stadtbild, das Milieu und das städtische Leben prägen. Hier gilt es anzusetzen und hier entscheiden sich das Maß und die Qualität der Baukultur. Eine Gesellschaft ist danach zu beurteilen, wie sie mit ihren „Alten" umgeht. Diese Aussage lässt sich auch auf ihre Gebäude übertragen. Eine gute Architektur und einen guten Städtebau erkennt man nicht unbedingt immer gleich bei der Einweihung, viel spannender ist eine kritische Würdigung nach 5 oder 10 Jahren Betrieb oder noch besser nach der Abschreibungsphase. Dann erst lässt sich feststellen, ob ein Gebäude in Würde altert, die Nutzung und das Milieu noch halten, was sie anfangs versprochen haben, oder ob es sich um ein modisches Einweggebäude oder einen von Investoren maximierten, toten Städtebau handelt, der nach seiner Abschreibung „aufgegeben" wird [3].

Abbildung 5: Die Innenräume sind nach der Sanierung nicht wieder zu erkennen. links: Anbau (Foto: Müller);
rechts: Schlösschen (Foto: Oehler)

2 Architektur

Abbildung 6: links: Freilegung der zweiflügeligen Tür zum Garten (Foto: Oehler); rechts: Verwandlung des EG
im Schlösschen zur einer modernen „Wohnküche" (Foto: Müller)

Das sog. Schlösschen in Oppenheim wurde 1780 als Gartenhäuschen für den kurpfälzischen Landschreiber erstellt und stand 2011 kurz vor dem Verfall. Es steht unter Denkmalschutz, da es mit seiner geschweiften Kuppelhaube, dem Mansarddach und dem reich profilierten hölzernen Traufgesims die letzte erhaltene barocke Gartenarchitektur der Stadt darstellt. Der noch verbliebene Teil des Gartens bietet einen entsprechend alten Baumbestand. Das von der Bauherrschaft angestrebte und von der Denkmalpflege unterstützte Vorhaben einer Wiederherstellung des barocken Gebäudeteils bei gleichzeitiger Nutzung der gesamten Anlage zu Wohnzwecken findet seine architektonische Entsprechung im Rückbau der Anbauten aus den 1950er Jahren. Die beiden jetzt klar lesbaren Bauteile „Altbau" und „Neubau" werden ins Verhältnis gesetzt und ein spannungsvoller Dialog unterschiedlicher Kompositionsprinzipien kann beginnen.

Unter denkmalpflegerischen Auflagen wird das Schlösschen energetisch behutsam saniert und durch den energieeffizient sanierten Anbau ergänzt, um in beiden Gebäuden den notwendigen Wohnraum für die Bauherrenfamilie zu schaffen. Das äußere Erscheinungsbild des Schlösschens mit seinem Schieferdach und der Putzfassade wird originalgetreu wiederhergestellt. Die neuen Holzfenster und Türen werden mit der ursprünglichen Unterteilung in Wärmeschutzglas ausgeführt.

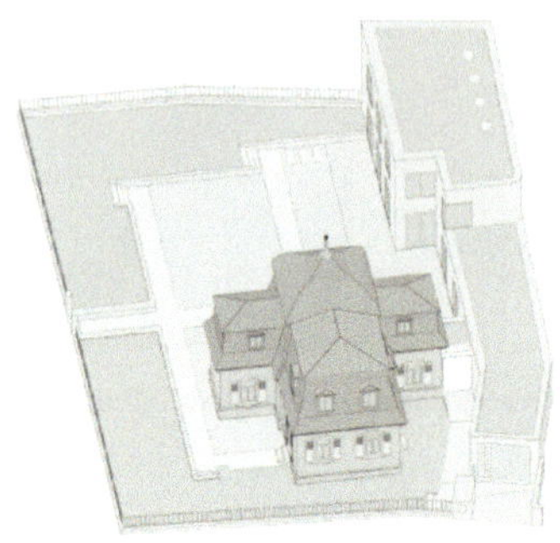

Abbildung 7: Der Anbau steht direkt auf der Grundstücksgrenze und rahmt das Schlösschen ein. Eine schmale Verlängerung des Anbaus bis hin zur Straße bildet den Zugang zu beiden Gebäudeteilen (Bilder: Schluppkotten)

Dach und Bodenplatte werden sehr gut gedämmt. Die Fassade des Schlösschens wurde in seinen originalgetreuen Proportionen und Farbigkeit wiederhergestellt. Die Wärme- und Warmwasserversorgung beider Gebäude erfolgt rein elektrisch über Erdsonden und eine Wärmepumpe, die im Anbau untergebracht ist. Trotz modernster Technik und deutlich verbessertem Wohnkomfort konnte der historische Charme des Schlösschens in seiner ursprünglichen Anmutung wieder hergestellt werden.

Abbildung 8: Die Küche sitzt zwei Stufen erhaben über dem Essbereich und ist durch eine Wand mit drei Öffnungen abgeteilt. Die Leitungen in der Küchenzeile versorgen auch das Bad direkt darüber (Fotos: Oehler)

3 Planung

Um die erforderliche Wohnfläche für die vierköpfige Familie zu erzielen, mussten sowohl Schlösschen als auch Anbau auf zwei Geschossen ausgebaut werden. Im Erdgeschoss sind alle Räume über eine schmale Verbindung direkt miteinander verbunden, im Obergeschoss ergeben sich zwei voneinander getrennte Schlafbereiche. Da die Umrisse der bestehenden

Gebäude unverändert blieben, konnte der Garten ohne Einschränkung übernommen werden.

Abbildung 9: Das Schlösschen enthält im EG die Wohnküche, der Anbau bietet Platz für Wohn- und Arbeitszimmer. Der Zugang zu beiden Welten erfolgt in der schmalen Verbindung beider Baukörper. Im OG sind in beiden Gebäuden Schlafzimmer und Bäder untergebracht. links: Grundriss EG; rechts: Grundriss OG (Bilder: Schluppkotten)

Abbildung 10: links: Straßenansicht; rechts: Längsschnitt durch den Anbau (Bilder: Schluppkotten)

Abbildung 11: links: Schnitt durch das Schlösschen mit Teilunterkellerung; rechts: Schnitt durch das Schlösschen um den Anbau auf der Eingangsseite (Bilder: Schluppkotten)

4 Energiekonzept

Die alten Heizkörper wurden im Schlösschen und im Anbau gegen eine Fußbodenheizung eingetauscht. Die niedrige Vorlauftemperatur bietet ein günstiges Lastprofil für die Sole-Wasser-Wärmepumpe. Der Anbau konnte annähernd im Passivhaus Standard gedämmt und gedichtet werden, Wärmerückgewinnung und 3xWSchGlas reduzieren den Heizwärmebedarf. Lediglich die grenzständige Außenwand musste von innen gedämmt werden, da der Nachbar keine Einschränkungen akzeptieren wollte. Das Schlösschen hingegen konnte nur im Dach durch Zellulosedämmung hochwertig gedämmt und mit einer luftdichten Schicht nach innen abgeklebt werden, die Wände haben jeweils innen und außen einen mineralischen Dämmputz in einer Dicke von 3 cm erhalten. Die Bodenplatte ist komplett neu und entsprechend hochwertig gedämmt, die Fenster bestehen aus 2xWSchGlas (Tabelle 1).

Abbildung 12: links: Versorgung des Anbaus mit einer Be- und Entlüftungsanlage; rechts: Das Bad im Anbau bietet über Eck einen wunderbaren Blick in den Garten und auf das Schlösschen (Fotos. Oehler)

Dadurch hat die Fußbodenheizung im Schlösschen mehr als die doppelte Heizlast zu schultern, das Schlösschen bleibt im Winter kühler als der Anbau, da bei gleicher Lufttemperatur die Umfassungsflächen kälter bleiben. Der Anbau ist als KfW 55 Sanierung mit einem Primärenergiebedarf nach EnEV von 60 kWh/(m²·a) deutlich effizienter als das Schlösschen im KfW Denkmal Programm mit einem Primärenergiebedarf von 162 kWh/(m²·a). Der Anbau wird mit einer Be- und Entlüftungsanlage mit Wärmerückgewinnung versorgt, das Schlösschen aus gestalterischen Gründen nicht. Die fehlende Wärmerückgewinnung ist einer der Gründe für die geringere Energieeffizienz des Schlösschens. Diese unterschiedliche Behandlung war aus vielerlei Gründen unumgänglich, nicht zuletzt waren die Vorstellungen der Bauherren und des Denkmalamtes zu berücksichtigen, so dass der Bedarf des Anbaus bei 63 % niedriger liegt als der Bedarf des Schlösschens.

Abbildung 13: links: Anbau als KfW 55; rechts: Schlösschen als KfW Denkmal (Bilder: Oehler)

Tabelle 1: Materialkennwerte der eingesetzten Materialien zur Dämmung der Hüllbauteile

Hüllbauteil	Materialkennwerte
Dach Schlösschen	Faserdämmstoff, WLG 045, Dicke 16-30 cm, $U_{ges} = 0,16$ W/(m²·K)
Wand Schlösschen	Dämmputz innen, WLG 080, Dicke 3 cm, $U_{ges} = 0,69\text{-}0,53$ W/(m²·K) Dämmputz außen, WLG 080, Dicke 4 cm
Bodenplatte Schlösschen	WLG 035, Dicke 10 + 8 cm, $U_{ges} = 0,18$ W/(m²·K)
Holzfenster Schlösschen	$U_w = 1,47\text{-}1,64$ W/(m²·K)
Grenzwand Anbau	Innendämmung, WLG 045, Dicke 12 cm, $U_{ges} = 0,31$ W/(m²·K)
Wand Anbau	WLG 035, Dicke 30 cm, $U_{ges} = 0,19$ W/(m²·K)
Bodenplatte Anbau	EPS, WLG 035, Dicke 10 cm + PUR, WLG 030, $U_{ges} = 0,21$ W/(m²·K)
Holzfenster Anbau	$U_w = 0,94\text{-}1,16$ W/(m²·K)

5 Lebenszykluskosten

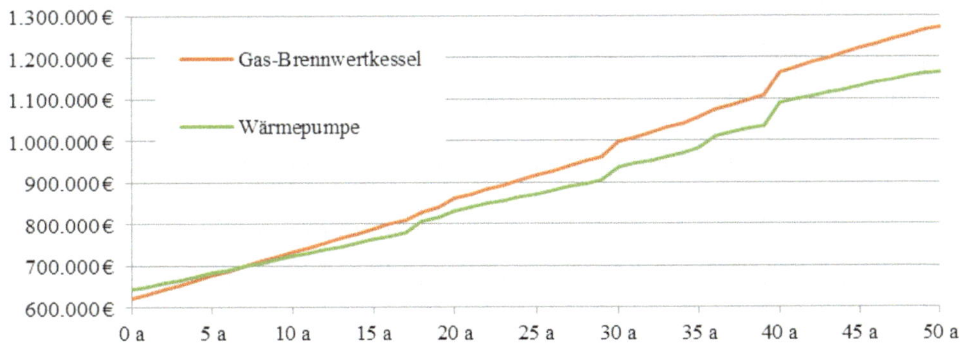

Abbildung 14: Vergleich der Lebenszykluskosten (Bild: Oehler)

Ein Vergleich der Lebenszykluskosten sieht die Energieversorgung mit Wärmepumpe im Vorteil gegenüber einer klassischen Gasversorgung. Für diese Ermittlung wurden sowohl die unterschiedlichen Herstellungskosten, die verschiedenen Energieverbräuche als auch die unterschiedlichen CO_2-Emissionen zugrunde gelegt. Zinssatz und Preissteigerungen wurden jeweils mit 2,0 % angenommen. Nach 7 Jahren haben sich die Mehrkosten von Wärmepumpe und Erdsonden amortisiert. Zudem ist das System Wärmepumpe rein elektrisch und produziert keine CO_2-Emissionen vor Ort. Mit Grünstrom betrieben erzeugt sie überhaupt keine Emissionen. Nach 50 Jahren Betrieb hat sich der berechnete Barwert verdoppelt, d.h. die angesammelten Betriebskosten sind dann genau so hoch wie die gesamten Baukosten, ein deutlicher Hinweis darauf, dass man die Betriebskosten niemals unterschätzen sollte.

6 Carbon Footprint

Der berechnete Primärenergiebedarf nach EnEV von 60 bzw. 162 kWh/(m²·a) hat umweltpolitisch keinerlei Aussagekraft, denn er ist weder personenbezogen noch hat er irgendetwas mit den im Betrieb gemessenen Werten zu tun, noch gibt er die tatsächlichen CO_2-Emissionen an. Die Sanierung hat die Haustechnik vollständig auf Stromversorgung umgestellt, sowohl die Heizung als auch Warmwasser werden über eine elektrische Wärmepumpe erzeugt. Für die CO_2-Emissionen dieses Gebäudes bzw. dieser Familie kommt es letztendlich darauf an, welchen CO_2-Gehalt der eingekaufte Strom hat, also ob mit Grünstrom geheizt und betrieben wird. Erst daraus lässt sich der persönliche Carbon Footprint pro Person für den Bereich Wohnen ableiten. Zusammen mit den Bereichen Mobilität, Konsum, öffentliche Emissionen und Ernährung ergibt das den gesamten persönlichen Carbon Footprint, der dieses Jahrhundert null werden soll.

Abbildung 15: Die typischen Betonsparren im Anbau aus den 50er Jahren bilden einen rauen Charme, der immer noch an die einstmalige Küferei erinnert. links: Zustand vor der Sanierung (Foto: Oehler); rechts: weiß gestrichen nach Sanierung (Foto: Müller)

7 Unterschiedliche Komfortzonen

Die operative Temperatur setzt sich aus Lufttemperatur und Oberflächentemperatur der Raumflächen zusammen. Wenn durch fehlende Dämmung die Oberflächentemperaturen im Schlösschen geringer ausfallen, muss die Lufttemperatur zum Ausgleich höher sein. Allerdings ist der Komfort bei solch einem Ungleichgewicht geringer als wenn Oberflächentemperatur und Lufttemperatur gleich sind. Daher hat das Schlösschen eine spürbar andere Komfortzone als der Anbau, das Innenraumklima wird unterschiedlich war genommen. Der Unterschied wird durch die Lüftungsanlage vergrößert, im Schlösschen wird der CO_2-Gehalt höher und der Sauerstoffgehalt niedriger ausfallen als im Anbau, da dort nur unregelmäßig und im Regelfall nur wenig über die Fenster gelüftet wird. Bei einer Denkmalsanierung spielt aber nicht der Energieverbrauch die entscheidende Rolle, sondern die Mindestanforderungen, die an den Komfort gestellt werden. Da der Komfort proportional zur Effizienz ist, entscheidet letztendlich das Wohlbefinden der Bewohner, wieviel Dämmung und Performance in einem Denkmal angestrebt werden. Hier liegt die eigentliche Herausforderung bei der Denkmalsanierung: Wieweit lässt sich der Komfort steigern, ohne das Denkmal zu verbiegen? Die bisherige Haltung von Denkmalschützern, dann eben einen Pullover mehr anzuziehen, wird sich auf Dauer nicht durchhalten lassen. Es kann zwar Entwarnung gegeben werden, dass der Energieverbrauch und die CO_2-Emission eines Denkmals nicht entscheidend ist, aber einen Mindestkomfort für die Bewohner gilt es genauer zu definieren. Hier liegt die eigentliche Herausforderung.

 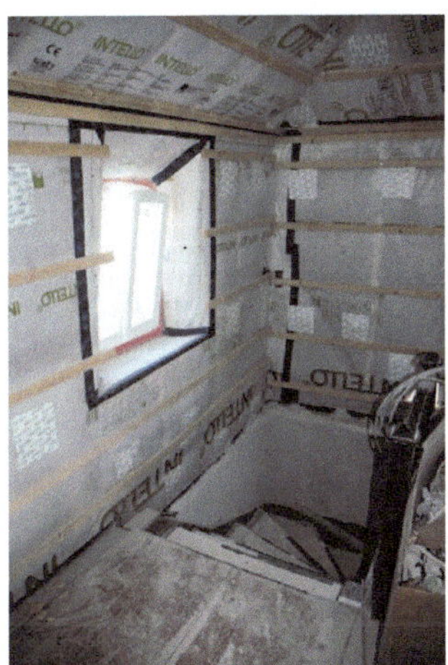

Abbildung 16: links: Austausch der Heizkörper gegen eine Fußbodenheizung; rechts: Dämmung des Daches mit Zellulose (Fotos. Oehler)

Aufgrund der fehlenden Dämmung der Wände im Schlösschen ist die operative Temperatur durch die kühlen Wände im Winter spürbar niedriger als im Anbau, es haben sich dadurch zwei unterschiedliche Komfortzonen ergeben. Vom alten Dachstuhl blieben im Schlösschen nur noch Teile übrig, da das Dach über Jahre undicht gewesen und verfault war. Viele Hölzer wurden ausgetauscht und es entstand eine originalgetreue Rekonstruktion des barocken Dachs mit seiner klassischen Schieferdeckung.

Abbildung 17: Die Dachkonstruktion des Schlösschens im Umbau (Fotos. Oehler)

Abbildung 18: Der Dachstuhl wurde umfangreich saniert und wieder mit Schiefer eingedeckt (Fotos: Oehler)

8 Danksagung

Die Bearbeitung der energetischen Sanierung erfolgte in einem integralen Planungsteam für die Fachbereiche Architektur (Dirk Miguel Schluppkotten), Tragwerksplanung (Andre Schade) und Energie, Komfort, Bauphysik (Stefan Oehler).

9 Literatur

[1]   Brockmann, A.: *WTA-Lehrgang an der Universität Kassel.* Kassel: 2013.

[2]   Umweltbundesamt (BMUB) (Hrsg.): *Der Weg zum klimaneutralen Gebäudebestand.* Dessau-Roßlau: Umweltbundesamt, 2014.

[3]   Oehler, S.: *CO_2-frei.* Berlin: Springer, 2016.

Konzepte zum Temperieren und Lüften zum Erhalt denkmalgeschützter Substanz am Beispiel der katholischen Kirche St. Joseph in Osnabrück

Prof. Dr.-Ing. Harald Garrecht[1,2], Dipl.-Ing. Simone Reeb, MBA[1,2],
Dipl.-Ing. Dana Ullmann[2], Christian Renner[2],

[1] Institut für Werkstoffe im Bauwesen, Universität Stuttgart, Pfaffenwaldring 4, 70569
  Stuttgart
[2] MOCult, TTI GmbH an der Universität Stuttgart, Pfaffenwaldring 4, 70569 Stuttgart

Kurzer Überblick

Im DBU-Vorhaben „Klimaethisches Architekturkonzept zur nachhaltigen Fortentwicklung historischer Kirchenbauwerke - Innovative Maßnahmen zur langfristigen Sicherung der Decken- und Wandmalerei am Beispiel der Katholischen Kirche St. Joseph in Osnabrück" [1] wurde ein ganzheitliches Konzept zur Intensivierung der Nutzung einer denkmalgeschützten Großkirche in seiner Umsetzung begleitet. Ziel war es zu untersuchen, inwieweit ein neues Raumkonzept und die zugehörigen raumlufttechnischen Maßnahmen dazu beitragen, dass historische Wand- und Deckenmalereien gefährdet sind und mit welchen Mess- und Regelkonzepten ein Betrieb der technischen Anlagen nicht nur zu einer energieeffizienten Raumerwärmung und Raumbelüftung führt, sondern auch ein denkmalgerechter Erhalt wertvoller Raumfassungen und Ausstattung sichergestellt wird.

Schlagwörter: Malerei, Erhaltung, Raumklima, Temperierung, Energieeffizienz, Nutzung

1 Einführung

Durch sich stetig verändernde gesellschaftliche Strukturen kommen neuartige Aufgaben auf Kirchengemeinden im Zuge sich wandelnder Bedürfnisse und Anforderungen ihrer Gemeindemitglieder zu. So sind Kirchengemeinden vielfach bestrebt, sich vorbildhaft den gesellschaftspolitischen Herausforderungen eines ökologisch und ökonomisch bewussten Handels zu stellen. Trotz meist knapper Budgets wird von den Gemeinden versucht, einen Beitrag zur Minderung der voranschreitenden Klimaprobleme und des weltweit steigenden Ressourcenbedarfs zu leisten, um mit konsequentem Handeln Verantwortung für die nachhaltige Entwicklung von Gesellschaft und Umwelt zu übernehmen.

Doch nimmt die Zahl der Gemeindemitglieder in vielen Kirchengemeinden in den zurückliegenden Jahrzehnten stetig ab. Die in ihrer Erscheinung und Ausstattung meist beeindruckenden Kirchenräume lassen sich heute folglich nicht mehr in angemessener Form nutzen. So verlagert sich das Gemeindeleben von dem im Winter infolge hoher Heizkosten meist kalten Kirchenraum in die kleineren und angenehmer temperierten Gemeindezentren. Das Interesse der Kirchengemeinden an einer Nutzung der nicht selten historisch bedeutsamen Kirchenbauwerke nimmt abgesehen touristischer Interessen immer häufiger ab. Aus energetischer Sicht kommt hinzu, dass es in großen alten Kirchenräumen kaum möglich ist, den Energieeinsatz für die Beheizung bzw. Temperierung deutlich zu senken. Schließlich steht der Effizienzforderung eine schlechte Wärmedämmwirkung alter Baukonstruktionen gegenüber.

Folglich werden neuartige Architekturkonzepte gesucht, mit denen alte Kirchenbauwerke einer zukunftsfähigen und nachhaltigen Nutzung zugeführt werden können. Dabei muss den Bedürfnissen eines lebendigen und vielseitigen Gemeindelebens ebenso nachgekommen werden, wie den Erfordernissen einer liturgisch zeitgemäßen Nutzung des Kirchenraumes.

2 Energiebegriff im Architekturkonzept der Großkirche St. Joseph

Der Architekt Ulrich Recker [1,2] entwickelte für St. Joseph ein Architekturkonzept, das den teilweisen Rückbau der bislang rein liturgisch genutzten Kirche vorsieht. Hierin wird in der Kirche Raum für eine profane Nutzung geschaffen. Ein neuer Raum, der der Kirchengemeinde eine **ansprechende Intensivierung des Gemeindelebens innerhalb des Kirchenbauwerks** bietet. Das Konzept sieht aber auch vor, im liturgisch genutzten Bereich der Kirche einen Raum für Konzentration, Besinnung und Ruhe zu schaffen. Bei all den Maßnahmen wird der ursprüngliche Architekturgedanke gewahrt und es werden die Forderungen der Denkmalpflege berücksichtigt.

Der innovative Ansatz des Architekturkonzeptes von Ulrich Recker ist die Schaffung eines „Raum im Raum" auf Bauwerksebene und einer „Stadt in der Stadt" auf Gemeindeebene. Diesen realisiert er mit einem Teilrückbau des westlich der Vierung gelegenen Bereichs der Kirche. Seinem Konzept liegen neben der Raumfrage aber auch die Wahrung und Sicherung der in der Kirche gebundenen Energie und Ressourcen zugrunde, die er in vier Stufen begründet sieht.

1. Stufe: Energie-Erhalt
Mit der Wiedererstarkung der Bedeutung des Kirchenbauwerkes als Gemeindequartier bleiben die zur Bauzeit aufgebrachten Energien und verbauten Ressourcen erhalten.

2. Stufe: Energie-Plus
Zwar werden zur Umsetzung des Konzeptes neue Materialien und damit zusätzliche Ressourcen verbaut und für den Umbau, die Restaurierung und Modernisierung werden neue Energien benötigt, doch sichert die Intensivierung der Kirchennutzung als Gemeindezentrum eine nachhaltige Nutzung der aufgewendeten Ressourcen und Energien.

3. Stufe: Energie-Vermeidung Rückbau
Ohne weitere Nutzung des Kirchenbauwerks müsste ein Rückbau in Erwägung gezogen

werden. Hierfür wären Energien aufzubringen. Nicht zuletzt würde auch die stoffliche Aufbereitung, Verwertung und Entsorgung die Ökobilanz des Gebäudes belasten.

<u>4. Stufe: Energie-Vermeidung Neubau mit ggf. Landschaftsentzug</u>
Durch die weitere Nutzung der Kirche und Integration des Gemeindezentrums entfällt die Errichtung eines neuen Kirchenzentrums, für das ein Neubau erforderlich wäre, der Ressourcen, Energien und einen weiteren Flächenbedarf binden würde.

3 Informationen zum Bauwerk und zur Umgestaltung

3.1 Das Bauwerk und seine Bedeutung

Die Kirche St. Joseph in Osnabrück wurde als neuromanische, kreuzförmige Basilika in den Jahren 1913 bis 1917 nach Plänen des Architekten Albert Feldwisch-Drentrup erbaut. Die Kirche ist als dreischiffige Basilika mit einem Querschiff und einer ausgeschiedenen Vierung ausgebildet. Das Langhaus wie auch die Querschiffe sind tonnenüberwölbt. In der Vierung bildet eine große Kuppel den Raumabschluss zum Dach. Die Kirche ist die letzte neue erbaute Großkirche der Stadt und wurde im neuromanischen Stil errichtet, obgleich die meisten anderen Kirchenbauwerke im ausgehenden 20. Jahrhundert einen neugotischen Stil aufweisen.

3.2 Decken und Wandmalerei

In den tonnengewölbten Querschiffen, im Chorraum und in der großen Kuppel wie auch in den darunter befindlichen Zwickel sind für den norddeutschen Raum einmalige flächendeckende Malereien in fresco/secco-Technik mit Szenen aus dem Alten und Neuen Testament zu finden. Die Arbeiten wurden vom Osnabrücker Maler Albert Emminghaus (1870 – 1932) nach den Plänen des Münchener Kunstprofessors Augustin Pacher (1863-1926) im Jahr 1932 begonnen und nach einem tödlichen Unfall von Emminghausen in den Jahren 1932 – 1942 vom Osnabrücker Kunstmaler Bernhard Riepe fertiggestellt.

3.3 Deckenmalwert

In der Stellungnahme zum Denkmalwert des Niedersächsischen Landesamtes für Denkmalpflege in Oldenburg von Frau Wiebke Dreeßen wurde herausgestellt, dass das in Muschelkalkhaustein ausgeführte Erscheinungsbild durch sorgfältig gearbeitete Gliederungen und Architekturteile auffällt und einen reichen ornamentalen Schmuck aufweist. Dabei heben sich der Wandaufbau und die in Sandstein hergestellten Gliederungselemente mit kräftigen und klaren Formen von den verputzten Wandflächen ab.

Auch die Ausmalung weist Besonderheiten auf, so wurde die Chorrückwand von Pacher nach Konzepten des Jugendstils ausgemalt. Die späteren Arbeiten von Riepe weisen einen eher konventionellen neuromanischen Stil mit Bezügen zu italienischen Vorbildern und Anklängen an die Malereien Giottos auf.

3.4 Restaurierung und Konservierung

Die Kirche wurde gegen Ende des zweiten Weltkrieges durch Bomben beschädigt. Teilbereiche der Außenmauern und des Daches erlitten dabei schwere Zerstörungen. Auch die Vierungskuppel wurde von den Bombentreffern in Mitleidenschaft gezogen, die auch an den malereitragenden Fassungen zu Folgeschäden durch Wasserzutritt führten. Dennoch gehen die einzigen auf Ausbesserungen von Riepe zurück. Folglich blieb der Kirchenraum und die Malereien bis zu den jüngsten Umnutzungs-, Umbau- und Instandsetzungsarbeiten weitestgehend unverändert.

Auf Empfehlung des Generalvikariats des Bistums Osnabrück fasste die Kirchengemeinde den Beschluss, das Architekturkonzept von Recker umzusetzen. Im Zuge der baulichen Maßnahmen sollten dabei auch gleichzeitig die Malereien restauriert werden.

3.5 Bauliche Umsetzung und klimabedingte Beanspruchung der Malerei

In Abbildung 1 ist die Einbausituation des Gemeindezentrums in der Kirche in der linken Darstellung anhand der Tragkonstruktion der späteren Trennwand zu erkennen, die im fertigen Zustand auf der rechten Darstellung zu sehen ist. Der neue mehrgeschossige Einbau dient heute als Gemeindezentrum und bietet zahlreiche einladend gestaltete Räume unterschiedlichster Größe auf, die sich von der Kirchengemeinde in vielfältiger Weise nutzen lassen. Der Einbau des Gemeindezentrums in den Kirchenraum ist in leichter Bauweise realisiert. Alle an die Bestandsbauteile angrenzenden neuen Bauteile liegen ohne schädigende Verankerungen etc. an der Raumschale an. Abgesehen der notwendigen Lastabtragung in den Baugrund, hier musste an wenigen Stellen ein Deckendurchbruch zum Keller vorgenommen werden, wurden keine Eingriffe in die originale Bausubtanz vorgenommen. Der Einbau lässt sich folglich jederzeit wieder zurückbauen, um den ursprünglichen Kirchenraum wieder herzustellen.

Wie in der alten Kirchen wurde zur Kirchentemperierung eine Warmluftheizung vorgesehen. Um eine feuchtekontrollierte Raumbelüftung vornehmen zu können, wurde die Heizung auch mit einer feuchtekontrollierten Zuführung von Außenluft ausgestattet.

Das neu eingebaute Gemeindezentrum wird mit einem konventionellen warmwasserführenden Heizsystem wärmeversorgt. Zudem sind im westlichen Bereich der Kirche, der durch Glaszwischenelemente oder opake Türelemente thermisch vom liturgisch genutzten Bereich der Kirche abgetrennt ist, in den Umgängen längs der Außenwandflächen unterhalb der Fensterflächen Plattenheizkörper installiert, mit denen den abfallenden Kaltluftmassen zur Vermeidung von Zugerscheinungen entgegengewirkt werden kann.

Um zu vermeiden, dass die erhaltenswerte Malerei in den Wand- und Deckenbereichen des nunmehr verkleinerten liturgisch nutzbaren Kirchenraumes durch die neue Raumsituation mit dem neuen Raumkonzept einer klimabedingten Beanspruchung unterworfen ist, wurde seitens des Architekten angeregt, das Klima in der Kirche zumindest in den ersten Jahren der neuartigen Nutzung zu beobachten. Zudem wurde unter Hinzuziehung des Verfassers darüber diskutiert, mit welchen ergänzenden Maßnahmen ein Beitrag zur Steigerung des energieeffizienten Betriebs der Kirche geleistet werden kann, schließlich baut das Architekturkonzept auf einem minimalem Energie- und Ressourceneinsatz über die gesamte Lebensdauer des Bauwerkes auf.

Klimabedingte Beanspruchungen der Malerei entstehen immer dann, wenn sich im Nahfeld der Malschichten sich mit zunehmender relativer Feuchte in den oberflächennahen Materialschichten von Malerei und darunter befindlicher Putze, Mörtel und Natursteine die im Gleichgewicht mit der umgebenen Raumluft einstellende Materialfeuchte, die sogenannte Sorptionsfeuchte, durch ständig verändernde Raumfeuchteverhältnisse zu- oder abnimmt. Mit der Feuchteänderung verbunden ist ein Formänderungsbestreben, das mit zunehmender Materialfeuchte zum Quellen und mit abnehmender Feuchte zum Schwinden führt. Dabei hängt die klimabedingte Beanspruchung der Malschichten maßgeblich von deren materialtechnischer Zusammensetzung, vom Verbund der Fassung mit dem Untergrund, von den vorherrschenden Temperatur- und Feuchteverhältnissen, von der Zusammensetzung und auch von der Dicke und Lagerung des Malschichtträgers ab, so dass eine Bewertung der Beanspruchung klimabedingter Formänderungen eine eingehende Analyse des Aufbaus der Malschicht voraussetzt [3].

Im Rahmen der restauratorischen Maßnahmen sollte auf Basis der Voruntersuchungen von Eike Dehn [2] vom Restaurator Josef Eichholz [2] die Reinigung und Restaurierung der Malerei vorgenommen werden. Mit Blick auf die komplexe Beurteilung der Zustandssituation der Malerei und den Fragen der künftigen raumklimatischen Anforderungen wie auch das zu ergreifende Konzept der Konservierung und Restaurierung geschädigter Bereiche wurde zudem Frau Dr. Dörthe Jakob als Beraterin in das DBU-Vorhaben einbezogen [4].

Abbildung 1: links: Blick in den zum Gemeindezentrum umgestalteten Westteil der Kirche; rechts: Blick in den liturgisch genutzten Bereich der Kirche vom Altar zum westlichen Abschluss an der Vierung.

4 Zum DBU-Vorhaben [1]

„Klimaethisches Architekturkonzept zur nachhaltigen Fortentwicklung historischer Kirchenbauwerke - Innovative Maßnahmen zur langfristigen Sicherung der Decken- und Wandmalerei am Beispiel der Katholischen Kirche St. Joseph in Osnabrück"

4.1 Zielsetzung

In dem bei der DBU beantragten und zum 20.11.2012 bewilligten Vorhaben soll am Beispiel der Kirche St. Joseph in Osnabrück die mit der Umsetzung neuartige Architektur- und Energiekonzepte einhergehende klimatische Veränderung im Nahfeld geschützter Decken- und Wandmalerei untersucht werden, um abhängig der gegebenen Beanspruchung und Gefährdung der Fassungen in interdisziplinärer Zusammenarbeit von Restaurierung, Denkmalpflege, Biologie, Materialkunde und Bauphysik gemeinsam mit Architekt und Fachplaner für die technische Gebäudeausrüstung, der zuständigen Bauverwaltung sowie der Kirchengemeinde ein geeignetes gebäude- und anlagentechnisches Konzept zur präventiven Konservierung herauszuarbeiten. Hierzu ist die Kenntnis der komplexen Wechselwirkung zwischen Raumklima und Klima im Nahfeld der zu schützenden Fassungen zwingend erforderlich, um eine Bewertung der situationsbedingten Gefährdung vornehmen zu können und entsprechende Maßnahmen zur raumklimatischen Stabilisierung ergreifen zu können.

Doch sollte im Vorhaben nicht nur der Erhalt der Malerei im Fokus stehen, sondern es war auch zu berücksichtigen, neben den denkmalpflegerischen Forderungen eine bessere Komfortsituation in der Kirche im Sinne der avisierten Intensivierung der Kirchennutzung zu schaffen. Folglich sollte ein Konzept für den sowohl von der Nutzung der Kirche wie auch von der Beanspruchung der Malerei abhängigen Betrieb aller technischen Komponenten zur Optimierung der Raumluftverhältnisse entwickelt werden. Dabei sollte aber auch die effiziente Verwendung der zur Temperierung eingesetzten Energie berücksichtigt werden.

4.2 Energieeffizienzmaßnahmen

Um den für die Temperierung der Kirche erforderlichen Energieeinsatz soweit als möglich zu begrenzen, wurde zu Beginn des DBU-Vorhabens überlegt, die laufenden baulichen Maßnahmen der liturgischen Neugestaltung des Kirchenraums zu nutzen, um unterhalb des im Altarbereich neu zu verlegenden Natursteinbodens eine Fußbodenheizung einzulegen. Der Verfasser erwartete, dass es mit einer ergänzenden Implementierung einer Fußbodenheizung möglich sein sollte, die Grundlast für die Temperierung des Kirchenraumes übernehmen zu können. Vorteilhaft wäre, dass größere Temperaturschwankungen in der Raumtemperatur und damit auch im unmittelbaren Nahfeld der Malereien und die damit einhergehenden Feuchteschwankungen vermieden werden können, wie diese vielfach in Verbindung mit Luftheizungen infolge eines intermittierenden Betriebs verzeichnet werden können. Die Grundtemperierung mittels Fußbodenheizung sollte eine moderate Wärmeübergabe sicherstellen. Bekanntlich geben Flächenheizsysteme den größten Teil der Wärme in Form von Wärmestrahlung an den Raum ab. Doch ein Teil wird auch in Form der Konvektion abgeführt, indem sich die am warmem Boden vorbeigeführte Luft erwärmt und infolge der dabei abnehmenden Dichte in höhere Raumbereiche aufsteigt.

Grundsätzlich ist es in Fachkreisen strittig, ob sich in großvolumigen hohen Räumen mittels Fußbodenheizung eine günstige Raumtemperatur einstellen kann. Ingenieurmodelle sind nicht verfügbar, mit denen man diese Frage klären könnte. Vom Verfasser wurden bereits zwei Großkirchen (Kaiserdom zu Speyer mit 50.000 m³ Raumvolumen und Stadtkirche St. Michael in Weiden mit 23.000 m³ Raumvolumen) untersucht, die mit einer Fußbodenheizung temperiert werden. So wurden einerseits jeweils CFD-Strömungsanalysen vorgenommen und die hiermit erzielten Berechnungsergebnisse mit messtechnischen Beobachtungen verglichen [5, 6]. In beiden Fällen erwies sich die Fußbodenheizung als durchaus geeignet, mit einem kontrollierten Betrieb der in mehrere Segmente unterteilten Flächenheizung die Raumluftverhältnisse so zu stabilisieren, dass die malereitragenden Oberflächen wie auch hölzerne und textile Einbauten und sonstige Ausstattungsgegenstände keinen klimabedingten Beanspruchungen mit Schädigungspotenzial durch den kontrollierten Betrieb der Temperierung unterworfen waren. Ob dies auch für St. Joseph zutrifft, sollte mit den Untersuchungen im DBU-Vorhaben geklärt werden.

Zudem war im Vorhaben angedacht, mit Bezugnahme auf das Architekturkonzept alle im Umfeld der Kirche St. Joseph verfügbaren Umweltenergien, die in Form solarthermischer Energien mittels Kollektoren im Umfeld gegebenenfalls gewinnbare Wärme über die Fußbodenheizung dem Raum zuzuführen. Für den Fall, dass die Wärme wegen fehlenden Wärmebedarfs nicht direkt genutzt werden kann, sollte die Wärme im Keller in thermische Energiespeicher zwischengespeichert werden. Sie befinden sich in der Kellergeschossebene, in denen zahlreiche kleinere Speichereinheiten installiert werden könnten. Exemplarisch sollte daher an einem Modellspeicher mit dem DBU-Vorhaben gezeigt werden, dass z.B. in Verbindung mit Phasenwechselmaterialien als Speichermedium die während sonnenreicher Tage im Spätsommer und Herbst gewonnenen Energien nutzbar gemacht werden können, um bis in die kälteren Herbst- und Wintertage die Kirche über die Fußbodenheizung hiermit zu temperieren. Eine detaillierte Beschreibung der Untersuchungsergebnisse ist in [2] gegeben. Zu berücksichtigen ist zudem, dass mit der Entladung der Speicher in der kalten Jahreszeit die Speicher in den warmen Witterungsperioden mit der Fußbodenheizung genutzt werden können, um die Kirche auch während heißer Sommertage zu kühlen.

5 Durchgeführte Untersuchungen

5.1 Klimamonitoring

Zur Bewertung der klimabedingten Beanspruchung der Malerei wurde ein rechnergestütztes Monitoringsystem mit 122 Sensoren in der Kirche wie auch in den an den liturgischen

Bereich angrenzenden Räumen installiert (Ausschnitt in Abbildung 2). Seit der Inbetriebnahme des Monitoringsystems werden die tages- und jahreszeitlichen Klimaverhältnisse, Oberflächentemperaturen, Energieverbräuche etc. kontinuierlich im Zyklus von 2 Minuten erfasst. Somit liegen die zeitveränderlichen Klimaverhältnisse für den Chorbereich, die Vierung, das Umfeld des Altars und für die Orgel vor. Außerdem wurde an zahlreichen Stellen der bemalten Wand- und Deckenflächen das Nahfeldklima erfasst. Mit Hilfe dieser umfangreichen Daten kann nun geklärt werden, in welchem Maße klimabedingte Beanspruchungen zu steten behinderten Formänderungsbestrebungen infolge von Ad- und Desorption führen, die eine allmähliche Materialermüdung und eine resultierende Schädigung bewirken. Hierzu wurden die Oberflächentemperatursensoren wie auch die Sensorleitungen mit einer von Hans Hangleiter entwickelten und an historischen Objekten von Dörthe Jakob [7] erfolgreich praktizierten und erprobten Methode mit Cyclododecan an den Malereien befestigt. Die Befestigung lässt sich nach Ende des Monitorings wieder rückstandslos entfernen (vgl. Abbildung 3 mitte und rechts).

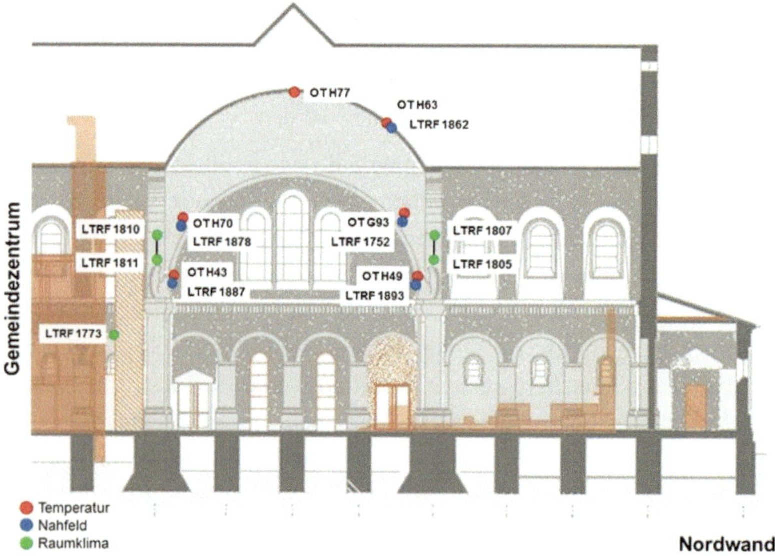

Abbildung 2: Exemplarische Darstellung der Messstellen unmittelbar an der Nordwand

Zu prüfen ist aber auch, ob eine solch hohe relative Feuchte im Nahfeld der Malerei gegeben ist, so dass günstige Bedingungen für ein mikrobielles Wachstum vorherrschen. Das Monitoring soll aber auch Hinweise darüber geben, welche Auswirkungen der intermittierende Betrieb von Warmluftheizungen wie auch der kontinuierliche Betrieb von Fußbodenheizungen auf die klimatischen Verhältnisse in Kirchenräumen haben. Hierzu sollen nicht nur die Behaglichkeitsverhältnisse in der Kirche betrachtet werden, sondern auch untersucht werden, welche Auswirkungen der Heizbetrieb auf die klimabedingte Beanspruchung der Malerei hat [8].

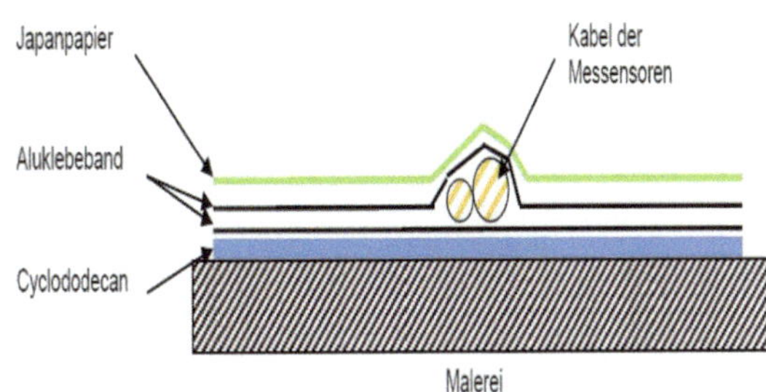

Abbildung 3: links: Aufnahme eines Sensorpaares (Oberflächentemperatur und Nahfeldklima aus Temperatur und relativer Luftfeuchte); rechts: Befestigung der Oberflächentemperatursensoren mit Cyclododecan.

Alle vom Monitoringsystem erfassten Daten werden in einer Datenbank abgespeichert und können über ein Visualisierungsportal im Web von den Projektbeteiligten eingesehen werden. Parallel wertet der Messrechner die Klimadaten aus. Abhängig des Bewertungsergebnisses kann der Messrechner zudem Handlungen zur Verbesserung der Raumluftverhältnisse auslösen, um z.B. bei Erfordernis die Raumluft durch das Öffnen der Fenster und die Zufuhr von Außenluft zu verbessern, Gleichermaßen können bedarfsgerecht die Ventile von Heizkreisen angesteuert werden. Entsprechend dieser Möglichkeiten ist es Ziel des Klimamonitorings, nicht nur das Raumklima und die daraus resultierende Beanspruchung zu beobachten, sondern auch alle möglichen Maßnahmen unverzüglich einzuleiten, mit denen das Klima im geeigneten Klimakorridor gehalten werden kann, um die wertvolle Substanz zu schützen und gleichzeitig den Nutzerbedürfnissen bestmöglich nachzukommen.

Wird eine Beheizung des Kirchenraumes erforderlich, erfolgt eine notwendig werdende Raumbelüftung über die feuchtekontrollierte Belüftungsfunktion der Warmluftheizung. Demgegenüber wird im Sommer die kontrollierte Belüftung über den Messrechner des Klimamonitorings übernommen, über den die Fenster auf der Nord- und Südseite der Kirche gesteuert werden. Neben der Option, die Feuchtesituation im kirchenraum durch die Zufuhr von Außenluftmassen zu steuern, kommt der Fensteraktivierung während der heißen Sommerphasen die Aufgabe zu, eine natürliche Querbelüftung während der kühlen Nachtstunden herbeizuführen. Bei der kontrollierten Sommerlüftung wird auch die Speicherwirkung der massiven Mauerwerksbauteile in den Wänden, den Gewölben und in der Kuppel berücksichtigt.

5.2 Untersuchungen zur Charakterisierung der klimabedingten Beanspruchungen der Malerei

Zur Bewertung der geeigneten Restaurierungsmaßnahmen wurden verschiedenste materialkundliche Analysen an Malschichten, am Malgrund und der darunter gelegenen Putze,

Mörtel und Natursteine vorgenommen. Ferner wurde der Haftverbund zwischen Malschicht mit Malgrund untersucht. Des Weiteren war zu prüfen, ob die oberflächennahen Materialschichten der malereitragenden Wand- und Gewölbebereiche mit hygroskopischen und hydratstufenbildenden Salzen belastet sind. Schließlich führen dann sich an der Malerei um die Deliqueszenzfeuchte ändernde relative Feuchten im Nahfeld der salzbelasteten Oberfläche zu einem Phasenwechsel zwischen Kristallbildung und „in Lösung gehen". Bilden die zu findenden Salze je nach relativer Feuchte gar unterschiedliche Hydratphasenwechsel durch, kommt es infolge von Expansionsbestrebungen beim Übergang in die feste Phase, bzw. dem Wechsel in eine wasserreichere Kristallphase bei nicht mehr verfügbarem Expansionsraum zu einer mechanischen Beanspruchung der Malerei, die zwangsläufig zur Schädigung führt. Erfreulicherweise wurden salzbeladene Bereiche auf den malereitragenden nicht festgestellt.

Einen wichtigen Schwerpunkt des DBU-Vorhabens bildete die Frage der biogenen Besiedelung. So wurden bereits in der Vergangenheit die Malereioberflächen von Pilzen befallen. Da Schimmelpilze aufgrund wachstumsbedingter Stoffwechselreaktionen eine Schädigung der Malerei bewirken können, wurden von Prof. Karin Peterson untersucht [2]. Augenmerk wurde dabei darauf gelegt, inwieweit die bereits in der Vergangenheit an der Malerei festgestellten Schimmelpilze mittlerweile ein so dichtes Myzelgeflecht ausbilden konnten, dass dieses nunmehr die gesamte Malschicht durchdringt und somit auch schon in die tieferen Schichten des Malgrundes hineinwachsen konnte.

6 Ergebnisse zum Raumklimaverhalten mit und ohne Grundlasttemperierung durch ergänzende Fußbodenheizung im Altarbereich

Großes Interesse bestand bei der Auswertung der aufgezeichneten Klimamessdaten, wie sich die im Altarbereich nachträglich installierte Fußbodenheizung auf die Raumluftverhältnisse in der Kirche auswirkt. Ein Vergleich der Raumluftverhältnisse bei einem weitestgehend synchronen Betrieb der Warmluftheizung mit der Fußbodenheizung zeigt die linke Darstellung in Abbildung 4. Wird die Grundlastsicherung konsequent der Fußbodenheizung übertragen, bedarf es nur noch bei intensiverer Nutzung der Kirche der bedarfsweisen Zuschaltung der Warmluftheizung. In der zweiten Winterperiode 2014/15 wurde zwischen Projektpartnern und Hersteller des Heizsystems vereinbart, dass die Fußbodenheizung die Grundlast übernehmen soll und nur noch bei Bedarf, z.B. während einer kirchlichen Nutzung zur Schaffung einer ausreichenden Behaglichkeit, die Heizung zugeschalten wird.

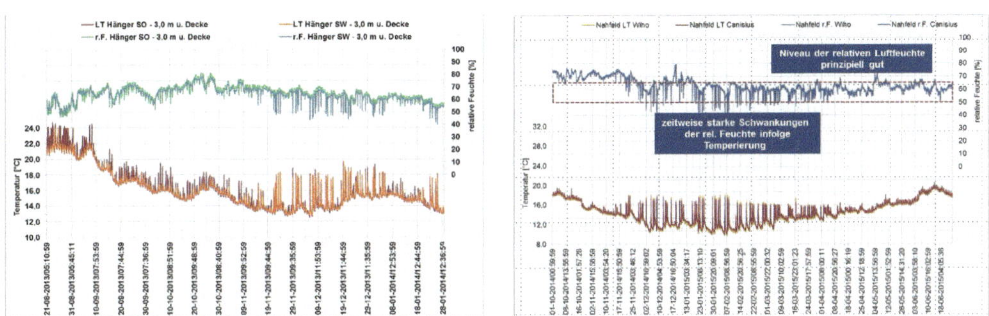

Abbildung 4: links: Verlauf von Raumtemperatur und relativer Luftfeuchte in der ersten Heizperiode; rechts: Verlauf des Nahfeldklimas in der zweiten Heizperiode nach Korrekturen des Regelbetriebs.

Die Analyse verdeutlicht, dass die Fußbodenheizung den größten Anteil des Wärmebedarfs zur Grundlasttemperierung aufbringt. Die Zuschaltung der Warmluftheizung wird erst bei intensivierter Nutzung des Kirchenraumes erforderlich. Welche Wirkung der Betrieb der Warmluftheizung auf das Nahfeldklima der Deckenmalerei ausübt, kann der rechten Darstellung in Abbildung 4 entnommen werden. Hier zeigt sich, dass mit der Inbetriebnahme der Heizung auch in den höhergelegenen Luftschichten und damit auch an der Malerei eine Erwärmung um 6 Kelvin erfolgt und gleichzeitig einen starken Abfall der relativen Feuchte um bis zu 20 % r.F. bedingt. Folglich bedarf es für einen gefährdungsfreien Betrieb von Heizsystemen einer von der Nahfeldklimasituation abhängigen Temperaturführung im Raum, um nur solche Temperaturanhebungsraten zu realisieren, die zu keiner Gefährdung der historisch wertvollen Oberflächen auf der Raumschale wie auch der Ausstattung führen.

Grundsätzlich konnte somit im DBU-Vorhaben verdeutlicht werden, dass ein von der Beanspruchung wertvoller Oberflächen abhängiger Betrieb von Temperiersystemen realisiert werden kann. Aber dies nur dann, wenn eine direkte Kopplung einer Bewertung der Oberflächenbeanspruchung, die nur mittels Monitoring möglich ist, und einer rechnergestützten Bewertung der klimabedingten Beanspruchung, um die geeignete Regelstrategie für den Betrieb der verfügbaren Heiz- und Lüftungskomponenten ergreifen zu können. Zwar wurde im DBU-Vorhaben die Heizungssteuerung nicht vom Messrechner des Klimamonitorings aus vorgenommen, sondern blieb der speziell auf die Verhältnisse der Kirche St. Joseph hin realisierten Steuerung des Heizsystems überlassen, doch erfolgte ein steter Austausch der Projektbeteiligten mit den zuständigen Vertretern des Herstellers der Warmluftheizung. So konnte im Dialog und im wechselseitigen Erkenntnisaustausch die Steuerung der Warmluftheizung stetig entsprechend der mittels Monitoring gewonnenen Informationen zur Raumklimasituation sofern erforderlich angepasst werden. Bereits nach der ersten voll funktionsfähigen Heizperiode war die Anlagensteuerung der Heizung derart angepasst, dass nunmehr ein aufeinander abgestimmter Betrieb von Fußbodenheizung und Warmluftheizung sichergestellt ist und der Flächenheizung die Grundlastdeckung und der Warmluftheizung die Deckung des Wärmebedarfs während der intensiveren Nutzungsphasen übertragen wird.

Das Klimamonitoring kann sich folglich auf die Erfassung und Bewertung der Klimaverhältnisse im Kirchenraum wie auch im Nahfeld der Malerei konzentrieren. Zudem übernimmt das Klimamonitoring den zur Komfortsicherstellung und zur Erreichung geeigneter Klimaverhältnisse für die Malerei, die Ausstattung und die Orgel erforderlichen Betrieb des Öffnens und Schließens der Fenster. Ziel ist es hierbei, einerseits eine von der Raumluftfeuchte abhängige Belüftung in der Kirche zu gewährleisten und andererseits während der warmen Witterungsperioden die natürliche Querbelüftung zu nutzen, um das Temperaturniveau in der Kirche in den Nachtstunden abzusenken.

7 Danksagung

Der Verfasser dankt der Deutschen Bundesstiftung Umwelt für die Förderung des Vorhabens, dessen Erkenntnisse sich auf zahlreiche weitere Objekte übertragen lassen. Ferner gilt der Dank allen Projektpartnern für die konstruktive und fruchtbare Zusammenarbeit. Der Dank richtet sich aber auch allen nicht in der Projektförderung berücksichtigten aber am Erfolg des Vorhabens maßgeblich beteiligten Unternehmen, die im offenen Dialog und mit großem Interesse stets das Vorhaben unterstützt haben.

8 Literatur

[1]   DBU-Vorhaben: *Klimaethisches Architekturkonzept zur nachhaltigen Fortentwicklung historischer Kirchenbauwerke - Innovative Maßnahmen zur langfristigen Sicherung der Decken- und Wandmalerei am Beispiel der Katholischen Kirche St. Joseph in Osnabrück.* AZ 30699, Deutsche Bundesstiftung Umwelt, Förderung 22.10. 2012 bis 21.09.2015.

[2]   Tagungsband: *Abschlussveranstaltung zum DBU-Vorhaben AZ 30699*, in Vorbereitung und Druck, 2016.

[3]   Garrecht, H.; Reeb, S.: Neuartige Untersuchungsmethoden zur Erfassung der klimabedingten Beanspruchungen wertvoller Fassungsoberflächen am Beispiel der Schwindfresken auf der Wartburg. In: Wartburg-Stiftung (Hrsg.): *Wartburg-Jahrbuch 2010.* Regensburg: Schnell & Steiner, 2011, S. 63-76.

[4]   Jakobs, D.: Restaurierungskonzepte für die Wandmalereien von St. Georg in Reichenau-Oberzell. In: Exner, M.; Schädler-Saub, U. (Hrsg.): *Die Restaurierung der Restaurierung? Zum Umgang mit Wandmalereien und Architekturfassungen des Mittelalters im 19. und 20. Jahrhundert.* München: ICOMOS Hefte des Deutschen Nationalkomitees XXXVII, 2002, S. 39-48.

[5]   Garrecht, H.: *Raumklimatische Untersuchungen und bauphysikalische Konzepte. Forschungsergebnisse zur Klimaproblematik im Kloster Maulbronn und im Dom zu Speyer*, In: [4], S. 8-18, 2006.

[6]   Garrecht, H.; Reeb, S.: *CFD-Simulation und Klimamonitoring – sich ergänzende Methoden zur Ausarbeitung von Maßnahmen zur Stabilisierung des Klimas in historischen Räumen*, In: Tagungsband BauSIM 2008 – Nachhaltiges Bauen, Universität Kassel.

[7]   Jakobs, D.: Was bleibt? Was kommt? Heutige Konzepte und Desiderate der Forschung im Umgang mit feuchtebelasteten Räumen. In: *Wandmalereien in Krypten, Grotten, Katakomben. Zur Konservierung gefasster Oberflächen in umweltgeschädigten Räumen* (ICOMOS Hefte des Deutschen Nationalkomitees, Bd. LVI), Internat. Tagung des Deutschen Nationalkomitees von ICOMOS 2011, München 2013, S. S. 213-224.

[8]   WTA-Merkblatt 6-12: *Klima und Klimastabilität in historischen Bauwerken*, Ausgabe 07-2011/D, 2011.

Werk und Verfall – Konzepte der Denkmalpflege im Zyklus des Werkes

Dipl.-Ing. Manfred v. Bentheim[1]

[1] Sachverständiger, Scheidertalstrasse 202, 65232 Taunusstein-Wingsbach

Kurzer Überblick

Alles ist endlich, nichts ist von Dauer. Dies gilt auch für die Produkte der „Mutter aller Künste" (Vitruv), auch wenn die (geplante und) gebaute Umwelt den Eindruck der Unendlichkeit vermitteln könnte und ihr eine entscheidende Rolle in unserer Gesellschaft zukommt:

Jeder, der qualitätvoll baut, trägt einen kleinen Teil zum großen Mosaik Baukultur bei. [1]

Mit diesen Fragestellungen beschäftigt sich dieser Beitrag:

- Was geschieht zwischen Entstehung und Verfall eines Werkes?
- Lässt sich Verfall aufhalten bzw. muss Verfall aufgehalten werden?

Schlagwörter: Denkmalpflege, Werkbegriff, technische Lebensdauer, wirtschaftliche Lebensdauer, Verfall

1 Begriffsbestimmungen

Ich mache mir eine Partitur, die enthält eigentlich keine Noten, sondern eher Begriffe. (Joseph Beuys)

Im Diskurs ist die Bestimmung der (Technik-)Begriffe zwingend erforderlich, damit definiert wird, was gemeint ist und alle Diskussionen vom gleichen Verständnis aus geführt werden.

1.1 Begriffsbestimmung: Verfall

Der Verfall eines Bauwerkes wird im Deutschen Wörterbuch von Jacob und Wilhelm Grimm wie folgt definiert und beschrieben:

Verfall, m. ruina, in der ältern sprache nicht nachgewiesen, in den wörterbüchern erst bei Stieler 424. 1) sinnliches zusammenfallen, bald mehr als vorgang (das zusammenstürzen), bald mehr als zustand (das verfallensein) gedacht; erst neuerdings recht geläufig, bei Adelung versuch 4, 1412 als selten aufgeführt: das haus wurde nicht mehr bewohnt und ging seinem verfalle entgegen; der verfall der mauer droht jeden augenblick einzutreten; kein selbstsüchtiger hypochondrist würde so scharf und scheelsüchtig den verfall der gebäude, die vernachlässigung der mauern [...] und was noch alles zu bemerken wäre, gerügt und

Denkmal und Energie 2017. Herausgegeben von Bernhard Weller, Sebastian Horn.

gescholten haben. Göthe 22, 146; ich machte ihn und das volk aufmerksam auf den verfall dieser thürme und der mauern, auf den mangel von thoren. 27, 45; so wurden bei solcher gelegenheit längst vernachlässigte dachreihen umgelegt, dachstühle hergestellt .. und andre mängel auf den grad gehoben, dasz ein längst vernachlässigtes, in verfall gerathenes besitzthum verblühender familien den frohen anblick einer lebendigen wohnlichkeit gewährte. 23, 16; der bau ist im verfalle [2]

Abbildung 1: Verfallenes Fachwerkhaus in Halberstadt 1985 (Foto: Hajotthu)

1.2 Begriffsbestimmung: Technische Lebensdauer

Die Lebensdauer wird bei Ross/Brachmann wie folgt definiert:

Lebensdauer – Begriff aus der technischen Wertermittlung (Sachwert). Sie wird bestimmt durch die Güte der Bauausführung, die Wahl der Baustoffe und die Konstruktion sowie die Benutzung und Beanspruchung des Gebäudes. [3]

Nach den Ausführungen bei Ross/Brachmann wird dies bezogen auf Bauobjekte wie folgt beschrieben:

Die technische Lebensdauer eines Gebäudes wird wesentlich durch Bauweise und Bauart, vor allem aber von der Dauerhaftigkeit des Rohbaues bestimmt.

Die Rohbauanteile wie Kellermauerwerk, Massivdecken, Umfassungswände, Massivtreppen usw. sind praktisch nicht auswechselbar oder erneuerungsfähig, so dass das ganze Gebäude von deren Güte und Stabilität abhängt. [4]

Auch das Gabler Wirtschaftslexikon führt wie folgt aus:

Zeitraum, in dem ein abnutzbarer Vermögensgegenstand (v. a. Maschinen, maschinelle Einrichtungen und Gebäude) technisch in der Lage ist, seinen Verwendungszweck zu erfüllen. Auch durch die Möglichkeit, das technische Nutzungspotenzial einer Anlage durch vorbeugende Instandhaltung (fast) unbegrenzt ständig wieder aufzufüllen, übersteigt die technische Nutzungsdauer die wirtschaftliche Nutzungsdauer i.d.R. erheblich. [5]

Die in der Fachliteratur propagierte „Technische Lebensdauer von Gebäuden" ist lediglich als grober Anhalt unterschiedlicher Gebäude- und Konstruktionsarten zu werten [4]:

Tabelle 1: Übersicht über die technische Lebensdauer von Gebäude- und Konstruktionsarten

Lebensdauer	Gebäude- und Konstruktionsart
20-30 Jahre	Holzbaracken, Schuppen, einfache Garagen und Gebäude in leichter Bauweise.
30-40 Jahre	SB-Märkte (Stahl), Holzhallen, Lagerschuppen, Garagen.
40-60 Jahre	Einkaufszentren (Stahlbeton), Betriebsgebäude für Brauereien, Brennereien, landwirtschaftliche Lagerhäuser, Feldscheunen, Fertigteilhäuser (Holzkonstruktion).
60-70 Jahre	Siedlungshäuser (massiv), Steinfachwerkhäuser, Werkstätten, Kaufhäuser (grundlegende Um- und Ausbauten alle 12-15 Jahre).
60-80 Jahre	Büro- und Geschäftshäuser, Einfamilienhäuser (normal).
80-100 Jahre	Städtische Mietwohnhäuser, Stahlbetonbauten, Bürogebäude (modern), Einfamilienhäuser (gute Bauweise).
100-150 Jahre	Wohnhäuser in solider Ausführung (vor allem auf dem Lande), Verwaltungs- und Bankgebäude.
150-200 Jahre	Rittergutsgebäude. Kirchen.
Mehr als 200 Jahre	Schlösser, Kirchen, Monumentalbauten.

Bei der Bestimmung der voraussichtlichen Lebensdauer eines Gebäudes ist immer die Betrachtung des Einzelfalls erforderlich. Dabei ist die technische Lebensdauer eines Gebäudes abhängig insbesondere von den Faktoren:

- Dauerhaftigkeit des Rohbaues (Materialwahl und -kombination)
- Qualität der Ausführung (fachgerechte Verarbeitung)
- Grad der laufenden Unterhaltung (Instandhaltungen, Reparaturen)
- Umfang der äußeren Einflüsse (Klima, Umgebung)

In den nachstehenden tabellarischen Annahmen (Abschnitt 2.1 ff) wird beispielhaft von einer technischen Lebensdauer von 100 Jahren ausgegangen.

1.3 Begriffsbestimmung: wirtschaftliche Nutzungsdauer

Im Gegensatz zur technischen Lebensdauer ist die wirtschaftliche Nutzungsdauer eines Gebäudes stets kürzer als die technische Lebensdauer.

Dabei ist die wirtschaftliche Lebensdauer eines Gebäudes abhängig insbesondere von den Faktoren:

- wirtschaftliche Kalkulationen (Betreiberinteresse)

- Bedarfsanforderungen (Nutzerinteresse)

- Umgebungsveränderungen (Standards, Gesetze usw.)

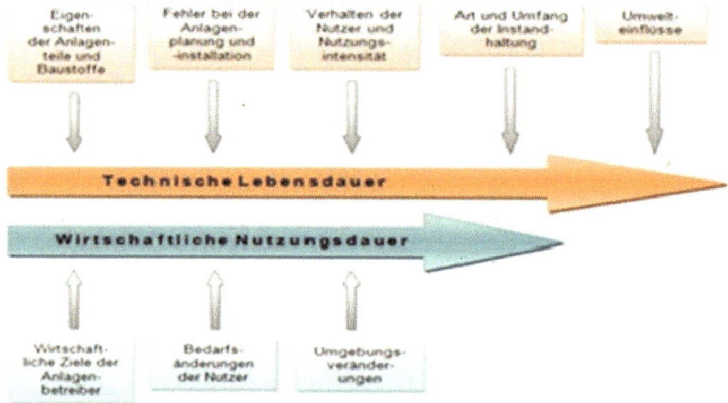

Abbildung 2: Faktoren der technischen Lebensdauer und der wirtschaftlichen Nutzungsdauer [7]

Die wirtschaftliche Nutzungsdauer ist ein Begriff aus der Ertragswertberechnung und bildet den Zeitraum ab, in dem ein Gebäude (voraussichtlich) nach wirtschaftlichen Gesichtspunkten genutzt werden kann.

Sowohl die technische Lebensdauer als auch die wirtschaftliche Nutzungsdauer lassen sich zwar berechnen, die tatsächlichen Zeitverläufe sind aber erst mit Ablauf der Nutzung bzw. mit dem Versagen der (Bau-)Technik im Nachhinein bestimmbar.

In den nachstehenden tabellarischen Annahmen (Abschnitt 2.1, 2.2 und 2.4) wird beispielhaft von einer wirtschaftlichen Nutzungsdauer von 70 Jahren ausgegangen.

2 Konzepte der Denkmalpflege

2.1 Konzept: Alternlassen

So, wie der Mensch altert, ist auch jedes Bauwerk von Anfang an und grundsätzlich dem Verfall preisgegeben:

Abbildung 3: Chorruine Heisterbach, Königswinter, Gemälde von Carl Hasenpflug, 1840

Mit dem „Alternlassen" wird der Prozess des Verfalls hingenommen, ohne dass ab dem Zeitpunkt der Fertigstellung des Bauwerks Maßnahmen der Instandhaltung und Instandsetzung erfolgen.

Jedes Bauwerk verliert mit zunehmenden Alter sowohl seine materielle wie auch bautechnische Substanz und endet letztlich in einem Schutthaufen.

Für den Architekten oder Ingenieur erscheint dieses Konzept der Denkmalpflege ungewohnt, die Aufgaben beschränken sich auf die Sicherung der Ruine und gegebenenfalls Abtragung von verwahrloster Bausubstanz.

Dieser Prozess wird als „kontrollierter Verfall" bezeichnet. Bei Objekten, deren Erhalt zu aufwändig erscheint, wird dieses Konzept angewendet praktiziert und die Endlichkeit von Material und Konstruktion hingenommen.

In der Zeitachse lässt sich dieses Konzept wie folgt darstellen:

Werk und Verfall																										
Beispiel 1		Verfall dulden																								
1	Technische Lebensdauer																									
2	Nutzungsdauer																									
3																										
4																										
5	Jahre	10	20	30	40	50	60	70	80	90	100	110	120	130	140	150	160	170	180	190	200	210	220	230	240

Abbildung 4: Technische Lebensdauer und wirtschaftliche Nutzungsdauer für das Konzept „Alternlassen"

In dieser beispielhaften Darstellung ist lediglich aufgezeigt, dass die technische Lebensdauer 100 Jahre, die wirtschaftliche Nutzungsdauer etwa 70 Jahre erreichen kann. Es kann nicht dargestellt werden, wann der vollständige Verfall eingetreten sein wird.

2.2 Konzept: Pflegen (Instandhaltung)

Von dem Begriff der Pflege leitet die Denkmalpflege auch ihren Namen ab. Das Konzept verhindert den Verfall unter sparsamer Einsetzung personeller und finanzieller Mittel.

Die Instandhaltung von technischen Systemen, Bauelementen, Geräten und Betriebsmitteln soll sicherstellen, dass der funktionsfähige Zustand erhalten bleibt oder bei Ausfall wiederhergestellt wird.

Die DIN-Norm DIN 31051:2012-09 strukturiert die Instandhaltung in die vier Grundmaßnahmen

1. Wartung, 2. Inspektion, 3. Instandsetzung, 4. Verbesserung. [7]

Instandhaltungen sind Maßnahmen zur Erhaltung des Soll-Zustandes eines Objekts. [8]

Bei der Instandhaltung eines Objektes werden nur diejenigen Teile instandgesetzt, die nicht mehr funktionieren bzw. defekt sind.

Der Alterungsprozess wird hingenommen und nur durch wirklich erforderliche Maßnahmen verlangsamt.

In der Zeitachse lässt sich dieses Konzept wie folgt darstellen:

Werk und Verfall																									
Beispiel 2	Verfall aufhalten																								
6	Technische Lebensdauer																								
7	Nutzungsdauer																								
8	Instandhaltung		x			x		x																	
9																									
10	tatsächliche Lebensdauer																								
11	mögliche Nutzungsdauer																								
12	Instandhaltung									x	x														
13																									
14	tatsächliche Lebensdauer																								
15	mögliche Nutzungsdauer																								
16																									
17	Jahre	10	20	30	40	50	60	70	80	90	100	110	120	130	140	150	160	170	180	190	200	210	220	230	240

Abbildung 5: Technische Lebensdauer und wirtschaftliche Nutzungsdauer für das Konzept „Pflegen"

In dieser beispielhaften Darstellung ist lediglich aufgezeigt, dass die technische Lebensdauer 160 Jahre, die wirtschaftliche Nutzungsdauer etwa 120 Jahre erreichen kann. Es kann nicht dargestellt werden, wann der vollständige Verfall eingetreten sein wird.

2.3 Konzept: Konservierung

Im Bereich der Bildenden Kunst sowie Kulturgut im Allgemeinen steht Konservierung oder Konservation als Überbegriff für sämtliche Maßnahmen, die dazu dienen die Authentizität künstlerischer bzw. kulturhistorisch relevanter Werke unter Berücksichtigung ihres Alters und ihrer Geschichte zu untersuchen, zu dokumentieren, zu erhalten und lesbar zu machen, ohne sie dabei irreversibel zu verändern. [...] [9]

Bei der Konservierung wird versucht, den natürlichen Alterungsprozess zum Stillstand zu bringen.

Auch wenn das partiell für einige Bauteile möglich ist, die komplette Konservierung eines Objektes mit der Absicht, die Alterung aufzuhalten, gelingt auch aufgrund äußerer und innerer Einflüsse nicht.

Dies gilt auch für die komplette Einhausung durch einen Schutzbau o.ä., wie es zum Beispiel mit dem Kunstmuseum des Erzbistums Köln (Arch. Peter Zumthor, 2007) für die Kolumbakapelle (Arch. Gottfried Böhm, 1949) erfolgt ist:

Abbildung 6: Kunstmuseum Kolumba des Erzbistums Köln (Foto: Landwehr 2014)

2.4 Konzept: Reparatur (Instandsetzung)

Die Reparatur (Instandsetzung) wird in der Honorarordnung der Architekten und Ingenieure (HOAI) wie folgt definiert:

Instandsetzungen sind Massnahmen zur Wiederherstellung des zum bestimmungsgemäßen Gebrauch geeigneten Zustandes (Soll-Zustandes) eines Objekts, soweit diese Massnahmen nicht unter Absatz 3 [Wiederaufbauten, der Verf.] fallen. [8]

Durch die kontinuierliche Instandsetzung eines Objektes wird der Verfall weitestgehend in die Zukunft verschoben; der personelle und finanzielle Aufwand sind erheblich. In der

Regel führt dies aber zum wirtschaftlichsten Umgang mit einem Objekt. In der Zeitachse lässt sich dieses Konzept wie folgt darstellen:

Werk und Verfall																									
Beispiel 3		Verfall verhindern																							
18	Technische Lebensdauer																								
19	Nutzungsdauer																								
20	Instandsetzung	x	x	x	x	x	x	x	x	x	x														
21																									
22	tatsächliche Lebensdauer																								
23	mögliche Nutzungsdauer																								
24	Instandsetzung											x	x	x	x	x	x	x	x						
25																									
26	tatsächliche Lebensdauer																								
27	mögliche Nutzungsdauer																								
28																									
29	Jahre	10	20	30	40	50	60	**70**	80	90	**100**	110	**120**	130	**140**	150	160	170	**180**	190	200	210	**220**	230	240

Abbildung 7: Technische Lebensdauer und wirtschaftliche Nutzungsdauer für das Konzept „Reparatur"

In dieser beispielhaften Darstellung ist aufgezeigt, dass bei einer kontinuierlichen Instandsetzung die technische Lebensdauer auf etwa insgesamt 220 Jahre, die wirtschaftliche Nutzungsdauer auf etwa 1420 Jahre verlängert werden kann.

Dieser Vorgang kann nicht beliebig lange wiederholt werden; hier sind insbesondere die Materialien und die Qualität der Verarbeitung entscheidend. Es kann nicht dargestellt werden, wann der vollständige Verfall eingetreten sein wird.

Anmerkung: Die im § 28 der II. Berechnungsverordnung (II. BV) für Wohnungen genannten jährlichen Instandsetzungskosten sind realistisch, da sie sich bei unterlassener Instandhaltung („Instandhaltungsstau") über lange Zeiträume erfahrungsgemäß addieren.

2.5 Konzept: Erneuerung (Anastilosis)

Die Anastilosis wird im Fachlexikon des Deutschen Natur & Denkmal Forum wie folgt definiert:

Anastilosis (gr. eine Stele oder ein Gebäude wieder aufstellen) bzw. Anastylose ist die teilweise Wiederaufrichtung eines verfallenen, zerstörten oder einsturzgefährdeten baulichen Objektes oder Objektteiles am ursprünglichen Standort unter Verwendung seiner erhaltenen originalen Bauteile und unter Einsatz ursprünglicher Baumaterialien und Konstruktionstechniken.

Nicht originale Bauteile, Baumaterialien und Konstruktionstechniken können in Ausnahmefällen verwendet werden, wenn eine Wiederaufrichtung ansonsten nicht möglich ist oder keine dauerhafte statische Stabilität und Standsicherheit gewährleistet werden kann ...[10]

Mit der teilweisen Erneuerung eines Objektes wird der Alterungsprozess dieser Teilbereiche vollständig aufgehoben; die technische Lebensdauer wird wieder „auf Anfang" gesetzt.

Neben der Gestaltung des Erscheinungsbildes einer solchen Maßnahme, bestehen erhebliche Anforderungen an die Qualität der Ausführung, damit das Zusammenspiel von alter und erneuerter Substanz in jeder Hinsicht (konstruktiv, bauphysikalisch usw.) auf Dauer Bestand hat.

2.6 Konzept: Rekonstruktion

Die Rekonstruktion wird für Objekte der Technik in Wikipedia wie folgt definiert:

Rekonstruktion von Architektur: Teilweise oder vollständige Wiederherstellung von Baudenkmalen, historischen Gebäuden oder Gebäudeteilen [11]

Bei der Rekonstruktion wird der Alterungsprozess vollständig negiert, da die Rekonstruktion nicht ohne die Anwendung moderner Baustoffe und Verarbeitungstechniken möglich ist.

Insoweit ist die Rekonstruktion einem Neubau gleichzusetzen und hat mit der klassischen Denkmalpflege nichts mehr gemein.

Alternativ ist die Rekonstruktion mit historischen Baustoffen unter Anwendung der seinerzeitigen Verarbeitungstechniken denkbar; der personelle und finanzielle Aufwand sind jedoch als erheblich einzustufen.

3 Mitwirkung der Denkmalpflege

Die Beteiligung der Denkmalpflege bei der Erhaltung, Instandsetzung und Veränderung von Baudenkmälern geschieht in unterschiedlichem Umfang.

Gemeinhin wird die erforderliche Mitwirkung bzw. Mitsprache der Denkmalpflege bei baulichen Maßnahmen als einschränkend in der persönlichen Entfaltung am und im Objekt gesehen und damit nicht als begleitende Beratung, sondern als ungewünschte Einmischung verstanden. Dies ist insbesondere oft dann der Fall, wenn die Denkmalpflege sich finanziell an der Maßnahme beteiligt.

Dabei geschieht die Mitwirkung der Denkmalpflege stets zum Wohle des Objektes und muss nicht immer mit einer detailgetreuen Rekonstruktion des ursprünglichen Zustandes enden.

Die Kenntnis über die Konzepte der Denkmalpflege führt dazu, dass der Eigentümer „auf Augenhöhe" mit der Denkmalpflege reden und verhandeln kann. Insoweit ist es in der Zusammenarbeit mit der Denkmalpflege stets hilfreich, wenn schlüssige Konzepte im Vorfeld ausgearbeitet und vorgelegt werden.

Bei den Konzepten der Denkmalpflege ist jedoch die erforderliche Zusammenarbeit der Denkmalpflege unterschiedlich ausgeprägt und reicht von „nahezu nicht gegeben" bis „umfänglich gegeben".

In der Form einer tabellarischen Darstellung (Matrix) ergibt sich folgendes Bild:

Tabelle 2: Übersicht zur Mitwirkung der Denkmalpflege

	Mitwirkung der Denkmalpflege				
	eher nicht	eher gering	durch-schnittlich	über-durch-schnittlich	eher um-fänglich
Altern lassen	X				
Pflegen		X			
Konservieren			X		
Reparieren				X	
Erneuern		X			
Rekonstruieren	X				

Auch wenn objekt- und aufgabenbezogen unterschiedliche Anforderungen an die Denkmalpflege herantreten können, zeigt die Darstellung deutliche Tendenzen.

Letztlich führen auch personelle Strukturen bei der Denkmalpflege dazu, dass nur noch herausragende Vorhaben beratend begleitet werden können.

Im Erhalt eines Werkes der Baukunst kennt die klassische Denkmalpflege unterschiedliche Verfahren der Rettung, die neben der kulturellen Interessenslage auch unterschiedlich finanzielles Engagement erfordern.

4 Literatur

4.1 Literaturverweise

[1] http://www.byak.de/start/architektur (letzter Zugriff am 06.06.2016)

[2] Grimm, J.; Grimm, W.: *Deutsches Wörterbuch (DWb)*. München: dtv, 1999.

[3] Brachmann, P.; Ross F. W.: *Ermittlung des Bauwertes von Gebäuden und des Verkehrswertes von Grundstücken*. 28. Aufl., Hannover: Oppermann, 1997, S. 480.

[4] Brachmann, P.; Ross F. W.: *Ermittlung des Bauwertes von Gebäuden und des Verkehrswertes von Grundstücken*. 28. Aufl., Hannover: Oppermann, 1997, S. 253 f.

[5] Springer Gabler Verlag (Hrsg): Gabler Wirtschaftslexikon, Stichwort: technische Nutzungsdauer.

http://wirtschaftslexikon.gabler.de/Archiv/56891/technische-nutzungsdauer-v4.html (letzter Zugriff am 28.07.2016)

[6]   https://www.bing.com/images/search?q=technische+Lebensdauer&view=detailv2&&id=8582A042BB9FD3B149302D67D72EAC1214716538&selectedIndex=15&ccid=5dQHA9yq&simid=608038096017097403&thid=OIP.Me5d40703dcaa806d0ef136eca31c4d4fo0&ajaxhist=0 (letzter Zugriff am 28.07.2016)

[7]   https://de.wikipedia.org/wiki/Instandhaltung (letzter Zugriff am 06.06.2016)

[8]   *HOAI 2013:* Honorarordnung für Architekten und Ingenieure. Fassung vom 10. Juli 2013.

[9]   https://de.wikipedia.org/wiki/Konservierung#Kunst_und_Kulturgut (letzter Zugriff am 28.07.2016)

[10]   https://www.dndf.de/anastilosis.htm (letzter Zugriff am 19.09.2016)

[11]   https://de.wikipedia.org/wiki/Rekonstruktion (letzter Zugriff am 28.07.2016)

4.2 Allgemeine Literatur zum Thema

Bruschke, A.: *Bauaufnahme in der Denkmalpflege.* 1. Aufl., Stuttgart: Fraunhofer-IRB-Verl., 2005.

Görlacher, R.; Wenzel, F.: *Historische Holztragwerke.* Karlsruhe: Sonderforschungsbereich 315, 1999.

Martin, D.; Krautzberger, M.: *Handbuch Denkmalschutz und Denkmalpflege.* München: Beck, 2004.

Ross, F. W.; Brachmann, R.; Holzner, P.: *Ermittlung des Bauwertes von Gebäuden und des Verkehrswertes von Grundstücken.* Hannover: Oppermann, 1997.

Renner, U.; Sohni, M.; Ross, F. W.: *Ermittlung des Verkehrswertes (Marktwertes) von Immobilien.* Isernhagen: Oppermann, 2012.

Weller, B.; Fahrion, M.-S.; Jakubetz, S.: *Denkmal und Energie.* 1. Aufl., Wiesbaden: Vieweg + Teubner, 2012.

Weller, B.: *Denkmal und Energie 2015.* Dresden: Technische Universität Dresden, Fakultät Bauingenieurwesen, Institut für Baukonstruktion, 2014.

Weller, B.; Horn, S.: *Denkmal und Energie 2016.* Wiesbaden: Springer Vieweg, 2015.

Wenzel, F.; Egermann, R.; Eckert, H.: *Historisches Mauerwerk.* Karlsruhe: Sonderforschungsbereich 315, 2000.

Die Dämmung der Baudenkmale – Frevel oder Weitsicht?

Dr. Ralf-Peter Pinkwart[1]

[1] Landesamt für Denkmalpflege Sachsen, Schlossplatz 1, 01067 Dresden

Kurzer Überblick

Auch Baudenkmale müssen wärmeschutztechnisch ertüchtigt werden. Die Energieeinsparverordnung erlaubt zwar Abweichungen für „Baudenkmäler oder sonstige besonders erhaltenswerte Bausubstanz", wenn die Anforderungen die Substanz oder das Erscheinungsbild des Gebäudes beeinträchtigen würden. Da das Denkmal innerhalb des Altbaubestandes aber nicht – wie oft behauptet – die seltene Ausnahme darstellt, sondern bundesländerabhängig mitunter sogar große Anteile dieser Gebäude unter Denkmalschutz stehen, führt zur Erzielung angemessener Nutzungs- und Bewirtschaftungsbedingungen daran kein Weg vorbei. Zum einen, weil die Ausgangsbedingungen hier nicht selten besonders problematisch sind und zum anderen, um eine deutliche Schlechterstellung dieser Gebäude im Vergleich zu nicht geschützten Altbauten zu vermeiden. Nur dann lassen sich auch Baudenkmale langfristig erhalten. Dies ist aber auf individuelle, den Denkmalwert schonende Weise erforderlich und inzwischen in den allermeisten Fällen auch möglich.

Schlagwörter: Baudenkmale, wärmeschutztechnische Ertüchtigung, Innendämmung

1 Zur Situation

Die Baudenkmale sind das „Tafelsilber" im Gebäudebestand unserer Gesellschaft. Durch ihre Zeugniswerte geben sie Auskunft über unsere Geschichte, die Arbeits- und Lebensweisen unserer Vorfahren in vergangenen Zeiten, und durch ihre Gestaltqualitäten prägen sie unsere Straßen und Plätze, Stadt- und Dorfbilder, die gesamte Kulturlandschaft, die ohne sie – in Anbetracht der zumeist eher anspruchsloseren Bausubstanz jüngeren Ursprungs – eine andere wäre.

Denkmale sind historische Konstruktionen und in diesem Sinne mehr oder weniger sensibel, was ihre Nutzung und Anpassung an veränderte Ansprüche und Anforderungen anbelangt. Nur wenn wir sie auf angemessene Weise „original" erhalten (was auch immer das in jedem Einzelfall bedeuten mag), können sie ihre Dokumentations- und Monumentaleigenschaften bewahren. In diesem Sinne verlangen alle Denkmalschutzgesetze übereinstimmend, dass sie „denkmalgerecht" zu erhalten sind. Nach dem Sächsischen Denkmalschutzgesetz müssen sie von ihren Eigentümern und Besitzern beispielsweise pfleglich behandelt, im Rahmen des Zumutbaren denkmalgerecht erhalten und vor Gefährdung geschützt werden. Zu diesem Zwecke sind unter anderem die Wiederherstellung und Instandsetzung sowie die Veränderung und Beeinträchtigung von Erscheinungsbild und Substanz durch die zuständigen Denkmalschutzbehörden genehmigen zu lassen [1].

Noch sensibler als die Denkmale sind die Denkmalpfleger. Denkmalpflege ist nämlich keine Wissenschaft, in der Ergebnisse reproduzierbar sind, in der man zweifelsfrei richtig von falsch unterscheiden kann, sondern lässt sich eher mit der Politik vergleichen, in der unterschiedliche Konstellationen und unterschiedliche Auffassungen der Beteiligten zu völlig unterschiedlichen Lösungen führen. Man kann das regelmäßig auf den Exkursionen der Denkmalpflege-Tagungen erleben, wenn hohe Ansprüche in eine Richtung zwangsläufig zu Zugeständnissen in eine andere geführt haben und dies auf die geballte Kritik von Fachkollegen stößt, welche nicht selten anderslautende Prioritäten vertreten. Kontroverse Diskussion ist dafür noch eine vorsichtige Bezeichnung. „Gute Denkmalpfleger" sagen dann meistens: „Das geht ja gar nicht!" Dieses Phänomen hat einen hochrangigen bayerischen Denkmalpfleger noch im September 2012 auf einem Fachkongress zur Energetischen Sanierung von denkmalgeschützten Gebäuden in Augsburg in seinem Impulsvortrag „Energiewende und historisches Erbe" äußern lassen, dass die bayerischen Denkmale bezogen auf das Gesamtpotenzial des Gebäudebestandes ja bedeutungslos wären und dementsprechend keine wärmeschutztechnische Ertüchtigung benötigten. Es hätte schon immer „Patentrezepte" gegeben: ganz früher zur Gewässerregulierung, später zur autogerechten Stadt, noch später zur kleinteiligen Landwirtschaft, genauso wie heute zur Energiewende: Es wäre immer alles irgendwann wieder rückgängig gemacht worden und irgendwann würde man sich auch von der Energiewende wieder verabschieden müssen. Als die Um-die-Bewahrung-von-Vorhandenem-Bemühten wären wir als Denkmalpfleger sowieso schon die Umweltschützer der 1. Generation. Womit er allerdings empörtes Raunen unter seiner Zuhörerschaft erntete. Ich glaube, Denkmalpfleger tun sich mit solchen Aussagen keinen Gefallen.

Wir müssen nämlich ohne Wenn und Aber zunächst zur Kenntnis nehmen, dass wir es bei der energiewirtschaftlichen Ertüchtigung von Baudenkmalen mit einem Grundkonflikt zu tun haben: Je mehr wir dämmen, desto mehr überformen und beschädigen wir das Denkmal in seiner Aussagekraft und Bildhaftigkeit. Und je kategorischer und gründlicher wir den gesetzlichen Auftrag zur denkmalgerechten Erhaltung nehmen, umso weniger Spielräume bleiben für die wärmeschutztechnische Ertüchtigung. Es ist ein Dilemma, das sich durch den Einbau intelligenter Haustechnik und den Einsatz von bestimmten Wärmequellen mit günstigeren Rechenansätzen im Nachweis zwar etwas moderieren lässt, vom Grundsatz her aber bestehen bleibt. Mehr vom Einen heißt immer auch Weniger vom Anderen und umgekehrt.

Zusätzliche Brisanz erhält dieser Konflikt in denjenigen Ländern, darunter Sachsen, in denen – entsprechend dem sog. nachrichtlichen System der Denkmalschutzgesetzgebung – die Denkmalsubstanz im Interesse der Kulturlandschaft großzügiger erfasst wurde als in den Ländern, in denen zumindest noch vor wenigen Jahren das konstitutionelle System bestand. Nach letzteren musste jedes erfasste Denkmal auch „beschlossen" werden, so dass die Zahl der Kulturdenkmale hier aus juristischen Gründen vergleichsweise niedrig blieb und nur die besonders hochrangigen Objekte überhaupt eine Chance auf Anerkenntnis ihrer Denkmaleigenschaft hatten. Wir haben in Sachsen heute nicht nur den wahrscheinlich höchsten Altbaubestand im Vergleich aller Bundesländer, darunter in großem Umfang intakte historische Altstädte und einen überdurchschnittlich hohen Bestand an Gründerzeitquartieren, sondern auch über 100.000 Kulturdenkmale in Verantwortung des Landesamtes für Denkmalpflege. Beispielsweise gibt es in Dresden bei ca. 39.000 Grundstücken ca. 10.000 Einzeldenkmale, das betrifft quasi mehr als jedes vierte Gebäude. In mancher attraktiven Leipziger Gründerzeitstraße stehen ca. 70 % aller Häuser unter Denkmalschutz und von den ca. 310 Häusern der Pirnaer Altstadt sind ca. 290 Einzeldenkmale. Diese Quoten sind – um noch einmal den bayerischen Denkmalpfleger zu zitieren – bezogen auf das Gesamtpotenzial des Gebäudebestandes alles andere als bedeutungslos. Wir müssen uns dem Problem – wohl oder übel – also stellen.

Schauen wir uns unter diesem Gesichtspunkt einmal die wärmeschutztechnischen Qualitäten der meisten denkmalgeschützten Altbauten – vor ihrer Sanierung – an:

Die Mehrheit der Wohnungs- und Gewerbebauten aus der 2. Hälfte des 19. und 1. Hälfte des 20. Jh. besitzt 36,5 cm starke Vollziegelwände, die in der Regel, aber nicht immer, beidseitig verputzt sind. Diese haben einen Bestands-U-Wert von ca. 1,6 W/(m²·K).

Wohnungs- und Gewerbebauten aus dem frühen und mittleren 19. Jh. bestehen in Sachsen oft auch aus 40-50 cm starken massiven Sandsteinwänden, in der Regel ebenfalls beidseitig verputzt, und erreichen damit einen U-Wert von ca. 2,6 W/(m²·K).

Ländliche Wohnstallhäuser aus der 1. Hälfte des 19. Jh. haben mitunter auch ca. 60 cm starke schwere Bruchsteinwände aus Granit oder Basalt, die in ihrem U-Wert noch über 3,0 W/(m²·K) liegen.

Zum Vergleich:

Hygienischer Mindestwärmeschutz seit 1969:		1,32 W/(m²·K)
1970/80er Jahre: WBS 70/3-Schicht-Außenwandplatte:		1,05 W/(m²·K)
1990er Jahre/WSVO:	+ /-	0,50 W/(m²·K)
Mindestwärmeschutz heute: nach WTA:		0,84 W/(m²·K
nach DIN 4108:		0,73 W/(m²·K)
EnEV seit 2009:		0,24 W/(m²·K)

Da klaffen Welten! An einer wärmeschutztechnischen Ertüchtigung dieser Gebäude führt demzufolge kein Weg vorbei – ob es sich nun um solche der einen oder der anderen Gruppe handelt, ob das Denkmal die seltene Ausnahme oder die häufiger vorkommende Beinahe-Regel ist, ob es bewohnt werden oder „nur" als Arbeitsplatz dienen soll. Und dabei geht es in vielen Fällen noch nicht einmal vordergründig um Energieeinsparung, die sprichwörtliche Heizkostenrechnung – und erst recht nicht um die Rettung der Welt durch CO_2-Einsparung. Viel näher liegend und drängender ist zunächst die simple Tauwasserfreihaltung, die Bewahrung vor Schimmel und Algenbefall, ohne die das schönste Denkmal nicht zu nutzen wäre.

Trotzdem lösen wir das Problem (und retten die Welt) nicht mit immer mehr Dämmung herkömmlicher Bauart. Die Entwicklung der letzten Jahrzehnte folgte einer „guten" Idee und hat doch „böse" Ergebnisse gebracht. Zu zigtausenden wurden bestehende Gebäude eingepackt, „styroporisiert", wie Kritiker sagen.

Abbildung 1: Schwerer Algenbefall auf dem WDVS eines Wohnhauses in Radebeul (Foto: R.-P. Pinkwart)

Es wurden damit – nicht zuletzt durch ungenügende Planungsvorbereitung – Bauschäden erzeugt, schnell verschmutzende und zum Algenbefall neigende Oberflächen geschaffen und historische Gestaltungen in Größenordnungen zerstört oder zumindest verdeckt. Und das betrifft nicht nur den Denkmalbestand, sondern den Gesamtbestand an historischen Gebäuden, der weit darüber hinaus geht und (zumindest außerhalb Sachsens) „besonders erhaltenswerte Bausubstanz" heißt, also unsere gesamte Baukultur, sodass Stadt- und

Dorfbilder massiv gelitten haben und Straßen- und Platzräume teilweise bis zur Unkenntlichkeit beschädigt oder entstellt wurden. Die „kulturelle Umwelt" wurde und wird noch immer leichtfertig für die ökologische aufs Spiel gesetzt. Erst langsam setzt sich die Erkenntnis durch, dass die durch die Dämmstofflobby initiierten gesetzlichen Vorgaben nicht in dem Maße funktionieren bzw. effizient sind, wie kalkuliert war und dass sie sich in vielen Fällen nicht einmal in einem angemessenen Zeitraum amortisieren.

Abbildung 2: Verkleidung eines (nicht denkmalgeschützten) Altbaus mit Schaumpolystyrol, einhergehend mit „künstlerischer Aufwertung" (Fotos: R.-P. Pinkwart)

Schluss mit dem Dämmwahn!

Die Bundesregierung will alle Gebäude energiedicht machen. Es wäre das Ende aller schönen Architektur VON HANNO RAUTERBERG

Wirklich schade, dass nicht irgendwo die altehrwürdige Zentrale der Dämmstoffindustrie abgerissen werden soll. Dann kämen gewiss viele Tausend Mut- und Wutbürger von nah und fern, um lauthals zu demonstrieren. Doch anders als sonst würden sie den Abriss nicht beklagen. Sie würden ihn lauthals bejubeln.

Lange war der bundesdeutsche Mensch durchaus geduldig: Er war ein Freund der Umwelt, sammelte fleißig Altglas und Altpapier und hatte, nach anfänglichem Murren, auch gegen Energiesparlampen nicht viel einzuwenden. Neuerdings aber spricht der bundesdeutsche Mensch von Öko-Diktatur. Neuerdings fühlt er sich überwacht und gegängelt – und nicht zuletzt die Dämmstoffindustrie ist daran schuld.

Sie profitiert am meisten von den Auf- und Umrüstungsplänen

steht, der sieht nicht allein Steine, Fenster oder Ornamente. Er möchte ein Gesicht sehen, einen inneren Ausdruck. Ein gedämmtes Gebäude aber gleicht einem vermummten Menschen, dem man unter seiner Kapuze kaum mehr ins Gesicht schauen kann, erst recht nicht, wenn er wie Skifahrer oder Bankräuber eine Wollmaske trägt. Die Bundesregierung möchte solche Wollmasken für alle. Sie hat bereits mehr als sieben Milliarden an Fördergeldern dafür ausgegeben.

Wenn das so weitergeht, werden sich viele Städte schon bald nicht mehr wiedererkennen.

nicht richtig gegründet. Verwundert werden die Menschen der Zukunft auf solche Merkwürdigkeiten blicken und sich fragen, was damals wohl los war in diesem Land, das sich ganz und gar einhüllte in die Vernunft technischer Errungenschaften, dafür aber alles Schöne calvinistisch verbarg. Das sich gern fugendicht abgeschlossen hätte, gegen Migranten und auch sonst gegen alles Unwägbare. Das sich selbst isolierte, um wettersicher den Stürmen der Zukunft trotzen zu können.

Mit solchen Überlegungen darf man den Apologeten der Wärmedämmung natürlich nicht

Die Kronprinzenstraße 129 in Dortmund, vor und nach Umbau

systeme eigentlich? Wie verhalten sich die Kleber bei extremen Temperaturschwankungen? Und was wird mit all dem Kunststoff, wenn er eines Tages ausgedient hat: Ab damit auf eine alpenhohe Öko-Sondermüllhalde? Weder im Umwelt- noch im Bauministerium ist mehr über die Langzeitfolgen der Dämmtechnik zu erfahren. Doch bereitwillig werden Milliarden investiert.

Diese seltsame Augen-zu-und-durch-Mentalität der Dämmplattenfreunde muss einen schon deshalb stutzig machen, weil sie fatal dem Technikwahn der ölfrohen Nachkriegsjahre ähnelt. Auch damals griff man frohgemut nach neuen Harzen, Folien, Eternitplatten, nur um später festzustellen, dass diese rasch verfielen oder krebserregend waren. Auch damals berief man sich auf die Zwänge des Unabwendbaren: Die Städte mit Autobahnen zu durchziehen, monotone Wohnghettos zu errichten und sterile Bürohausquartiere auszuweisen, das schien verkehrstechnisch, sozial und ökonomisch vernünftig zu sein. Übrigens wurden auch damals reihenweise Gründerzeitfassaden ent-

4. Jun. 2014, 8:46
Diesen Artikel finden Sie online unter
http://www.welt.de/128660851

03.06.14 | Energieeffizienz

Komplette Wärmedämmung, total unwirtschaftlich

Ein hessischer Architekt zeigt mit einem Rechenmodell, wie unwirtschaftlich eine komplette Wärmedämmung ist. Der Lahn-Dill-Kreis reagiert – und kippt kurzerhand die strengen Sanierungsanforderungen.

Von Richard Haimann

Foto: picture alliance / dpa Themendienst

Eine Wärmedämmung amortisiert sich nicht immer über die zu erwartende Nutzungsdauer der verwendeten Materialien

Abbildung 3: Ausschnitte aus Presseartikeln

In einem Vortrag auf der DNK-Tagung „Energieeinsparung bei Baudenkmälern" [2] hat sich der Hildesheimer Architekt Jens Fehrenberg schon in Bonn 2002 mit der Auswertung der Verbrauchsergebnisse von erfolgten Dämmmaßnahmen an Wohnhäusern beschäftigt und dem erstaunten Publikum Zahlen präsentiert, denen man auf den ersten Blick gar nicht angesehen hat, dass überhaupt gedämmt wurde! Die in den Jahren unterschiedlichen Wetterlagen und die damit verbundenen Außentemperaturen hatten zum Teil größere Einflüsse auf den Verbrauch von Heizgas als die Dämmqualität der Wände. Dazu ist zu sagen:

- Wenn eine Hüllkonstruktion bereits eine vernünftige Dämmqualität aufweist, bringt ein weiteres Plus an Dämmstoffdicke kaum noch Vorteile.

- Die nur in der Absicht einer energiewirtschaftlichen Ertüchtigung vorgenommene Fassadensanierung rechnet sich nicht. Erst wenn aus wichtigen anderen Gründen am Haus sowieso saniert werden muss, machen begleitende Investitionen in maßvolle Dämmung Sinn.

- Wärmedämmverbundsysteme haben viel kürzere Standzeiten als Gebäude. Man muss sich also auf Demontage, Entsorgung und Ersatz einrichten und die werden teuer und kosten irgendwann erneut Energie. Abgesehen von der Energie, die bereits die zu entsorgende Dämmung in der Herstellung schon einmal gekostet hat.

- Messungen belegen darüber hinaus, dass noch nicht gedämmte Häuser in der Regel besser als ihr Ruf sind, gedämmte hingegen die für die Maßnahme berechneten Zielvorgaben oft nicht erreichen. Das hat häufig mehrere Ursachen, die wichtigste davon ist die im Berechnungsansatz vernachlässigte Speicherfähigkeit von schweren Baumassen, die immer dann einen hohen Einfluss gewinnt, wenn Temperaturverhältnisse häufig und schnell wechseln.

In ihrer Polemik „Wärmedämmverbundsystem und das verlorene Ansehen der Architektur" von 2010 [3] stellen Kerstin Molter und Mark Linnemann Bezüge zu dem 1908 erschienen Aufsatz von Adolf Loos „Ornament und Verbrechen" her und sehen in der heutigen Wärmedämmung eine vergleichbare Degeneration der Baukultur, wie sie Loos in Anbetracht des Jugendstils gesehen hat.

ADOLF LOOS UND DIE BAUKULTUR

»Nun gut, die ornament-seuche ist staatlich anerkannt und wird mit staatsgeldern subventioniert. Ich aber erblicke darin einen rückschritt. Ich lasse den einwand nicht gelten, daß das ornament die lebensfreude eines kultivierten menschen erhöht
[...]
Die nachzügler verlangsamen die kulturelle entwicklung der völker und der menschheit, denn das ornament wird nicht nur von verbrechern erzeugt, es begeht.ein verbrechen dadurch, daß es den menschen schwer an der gesundheit, am nationalvermögen und also in seiner kulturellen entwicklung schädigt
[...]
Das ornament hat keine eltern und keine nachkommen, hat keine vergangenheit und keine zukunft. Es wird von unkultivierten Menschen, denen die größe unserer zeit ein buch mit sieben siegeln ist, mit freude begrüßt und nach kurzer zeit verleugnet.«
Adolf Loos, Ornament und Verbrechen[1]

Ist das Ornament von Loos das heutige Wärmedämmverbundsystem?

Abbildung 4: Ausschnitt aus [3]

Solche Argumente sind natürlich Wasser auf die Mühlen der Denkmalpfleger, wobei ich aber festhalten möchte, dass es uns nicht um Abwehr, sondern um Angemessenheit geht.

2   ... und zum Umgang damit

Die in der Energieeinsparverordnung enthaltene Ausnahmeregelung für „Baudenkmäler" [4] hilft uns in diesem Sinne für den Denkmalbestand erst einmal gut. Aber sie hat zwei entscheidende Nachteile:

Erstens: Wenn sich in einem überschaubaren Zeitraum der Gesamtgebäudebestand hinsichtlich seiner energiewirtschaftlichen Qualität spürbar verbessert – Neubauten anteilig hin zum Nullenergiehaus und sanierte nichtdenkmalgeschützte Altbauten zumindest auf EnEV-Standard –, dann wird der Abstand von diesen Gebäuden zu nicht ertüchtigten Denkmalen immer größer. Schon bald werden die neuen Qualitäten der Maßstab sein und gemessen daran werden die Denkmale nicht mehr bloß als geringerwertig dastehen (das tun sie heute schon), sondern als regelrechte „Energieschleudern". Die Folgen liegen auf der Hand: wachsender Frust bei Eigentümern und Mietern, nachlassendes Interesse bei Wohnungssuchenden und Kaufinteressenten, zunehmender Leerstand und damit ein Pyrrhussieg für die Denkmalpflege. Unsere Denkmale müssen bekanntlich genutzt werden, sonst können wir sie nicht halten.

Und zweitens: Das effiziente Steuerungsmittel „Förderung" ist heute auf dem Bausektor aus den genannten Gründen unweigerlich mit energiewirtschaftlichen Ansprüchen verbunden. Die KfW unterhält seit vielen Jahren Förderprogramme unter den Titeln Effizienzhaus 115, 100, 85, 70 und 55, womit jeweils der Jahresprimärenergiebedarf Q_p und der Transmissionswärmeverlust H'_T des sanierten Altbaus in %, bezogen auf den Referenzneubau nach EnEV 2009 gemeint sind. Denkmale schaffen solche Anforderungen nur in vergleichsweise seltenen Fällen. Mit dem Positionspapier „Denkmalschutz ist Klimaschutz" [5] forderten im Mai 2010 Organisationen aus dem Bereich der Architektur und des Denkmalschutzes, auch Baudenkmale in den KfW-Programmen der Bundesregierung zur Energieeffizienz gezielt zu fördern. Was daraus hervorging, war das KfW-Programm „Effizienzhaus Denkmal", was zum 1.4.2012 an den Start ging und sich in Folge der Nachfrage gut entwickelt hat. Die Vorgabe lautet hier erst einmal Einhaltung von 160 % des Jahresprimärenergiebedarfs und 175 % des Transmissionswärmeverlustes des Referenzgebäudes, aber der Clou ist, dass diese Zahlen nur Richtwerte sind. Den tatsächlichen Umfang der zu ergreifenden und damit zu fördernden Maßnahmen bestimmt das Denkmal in jedem Einzelfall selbst. Erreichbar wird dies durch Einschaltung eines neuen Typs von einem Sachverständigen, dem sog. Energieberater für das Baudenkmal, der profunde Kenntnisse auf den Gebieten Bauphysik, baualtersspezifische Konstruktionen, Materialverwendung und Gebäudetechnik einerseits sowie Sensibilität gegenüber den vielfältigen Besonderheiten, Problemen und Anforderungen beim Baudenkmal andererseits haben soll. Als Ziel steht die maßvolle energetische Instandsetzung, deren Notwendigkeit unbestritten ist – über pauschalierte Datenerhebungen hinaus und auf den Einzelfall bezogen. Fazit: Ohne Energieberater kein KfW-Antrag. Für diesen Sachverständigen musste ein neues Fortbildungsprogramm aufgelegt werden, für das sich die Vereinigung der Landesdenkmalpfleger in der Bundesrepublik Deutschland (VdL) und die Wissenschaftlich-Technische Arbeitsgemeinschaft für Bauwerkserhaltung und Denkmalpflege e.V. (WTA) mit einer gemeinsamen, von der Deutsche Bundesstiftung Umwelt (DBU) geförderten Koordinierungsstelle sehr engagiert haben.

Aus diesen Gründen führt an einer moderaten wärmeschutztechnischen Aufwertung auch der denkmalgeschützten Altbauten heute kein Weg mehr vorbei. Man kann und muss das überlegt tun, mit ausgewählten Materialien, schonend für das Erscheinungsbild, sicher für die Konstruktion, möglichst ohne technische Risiken, idealerweise reversibel – aber man muss es tun und man muss es gleichermaßen effektiv tun, um auch entscheidende Verbesserungen zu erreichen. Es zu vermeiden, es nach der Vogel-Strauß-Politik sprichwörtlich aussitzen zu wollen, ist nicht mehr länger möglich.

In dieser Situation kommen uns Denkmalpflegern, die seit nunmehr ca. 10 Jahren laufenden Forschungsvorhaben entgegen, die das Ziel verfolgen, Alternativen zu den herkömmlichen Dämmtechniken zu entwickeln. Die gute Nachricht lautet: Auch die Dämmung auf der warmen Innenseite der Außenwand kann funktionieren! Jahrzehntelang wurden wir in unseren Ausbildungseinrichtungen davor gewarnt: Wenn warme Raumluft auf die kalte Außenseite der Dämmung bzw. zwischen die Schichten gelangt, kann es zu dem berüchtigten Tauwasseranfall kommen, siehe das berühmte Glaser-Diagramm.

Inzwischen weiß die Wissenschaft mehr und hat mit dem Prinzip der Kapillaraktivität von Innendämmungen noch sehr viel bessere Wege aufgezeigt. Für uns Denkmalpfleger bedeutet diese Nachricht nicht weniger als eine Revolution! Denn der Bestand an zu beheizenden Baudenkmalen ist zum allergrößten Teil problematisch außen, hingegen meist relativ unproblematisch innen zu dämmen, was den Erhalt der jeweils bedeutsameren Denkmalwerte anbelangt. Ein attraktives oder zumindest aus wichtigem Grund zu erhaltendes äußeres Erscheinungsbild hat fast jedes Denkmal. Nicht immer ist es auch die Rückseite, aber meist zumindest die Straßenfassade. Denkmalwerte innerer Außenwandoberflächen kommen hingegen deutlich seltener vor: Nach meinen persönlichen Erfahrungen bei weniger als einem Fünftel der erfassten Kulturdenkmale überhaupt – und bei diesen wiederum nur bei einem geringen Anteil aller infrage kommenden Wandoberflächen. Natürlich gibt es hier mitunter Stuckanschlüsse, Ausmalungen, einbindende gestaltete Decken oder Fußböden, fest verbundene Ausbauten etc., aber die sind eben eher die Ausnahme. Damit lösen funktionstüchtige Innendämmungen – unter der Bedingung einer wirtschaftlich vergleichbaren Herstellbarkeit – auf einen Schlag einen Großteil unserer Probleme. Sie sind demzufolge von unschätzbarem Wert für eine das Gesamterscheinungsbild schonende wärmeschutztechnische Ertüchtigung unserer Denkmale.

Das ist für mich sehr ermutigend. Löst es doch unseren Konflikt, unsere Zerrissenheit zwischen geforderten Gewinnen und Sicherheiten auf der einen Seite und zu beklagenden Verlusten auf der anderen, zwischen physikalisch, wirtschaftlich und ökologisch begründetem Sollen und aus eigener Verantwortung heraus resultierendem Nicht-Wollen – quasi – auf! Ich wage voraus zu sagen, dass Erkenntnisse wie diese das Zeitalter des Wärmedämmverbundsystems tendenziell seinem Ende entgegen gehen lassen und dass die Zukunft – nicht nur für denkmalgeschützte Gebäude – möglicherweise der Innendämmung gehören wird.

Wir werden auch mit der Innendämmung von denkmalgeschützten Gebäuden die Welt nicht retten, aber wir können damit unseren Beitrag leisten, dass der Denkmalbestand nicht abgekoppelt wird von der Entwicklung, die die Gebäudeertüchtigung aus guten Gründen insgesamt nimmt bzw. nehmen muss. Dabei sollten auch wir Denkmalpfleger aktiv für eine maßvolle wärmeschutztechnische Ertüchtigung unserer Baudenkmale werben: Nicht nur bremsend bei zu hohen Ansprüchen, sondern gleichermaßen anregend bei zu niedrigen. Es ist denkmalpflegerische Moderationsarbeit vonnöten, weil auch eine richtige, möglichst „maßgeschneiderte" wärmeschutztechnische Ertüchtigung zu einer Aufwertung des Baudenkmals führt, – dessen Wert sich nicht allein über den Denkmalwert definiert, sondern auch den Nutzwert mit einschließt. Damit es auch zukünftig lohnenswert ist, Denkmale zu bewirtschaften und sich darin wohlzufühlen. Nehmen wir diese Rolle an und gestalten wir sie!

Nachdem die Denkmalpflege des 19. Jh. hauptsächlich damit beschäftigt war, den Denkmalbestand zu erkennen und zu erfassen und die Denkmalpflege im 20. Jh. alle Not damit hatte, die Denkmale vor den Folgen der Kriege, der Diktaturen und des Wirtschaftswunders zu beschützen, wird es aller Voraussicht nach wohl die Hauptaufgabe unserer Zunft im 21. Jh. sein, den wertvollen Bestand auf intelligente Weise nutzbar zu erhalten. Und zu diesem Zweck eben anzupassen.

3 Literatur

[1] SächsDSchG vom 03.03.1993 (SächsGVBl. 14/1993, S. 229): Gesetz zum Schutz und zur Pflege der Kulturdenkmale im Freistaat Sachsen (Sächsisches Denkmalschutzgesetz – SächsDSchG 1993), in der rechtsbereinigten Fassung vom 01.05.2014 (SächsGVBl. 06/2014, S. 236f, §§ 8, Abs. 1 und 12, Abs. 1).

[2] Fehrenberg, J. P.: *Praktische Möglichkeiten denkmalverträglicher Energieeinsparungen – Über die energetische Verbesserung monolithischer Außenwände*, in: Energieeinsparung bei Baudenkmälern, Schriftenreihe des Deutschen Nationalkomitees für Denkmalschutz, Band 67, Dokumentation der Tagung des Deutschen Nationalkomitees für Denkmalschutz am 19. März 2002 in Bonn.

[3] Molter, K.; Linnemann, M.: *Wärmedämmverbundsystem und das verlorene Ansehen der Architektur*, Kaiserslautern: ML Publikationen, 2010, S. 11.

[4] EnEV 2016, Zweite Verordnung zur Änderung der Energieeinsparverordnung vom 18. November 2013 (BGBl. I S. 3951), am 1. Januar 2016 in Kraft getreten. § 24, Abs. 1.

[5]   Bundesarchitektenkammer; Bund Deutscher Architekten Bundesverband; Bund Heimat und Umwelt in Deutschland; BAKA; Deutsches Nationalkomitee für Denkmalschutz; Deutsche Stiftung Denkmalschutz; Europa Nostra; Expertengruppe Städtebaulicher Denkmalschutz; ICOMOS Deutschland; Vereinigung der Landesdenkmalpfleger in der Bundesrepublik Deutschland; WTA: *Denkmalschutz ist Klimaschutz*, gemeinsames Positionspapier, 2011.

Wie viel Brandschutz steckt im Denkmal?

Dr.-Ing. Sylvia Heilmann[1]

[1] Ingenieurbüro Heilmann, Burglehnstraße 13, 01796 Pirna

Kurzer Überblick

Der Brandschutz hat in den letzten 20 Jahren deutlich an Bedeutung gewonnen. Für Altbauten hat das Thema „Brandschutz" besondere Brisanz. Nicht nur, dass moderne Anforderungen in bestehenden Gebäuden nur schwer zu erfüllen sind, vor allem in denkmalgeschützten Anlagen müssen Risiken akzeptiert und gleichzeitig haftungsrechtliche Auswirkungen im Blick gehalten werden. Diese komplexen Herausforderungen können die Planer mit konservativen und formalen Planungsansätzen nicht gerecht werden. Es sind alternative Sicherheits- und Gebäudekonzepte gefragt. Neben dem ingenieurmäßigen Fachwissen sind aber auch ein verfahrensrechtliches und juristisches Verständnis notwendig, das gepaart mit historischen Kenntnissen erst den für das Denkmal so wichtigen Bestandsschutznachweis ermöglicht. Daher soll auf dem Weg zur Antwort auf die Frage, wie viel Brandschutz im Denkmal steckt, zunächst die Frage im Mittelpunkt stehen, wie viel Denkmal überhaupt im Brandschutz steckt.

Schlagwörter: Bestandsschutz, Brandwand, Fenster, Gefahr, Holzbalkendecken, Türen

1 Wie viel Denkmal steckt im Brandschutz?

1.1 Überblick

Brandschutz hat einen historischen Wert, den anzuerkennen wir heute verpflichtet sind. Das bedeutet vor allem, dass der in historischer Bausubstanz vorhandene Brandschutz unter Bezug auf seine historischen Rechte und Pflichten „vergegenwärtigt" werden muss. Die Bedingungen seiner konkreten Entstehung sind den Erwartungen von heute gegenüberzustellen. Sein heutiger Wert muss dabei mehr funktionalisiert, sein historischer weniger klassifiziert werden. Der gesellschaftliche Anspruch definiert dabei das verbleibende Risiko. Die funktionale Genügsamkeit wird so zum Maßstab der Akzeptanz ohne die Ordnung des Bauens durcheinander geraten zu lassen. Brandschutz wird allerdings immer die Baufreiheit des Einzelnen zugunsten der Sicherheitsinteressen der Gemeinschaft einschränken. Die Entscheidung über diese Einschränkung, das heißt letztlich über den Schutz der Gemeinschaft und auch die Größe des (Rest-)Risikos, verlangt Sorgfalt und Kompetenz ebenso, wie sie letztlich Freiheit gewährt. Respekt und Demut vor der Feuerskraft sind dabei ebenso wenig verzichtbar, wie die gesellschaftliche Akzeptanz des Restrisikos, das in historischem und nicht klassifizierbarem Brandschutz unvermeidbar ist. Wenn wir uns nun fragen, wieviel Denkmal im Brandschutz steckt, dann erkennen wir drei Zeitabschnitte der

Brandschutzentwicklung, in denen wesentliche rechtliche, technische und konstruktive Brandschutztendenzen erkennbar sind (vgl. Abbildung 1).

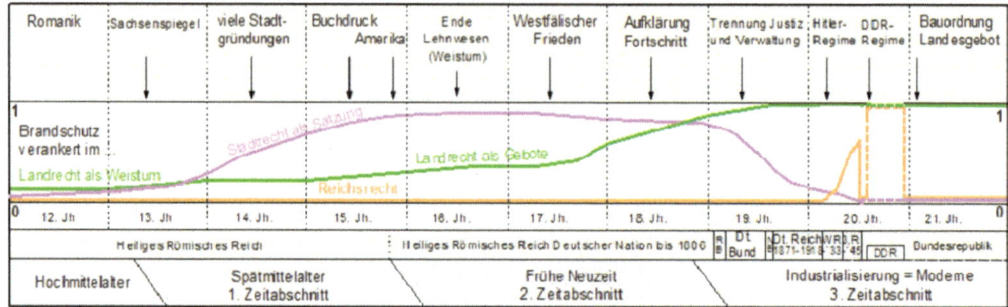

Abbildung 1: Übersicht der Brandschutzentwicklung im Stadt-, Land- und Reichs-/Bundesrecht [1]

1.2 Erster Zeitabschnitt: Spätes Mittelalter 13.–15. Jahrhundert

Brandschutz erscheint als Weistum und ist geprägt von der Kodifikation des Gewohnheitsrechtes, also dem schriftlichen Zusammenführen der zumeist mündlich verbreiteten Ordnungsregeln. Maßnahmen des Brandschutzes sind in diesem Zeitabschnitt als nachbarschützende Regeln im Landrecht sowie als abwehrende Maßnahmen im Stadtrecht erkennbar. Als repräsentativstes Vorschriftenwerk dieses Zeitabschnittes gilt das Privatrechtsbuch Sachsenspiegel. Herr von Repgow trug im privaten Auftrag im Sachsenspiegel um 1235 heimisches Gewohnheitsrecht zusammen, fixierte es schriftlich und schuf damit einen der frühesten Rechtstexte in mittelniederdeutscher Sprache. Im Sachsenspiegel finden sich genau drei Paragraphen, denen auch ein brandschutztechnisches Schutzziel zuzuordnen ist:

Artikel 49, § 1:

„Ebenso soll man [...] kein Fenster zum Hof eines anderen haben.“

Kein Fenster zum nachbarlichen Hof zuzulassen sollte einerseits Licht und Luft garantieren, andererseits konnte mit der Fensterlosigkeit zum Nachbarn aber auch der Übertritt eines Feuers aus dem nachbarlichen Fenster ausgeschlossen werden. Diese Fensterlosigkeit in den sich gegenüberliegenden Gebäudewänden führte zu einer Gefahrenminimierung und ist eine Maßnahme, die sich in den folgenden Jahren stetig erneuern und in den Brandschutzgesetzen des 21. Jh. als Grundsatzregel fortleben wird.

Artikel 53, § 1:

„Backofen [...] sollen drei Fuß von dem [nachbarlichen] Zaun entfernt sein.“

Diese spätmittelalterliche Abstandsfläche ist einerseits ein Instrument zur Gewährleistung von Licht, Luft sowie Sonne und dient andererseits der Verhinderung eines Brandüberschlages auf nachbarliche Gebäude.

Diese „Abstandsregel" wurde in den folgenden Jahrhunderten fortgeschrieben und findet sich noch heute im § 6 MBO als gesundheitliche bzw. im § 30 MBO [2] als brandschutztechnische Abstandsfläche in den Bauordnungen der Bundesländer des 21. Jh. wieder.

Artikel 53, § 2:

„Jeder soll ferner auf seinen Backofen und auf seine Feuermauer achten, damit ihm nicht Schaden dadurch erwächst, dass die Funken in den Hof eines anderen fliegen."

Die Vorsichtsregel nach allgemeiner Achtsamkeit kann als Generalklausel der Gefahrenabwehr im spätmittelalterlichen Wohnhaus gelten und ist dem heutigen § 14 MBO [2] ähnlich.

Abbildung 2: Bildlicher und textlicher Brandschutz in der Heidelberger Bilderhandschrift von 1301 [3]

1.3 Zweiter Zeitabschnitt: Frühe Neuzeit 16.–18. Jahrhundert

Brandschutz ist Satzungsrecht und wird geprägt von der Präzisierung und Erweiterung der Brandschutzvorschriften, welche zunehmend den vorbeugenden Bandschutz zum Inhalt hatten. Diese Entwicklung des Brandschutzes im Zeitalter der Aufklärung ab Mitte des 17. bis zum Ende des 18. Jh. stellt einen Paradigmenwechsel dar. Das selbstbewusste Bürgertum verlangte im Zeitalter der Vernunft nach einer vernünftigen Lebensgestaltung, die sich zunehmend vom „Gottesgnadentum" löste, was auch einen rationalen Umgang mit dem Brandrisiko förderte. Eine kluge und vorausschauende Gefahrenabwehr und konstruktive Schadensvorbeugung gewinnen die Oberhand. Forciert wurde diese Entwicklung von den technischen Errungenschaften im 18. Jh., die auch auf den Brandschutz Einfluss hatten. In den zum Teil parallel geltenden städtischen Feuer- und Bauordnungen finden sich vor allem detaillierte Vorschriften zur Bauweise und zu Rechten und Pflichten an der Kommunmauer (vgl. Abbildung 3), also der heutigen Brandwand.

Typische frühneuzeitliche Brandschutzregeln sind auch [1]:

- Verbot Strohdach,

- Verbot Kellerhälse,

- Verbot Holzüberhängen und hölzernen Hauswänden,

- Verbot hölzerner Altane, hölzerner Dachrinnen, Dachverkleidungen.

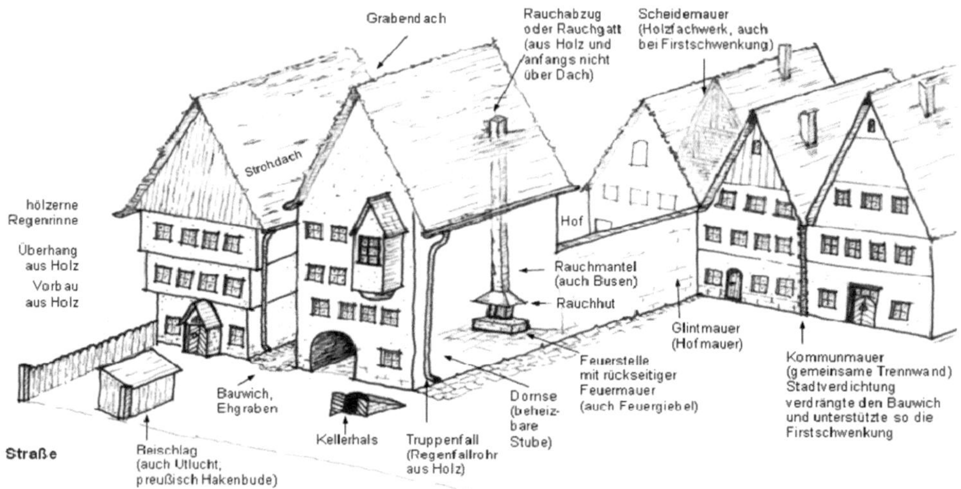

Abbildung 3: Darstellung der baulichen Brandschutzmaßnahmen in der Frühen Neuzeit [1]

1.4 Dritter Zeitabschnitt: Moderne 19.– 20. Jahrhundert

Brandschutz wird Gebotsrecht und ist geprägt vom technischen Fortschritt, der Intensivierung der Produktivität und der Konzentration der Nutzung und Werte. Nicht die Flächenbrände, sondern Einzelbrände verursachen nun einen hohen Schaden, obwohl die Brandschutzvorschriften immer dichter werden. Doch auch die Gebäudeparameter wachsen, denen die Schutzmaßnahmen nicht immer gerecht werden. Trotz des einsetzenden baulichen Brandschutzes kommt es offensichtlich nicht zu einer Risikosenkung, da die Zahl der Stadtbrände ab 1800 bis 1870 wieder unaufhörlich steigt. [1] Anders ausgedrückt entwickeln sich Bauordnung und Policeyrecht zwar stetig fort, werden aber durch die „modernen" Gefahren eingeholt oder neutralisiert. Es ist nun auch die Zeit der ersten Musterbauordnung (1880 von Baumeister), der nachfolgenden Einheitsbauordnung von 1919 und aus den rechtlich unbestimmten Begriffen massiv, feuerfest oder feuersicher wurden schließlich mit Einführung der Brandschutznorm DIN 4102 im Jahr 1934 die noch heute gültigen Feuerwiderstandsklassen feuerhemmend und feuerbeständig.

2 Wie geht nun Bestandsschutz?

2.1 Das Problem

Der Bestandsschutz ist eine nicht geregelte, juristisch verschieden interpretierte, baupraktisch aber gleichwohl sehr bedeutende „Rechtsfigur". Ihre Besonderheit liegt darin begründet, dass durch unterschiedliche Rechtsprechung zum Bestandsschutz die praktische Übertragbarkeit im Einzelfall nicht möglich ist. Hinzu kommt, dass die Tatbestände des baulichen Bestandsschutzes sehr vielfältig sind und nur für den Einzelfall gelten, was letztlich dazu führt, dass für den Architekten und Ingenieur aus den verschiedenen juristischen Interpretationen keine logische Tendenz erkennbar ist und dies eine vernünftige Schlussfolgerung für den Einzelfall nicht zulässt. Im Folgenden werden nun die ingenieurmäßig verständlichen und baupraktisch verwertbaren Handlungsempfehlungen zum Nachweis des Bestandsschutzes vorgestellt, welche sich in der täglichen Praxis unter dem Erfordernis einer schnellen Entscheidungsfindung bewährt haben.

2.2 Die eigentumsfähige Sache

Eine bereits errichtete bauliche Anlage ist zunächst als eigentumsfähige Sache geschützt. Somit genießt ein vorhandenes und materiell rechtmäßig errichtetes Gebäude den Eigentumsschutz der Verfassung gemäß Artikel 14 (1) Grundgesetz, der als übergesetzliches Baurecht (Rechtsfigur) das einfachgesetzliche Baurecht (geschriebenes Recht) kraft seines höheren Ranges verdrängt [4].

2.3 Der formelle Bestandsschutz

Eine bestehende bauliche Anlage genießt formellen Bestandsschutz, wenn sie den zum Zeitpunkt ihrer Errichtung geltenden Vorschriften entspricht. Das Feststellen dieser Rechtmäßigkeit des Seins ist ein erster wichtiger Schritt im Nachweis des Bestandsschutzes. Der hierfür betriebene Aufwand rechtfertigt sich häufig allein schon durch die daraus resultierenden investiven Einsparungen am Gebäude und ist von Objektgröße, Objektalter und dem zunächst vermuteten oder definierten Umfang des Anpassungsverlangens abhängig. Auch eine (alte) Baugenehmigung manifestiert den formellen Bestandsschutz. Der formelle Bestandsschutz endet allerdings, wenn der Berechtigte erkennbar von dem Bestandsschutz keinen Gebrauch mehr machen will, wenn er auf seine Rechtsposition verzichtet. Der formelle Bestandsschutz geht also mit dem Verzicht auf eine formell zulässige Nutzung verloren (Leerstand, Rückbau oder Änderung). Die vielfach praktizierte bloße Behauptung, es läge Bestandsschutz vor, ist zwar angesichts der schwierigen Rechtslage und der aufwändigen Nachweisführung naheliegend, aber gleichwohl juristisch nicht korrekt, da insbesondere das Festellen der Übereinstimmung des Gebäudes mit dem damals geltenden Recht das Wesen des Bestandsschutzes kennzeichnet und dieser Nachweis erst dessen Inanspruchnahme rechtfertigt.

2.4 Der materielle Bestandsschutz

Wurde nun nachgewiesen, dass der formelle Bestandsschutz gilt, ist in Folge dessen zwingend zu überprüfen, ob auch der materielle Bestandsschutz greift. Dieser entsteht, wenn die bauliche Anlage dem zum Zeitpunkt der Errichtung des Gebäudes geltenden Recht entspricht und daraus auch nach heutigen Sicherheitsregeln keine konkrete Gefahr für die Nutzer oder die Allgemeinheit entsteht. Nur die im Einzelfall nachgewiesene, konkrete Gefahr führt zur Aufhebung des formellen Bestandschutzes und damit zu einem nachträglichen Anpassungsverlangen. Da es sich hierbei um einen „entschädigungslosen Eingriff" in einen legalen, das heißt eigentumsgeschützten Gebäudebestand handelt, sind an die „Notwendigkeit der Maßnahmen hohe Anforderungen zu stellen" [5]. Der Nachweis jedoch ist so schlicht wie schwierig. Denn genau hierin liegt die eigentliche Herausforderung für den nachweisberechtigten Ingenieur: Was ist heute konkret gefährdend?

2.5 Die konkrete Gefahr

Der Nachweis einer konkreten Gefahr erfordert einen umfassenden Sachverstand, denn eine konkrete Gefahr liegt nicht schon bei einem Abweichen von heutigen Sicherheitsvorschriften vor. Dieses Abweichen von Vorschriften, die der Sicherheit dienen, bedeutet in aller Regel eine abstrakte Gefahrenlage, deren Beurteilung zum einen von den Erfahrungswerten und zum anderen in nicht unerheblichem Maße vom persönlichen Empfinden des sachverständigen Ingenieurs abhängig ist. Diese subjektiven Einflüsse sind sicher auch Ursache für die in der Praxis auftretenden unterschiedlichen Interpretationen des Bestandsschutzes. Die Schwierigkeit ist zudem in der rechtlichen Unbestimmtheit des Begriffes „konkrete Gefahr" begründet, da erst der Bezug auf den Einzelfall und die damit verbundenen spezifischen Parameter (wie Belegungsdichte, Nutzereigenschaften, Bauteil- und Baustoffqualität, Infrastruktur usw.) die inhaltliche und eindeutige fachliche Bestimmtheit herstellen. Zum Nachweis einer konkreten Gefahr genügt eine fachkundige Feststellung (z. B. durch den Ingenieur, den Sachverständigen oder die Feuerwehr), dass nach den örtlichen Gegebenheiten der Eintritt eines erheblichen Schadens nicht ganz unwahrscheinlich ist. Die aus den bekannten Urteilen [5] abzuleitende ingenieurmäßige Herangehensweise zur Feststellung eines Handlungsgebotes ergibt sich also nach Abbildung 4 aus einem erwarteten Schaden von erheblicher Größe und kleiner Eintrittswahrscheinlichkeit ebenso wie aus großer Schadenseintrittswahrscheinlichkeit bei kleinem Schaden. Baurechtlich sind bei einer konkreten Gefährdung, die nicht mit der allgemeinen polizeilichen Gefahrendefinition gleichzustellen ist, ausdrücklich nur die Belange der Sicherheit und der Gesundheit gemeint. Die Sicherung der Gesundheit ist im baurechtlichen Sinne mit einer gefahrlosen Nutzung der baulichen Anlage gleichgestellt. Eine bloße Anhebung des baulichen Standards ist damit nicht zu subsumieren.

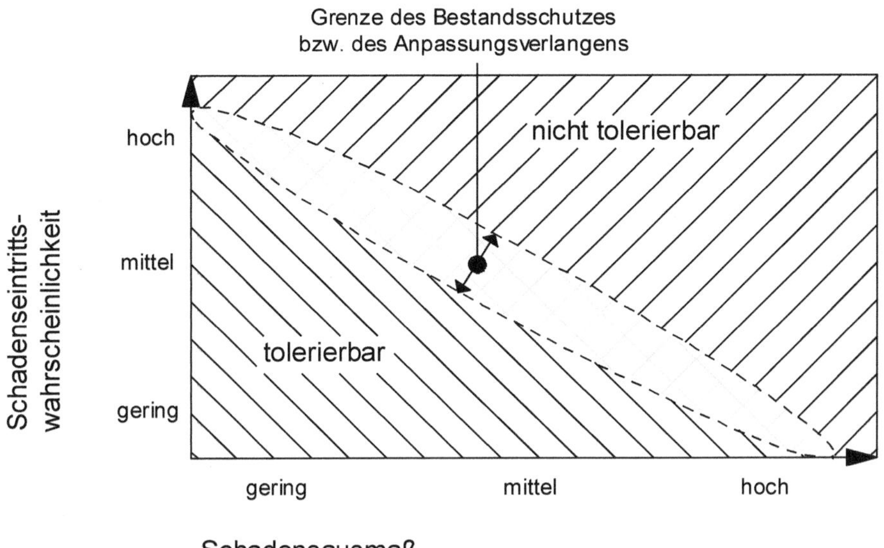

Abbildung 4: Risikomatrix für Handlungsgebot [6]

2.6 Denkmalschutz versus Brandschutz

Denkmalschutz hat insbesondere die Aufgabe, Gefährdungen von Kulturdenkmalen abzuwenden. Damit haben Denkmalschutz und Brandschutz ein gemeinsames Interesse: den Schutz des Denkmals vor der Brandgefahr. Gleichwohl dokumentiert ein offiziell unter Denkmalschutz stehendes Gebäude das öffentliche Interesse am Erhalt dieses Gebäudebestandes. Der Bestandsschutz liegt somit in der Natur des Denkmalschutzes. Ein Baudenkmal, an dessen Erhalt ein hohes öffentliches Interesse besteht, impliziert nahezu den formellen Bestandsschutz.

Bei alten Gebäuden sind erfahrungsgemäß wegen der historischen Baustoffe und Bauweisen und oft fehlender brandschutztechnisch wirksamer Abtrennungen Widersprüche zu den aktuellen Vorschriften unvermeidlich. Die Grenze für die Zulässigkeit von Abweichungen, das heißt, ob ein Zustand tolerierbar ist oder nicht, richtet sich nach der tatsächlichen Gefährdung von Personen. Weil im Baurecht Leben und Gesundheit im Vergleich zu Bestands- und Denkmalschutz als höhere Rechtsgüter gelten, kommt diesem Nachweis eine besondere Priorität zu. Genau hierin liegt die große Herausforderung: Ist die Gebäudesituation so gefährlich, dass sie den Verlust des Denkmals rechtfertigt? Müssen wir die Schutzinteressen für Leib und Leben über die des Erhaltes historischer Bausubstanz stellen? Schwierige Fragen, deren Beantwortung möglichst emotionslos und analytisch erfolgen soll, was nur gelingen kann, wenn ein interdisziplinäres, fachbereichsauflösendes Ergebnisdenken vorherrscht. Und über allem steht die Frage: Wie konkret ist die Gefahr?

2.7 Beispiel für den Bestandsschutz

Eine vorhandene Fensteröffnung in der Gebäudeabschlusswand (vgl. Abbildung 5) soll unverändert erhalten bleiben, was § 30 MBO [2] widerspricht, da äußere Brandwände grundsätzlich öffnungslos sein müssen. Der Nachweis des Bestandsschutzes führt hier nicht zum Erfolg, da zu keinem Zeitpunkt in Deutschland eine Rechtmäßigkeit von Fenstern in Brandgiebeln, *Communmauern* oder *Gränzmauern,* gegeben war [1].

Abbildung 5: Fenster im Brandgiebel, was auch nach der Bauordnung von 1838 nicht zulässig war [7]

3 Details und deren Wirkung

Schauen wir uns dazu am besten einige Beispiele an. Beginnen wir mit profilierten und bemalten Holzbalkendecken mit freiliegenden Balken und schwach dimensionierten Einschubbrettern (vgl. Abbildung 6), die meist nicht den erforderlichen Feuerwiderstand aufweisen und selten den konstruktiven Vorgaben der DIN 4102-4:2015-06, Tabelle 10-27 entsprechen. Maßnahmen zur Ertüchtigung beschränken sich auf einen oberseitigen Aufbau und setzen eine ausreichende Tragfähigkeit der freiliegenden und mit drei Seiten dem Feuer ausgesetzten Holzbalken voraus, was durchaus auch ingenieurmäßig über den Abbrand und den Tragfähigkeitsnachweis des Restquerschnittes belegt werden kann. Die Qualität der Decke wird in diesem Fall nicht klassifiziert sondern numerisch nachgewiesen.

Abbildung 6: Holzbalkendecke ohne klassifizierbaren Feuerwiderstand (Foto: Heilmann)

Denkmalschutzrechtlich wertvolle Türabschlüsse gegenüber dem notwendigen Treppenraum weisen häufig keinen klassifizierten Raumabschluss auf, obwohl dessen vollwandige
5 cm starke Eichenholztür oder die schwere Eisentür unbestritten dem Feuer einen Widerstand entgegensetzt (vgl. Abbildung 7).

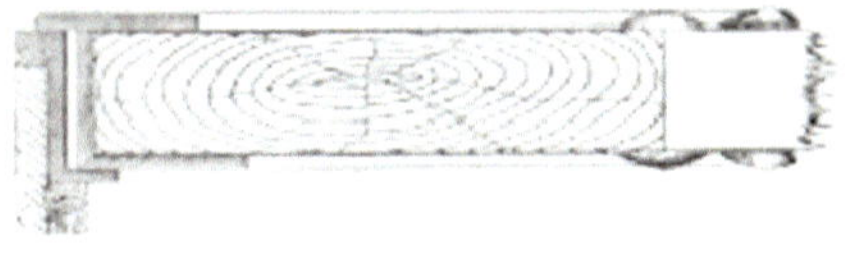
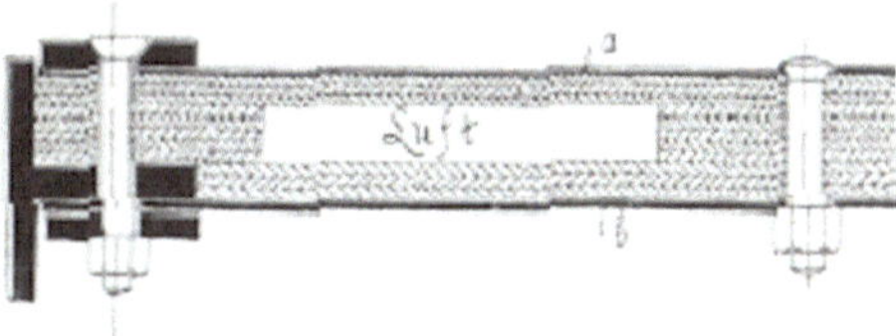

Abbildung 7: Alte Türen mit einem zum Zeitpunkt ihres Einbaus definierten Feuerwiderstand [1]

Schwierig wird der Nachweis eines Raumabschlusses bei profilierten Kassettentüren mit
Glaseinsätzen, deren schwächste Stelle – meist die Kassette oder das Glas – keinen ausreichenden Widerstand gegen Feuer bietet. Zur Beseitigung einer konkreten Gefahr können
„Bauteilaufwertungen" hilfreich sein, wie das Beispiel einer Holz-Futter-Tür in Abbildung
8 zeigt. Es entsteht aber auch dadurch keine Klassifizierung nach DIN 4102-02.

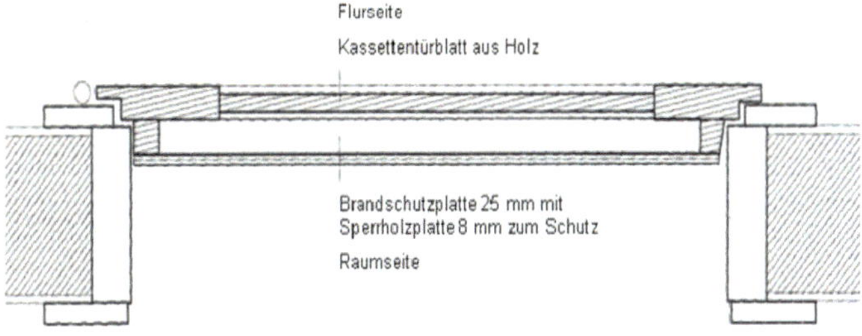

Abbildung 8: Verbesserung des Brandverhaltens einer Holz-Futter-Tür

Auch die Bewertung der vorhandenen Bauteile anhand historischer Konstruktionsvorgaben kann zum Ziel führen. An dieser Stelle sei auf die Zusammenfassung technischer Digitalisate [1] hingewiesen. Die umfangreiche technische Datensammlung, zum Beispiel des Zentralblattes der Bauverwaltung (vgl. Abbildung 9), beinhaltet viele Konstruktionen und Bewertungen zu historischen Bauteilen, Baustoffen und Bauprodukten, die für den Nachweis des Bestandsschutzes hilfreich sein können.

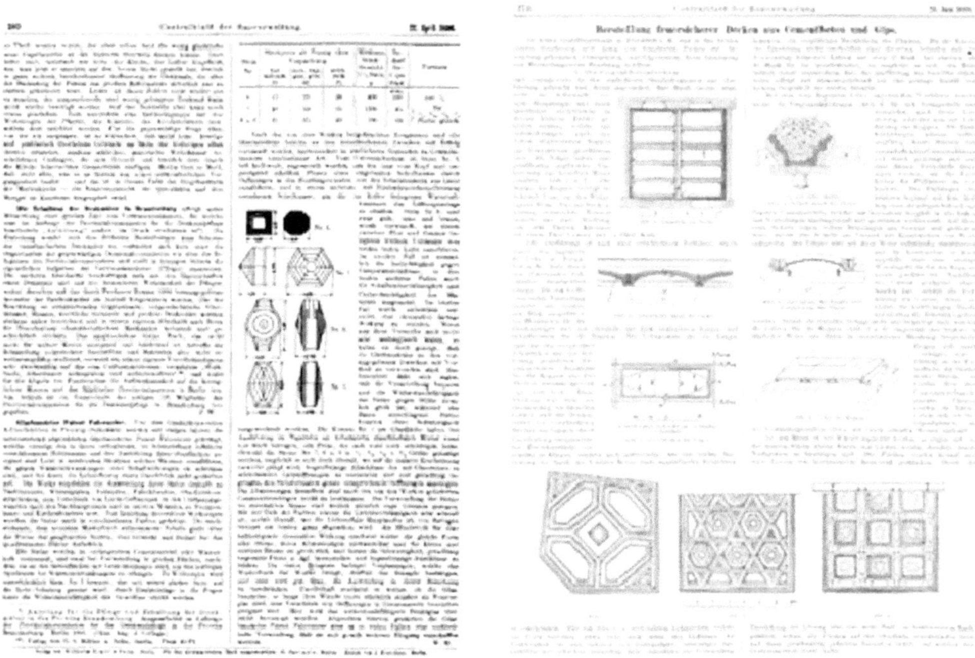

Abbildung 9: Zentralblatt der Bauverwaltung zu Glasbausteinen 1896 [7] und Kappendecken 1888 [8]

Auch profilierte Holzgeländer oder bemalte Wandvertäfelungen (vgl. Abbildung 10), insbesondere in repräsentativen Treppenhallen, widersprechen meist der aktuellen Bauordnung und bedürfen eines spezifischen brandschutztechnischen Sicherheitskonzeptes.

Nur in wenigen Fällen lassen sich unsere modernen Vorschriften auf ein denkmalgeschütztes Gebäude übertragen. Die im Labor bzw. der Material- und Prüfanstalt definierten Prüfbedingungen entsprechen selten den „denkmalgeschützten" Einbaubedingungen vor Ort. Dass die vorgefundene Konstruktion oder das im Bestand vorhandene Produkt dann möglicher Weise nicht die im Brandschutzkonzept zugewiesene und durch die moderne Klassifizierung auch zugesicherte Funktion im Brandfall entfaltet, ist häufig ohne Substanzverlust nicht zu vermeiden. So ergeben sich Zielkonflikte, die unlösbar scheinen und daher eine kooperative und interdisziplinäre Zusammenarbeit aller am Bau Beteiligten, auch der Zustimmungsbehörden und Prüfinstanzen, unersetzbar machen.

Gerade hier muss die „Entscheidungskompetenz" des Architekten, Ingenieurs oder Sachverständigen zum Tragen kommen, denn nur wenn diese Verantwortlichen belastbare und einvernehmlich abgestimmte Entscheidungen treffen, ist ein Baufortschritt zu erwarten. Gleichwohl darf das aber nicht bedeuten, dass die gesamte Haftungslast allein auf diesen einzelnen Schultern ruht, was derzeit aber erkennbare Praxis ist.

Abbildung 10: Brennbares Treppengeländer oder Holz-Wandvertäfelung im Treppenraum [5]

Der Erhalt von Denkmalen ist eine gesamtgesellschaftliche Verpflichtung. Die Herstellung der Brandsicherheit gerade in denkmalgeschützten Gebäuden ist ebenfalls ein gesellschaftlicher Anspruch. Letztlich muss aber der Gesellschaft klar sein, dass nicht beiden Bedürfnissen gleichermaßen in Vollkommenheit Rechnung getragen werden kann. Solange allerdings der folgende Grundsatz allen Entscheidungen innewohnt, scheint eine aus bauordnungsrechtlicher Sicht tragbare Gesamtlösung insbesondere für ein denkmalgeschütztes Objekt möglich:

Die Vollkommenheit im Brandschutz entsteht keinesfalls dann, wenn nichts mehr hinzuzufügen wäre, sondern sie ist bauordnungsrechtlich dann erreicht, wenn auf nichts mehr verzichtet werden kann.

Werden die Entscheidungen bei der brandschutztechnischen Ertüchtigung auf dieser Basis getroffen, scheint ein vertretbares Niveau erreichbar zu sein [5].

4 Literatur

[1] Heilmann, S.: *Die Entwicklung des Brandschutzes in Deutschland vom Späten Mittelalter bis zur Moderne.* Pirna: vfbp, 2015.

[2] Musterbauordnung (MBO), Entwurf 31.02.2016, mit redaktionellen Korrekturen vom 21.04.2016.

https://www.is-argebau.de/verzeichnis.aspx?id=991&o=991. (letzter Zugriff am 05.09.2016)

[3] http://digi.ub.uni-heidelberg.de/diglit/cpg164/0029. (letzter Zugriff am 05.09.2016)

[4] Urteil des BVerfG – 1 BvR 1713/92 vom 15.12.1995.

[5] Heilmann, S.: *Brandschutz in Kindergärten, Schulen und Hochschulen.* Pirna: vfbp, 2012.

[6] Deutscher Beton- und Bautechnik-Verein e.V.: *Merkblatt Bauen im Bestand: Brandschutz.* Berlin: 2008.

http://www.betonverein.de/schriften/merkblatt_bauenimbestand.php. (letzter Zugriff am 05.09.2016)

[7] Zentralblatt der Bauverwaltung XVI. 1896.

http://opus.kobv.de/zlb/volltexte/2008/2936/pdf/ZBBauverw_1896_16A.pdf. (letzter Zugriff am 05.09.2016)

[8] Zentralblatt der Bauverwaltung VIII. 1888.

http://opus.kobv.de/zlb/volltexte/2008/2332/pdf/ZBBauverw_1888_25.pdf. (letzter Zugriff am 05.09.2016)

Wirtschaftlichkeit energetischer Maßnahmen im Baudenkmal – die Generalsanierung Theater Wolfsburg

Dipl.-Ing. Architekt Winfried Brenne[1], Dipl. Ing. Architekt Franz Jaschke[1]

[1] BRENNE ARCHITEKTEN GmbH, Rheinstraße 45, 12161 Berlin

Kurzer Überblick

Das Theater der Stadt Wolfsburg ist das Ergebnis eines Architekturwettbewerbs im Jahr 1965, den Hans Scharoun (1893-1972) als international renommierter Architekt gewann. Am 5. Oktober 1973 fand die Eröffnung des Theaters statt. 1989 wurde das Gebäude durch das Niedersächsische Landesamt für Denkmalpflege in die Liste der Kulturdenkmale der Stadt Wolfsburg aufgenommen.

Das Gebäude wurde 2014/2015 in Abstimmung mit der Denkmalpflege energetisch, sicherheitstechnisch und bühnentechnisch saniert. Dabei wurde größter Wert auf den authentischen Erhalt der Bausubstanz gelegt. Dringend benötigte Flächenerweiterungen konnten behutsam, überwiegend unterirdisch hinzugefügt werden. Die Kasse im Eingangsbereich wurde neu gestaltet.

Ziel war nicht nur die Erhöhung des Komforts für die Besucher, sondern auch die umfassende Modernisierung der Bühnentechnik und damit die Sicherung der Zukunftsfähigkeit des Theaters.

Bauherr : Stadt Wolfsburg

Generalplaner: BRENNE ARCHITEKTEN GmbH, Berlin

Gebäudedaten: Bruttogeschossfläche   14.700 m²
                Bauvolumen   245.000 m³
                Sitzplätze   833

Schlagwörter: Denkmalgerechte Sanierung, Nutzeranforderungen, Zukunftsfähigkeit, Besucherkomfort, Sicherheitstechnik, energetische Verbesserung der Gebäudehülle und der Anlagentechnik

Denkmal und Energie 2017. Herausgegeben von Bernhard Weller, Sebastian Horn.

1 Baugeschichte Scharoun Theater Wolfsburg

Das Theater in Wolfsburg wurde nach dem Siegerentwurf eines Wettbewerbs von Hans Scharoun zwischen 1969 und 1973 gebaut. Am Stadtrand auf dem Klieversberg gelegen, fügt sich der kristalline Baukörper harmonisch in die umliegende Hügellandschaft ein und wird mit dem dahinter liegenden Wald bewusst stadträumlich und landschaftsbezogen in Szene gesetzt.

Abbildung 1: Theater Wolfsburg von Hans Scharoun, Ansicht von der Stadt nach der Sanierung 2016 (Foto: BRENNE)

Mit seiner innovativen Form und Raumanordnung gehört das Theater zu den herausragenden Beispielen organischer Architektur in Deutschland. Bereits 1984 erfolgte der Eintrag in die Liste der schützenswerten Kulturdenkmale der Stadt Wolfsburg.

Das Theater war zum Zeitpunkt der anstehenden Sanierung 2013 weitestgehend in seinem bauzeitlichen Zustand erhalten. Die bis dahin erfolgten Reparaturen und Instandsetzungen waren allesamt denkmalgerecht ausgeführt worden.

2 Sanierungskonzept

Die heutigen Anforderungen, die der Bauherr wie auch der Nutzer an einen solchen Bau stellen, sind gegenüber der Entstehungszeit vor allem in Bezug auf energetische und sicherheitstechnische Aspekte erheblich gestiegen. Dies erfordert ein Um- bzw. Weiterdenken in den verschiedensten Bereichen als Antwort auf veränderte gesellschaftliche Bedürfnisse. Das Theater ist ein reines Gastspielhaus ohne eigenes Ensemble. Hier ging es vor allem darum, das Theater ganzheitlich – ohne Beeinträchtigung des Denkmalwertes – an die heutigen Anforderungen eines Mehrspartentheaters anzupassen. Es galt die Nutzbarkeit für die nächsten Jahrzehnte zu gewährleisten. Dafür waren, neben der energetischen und sicherheitstechnischen Ertüchtigung, Modernisierungen im Bereich der Bühnentechnik und der

Klimatisierung dringend notwendig. Aber auch die Erweiterung des Bauwerkes um Lagerflächen, weitere sanitäre Anlagen und der Bau eines Raucherpavillons spielten, ebenso wie die barrierefreie Erschließung der Anlage, eine große Rolle bei der Entwicklung des Sanierungs- und Modernisierungskonzeptes.

Dank ausgereifter Planungen und der guten Zusammenarbeit aller Projektbeteiligten war nach nur 18-monatiger Bautätigkeit die Wiedereröffnung am 24. Januar 2016 möglich. Das Gebäude konnte in seinem Erscheinungsbild bewahrt werden, die erforderlichen Anbauten befinden sich entweder unterirdisch oder werden, dank der organischen Bauweise Scharouns, wie selbstverständlich Teil der Gesamtkubatur. Das Konzept der „Intergralen Planung als Ressource der Denkmalpflege" überzeugt. Das bis ins Detail mit der Denkmalbehörde abgestimmte Sanierungs- und Instandsetzungskonzept bewahrt die wahrgenommene „Patina" des Gebäudes ebenso wie die feinsinnige Architektursprache von Hans Scharoun.

Eine tiefgreifende und umfassende Grundlagenermittlung ist für ein solches Konzept unabdingbar. Die historischen Gegebenheiten sind mit der heutigen, veränderten Baurealität in Bezug zu setzen, zu analysieren und die Feinheiten der Details herauszuarbeiten. Dabei wird der Fragestellung nachgegangen: Welche Veränderungen gegenüber dem bauzeitlichen Zustand sind zu verzeichnen? Welche Schäden sind festzustellen? Welche Defizite gibt es?

Um einem passiven, substanzschonenden Maßnahmenpaket Priorität gegenüber einem aktiven, substanzangreifenden einzuräumen, sind die im Gebäude verwendeten Materialien auf ihre Lebensdauer und Weiterverwendbarkeit zu untersuchen. Nur über die Lebenszyklusbetrachtung kann die Zukunftsfähigkeit des Bauwerks gewährleistet werden. Das bedeutet, dass trotz der Prämisse des möglichst weitgehenden Substanzerhalts Materialien, die ihre Lebensdauer erreicht haben, ersetzt werden müssen.

In energetischer Hinsicht ging es nicht nur um die Verbesserung des baulichen Wärmeschutzes und die Herstellung einer luftdichten Gebäudehülle, sondern auch um intelligente Lüftungsmöglichkeiten, eine regenerative Kühlung und energieoptimierte Beleuchtungskonzepte. Die Betrachtung der Wirtschaftlichkeit aller geplanten Maßnahmen bezieht sich nicht nur auf Baudetails und Materialien, sondern insbesondere auch auf die Anlagentechnik, die bei einem solchen Gebäude außerordentlich komplex ist. An dieser Stelle ist das Einbeziehen des Nutzers mit seinen aktuellen Anforderungen von besonderer Bedeutung. Dabei geht es nicht nur um die benötigten Änderungen und Neuerungen, sondern auch um die Frage, ob der Nutzer bezüglich des Knowhows ausreichend aufgestellt ist, die neuen Anlagen auf allen Ebenen umfassend betreiben zu können oder ob ein externes Facility Management einzurichten ist.

Nicht außer Acht gelassen werden darf, was den Bau als Kulturdenkmal auszeichnet. In einem nächsten Schritt müssen die Anforderungen an den Bau und jeden einzelnen Raum definiert werden. Daraus ergeben sich letztlich die erforderlichen Maßnahmen. Die Bestimmung von Form und Art der Maßnahmen erfordert bei denkmalgeschützten Bauwerken besonderes Feingefühl. Die Planungsstrategie stellt die Wahrung der Authentizität und den Erhalt der bauzeitlichen Substanz durch behutsames Weiterbauen in den Mittelpunkt. Hierzu wurden die Räumlichkeiten inhaltlich je einem der fünf Kategorien: Instandsetzung, Renovierung, Weiterbauen, Hinzufügen und Ertüchtigung, technische Infrastruktur zugeordnet.

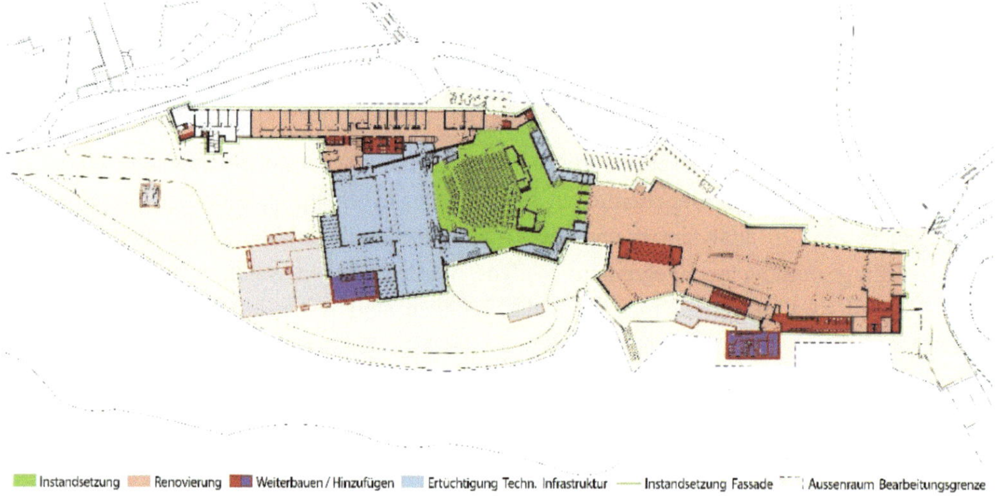

Abbildung 2: Grundriss Erdgeschoss mit Sanierungsschwerpunkten (Grafik: BRENNE)

3 Maßnahmen Instandsetzung

3.1 Theatersaal

Die Instandsetzung beinhaltet die Wahrung der Authentizität, wobei hier der Schwerpunkt auf reinen Reparaturmaßnahmen liegt. Unter diese Kategorie fällt in erster Linie der Zuschauerraum als Herzstück des Theaters. Die Wände sind raumhoch, einschließlich der Türen, vollflächig mit einer hölzernen Bekleidung aus Eschenfurnier versehen. Aus demselben Holz besteht die Saalbestuhlung mit ihren dunkelroten Polstern. Alle Holzoberflächen wurden restauratorisch behandelt, d.h. Schäden wurden behutsam repariert und die nachträglich aufgebrachte weißliche Lasur entfernt. Nach der Schlussbehandlung mit einer Öl-Wachs-Emulsion ergab sich eine warme, lebendige Holzoptik mit einer angenehmen Haptik. Der Vorteil dieser Behandlung ist die einfache Pflege und Nachbehandlung.

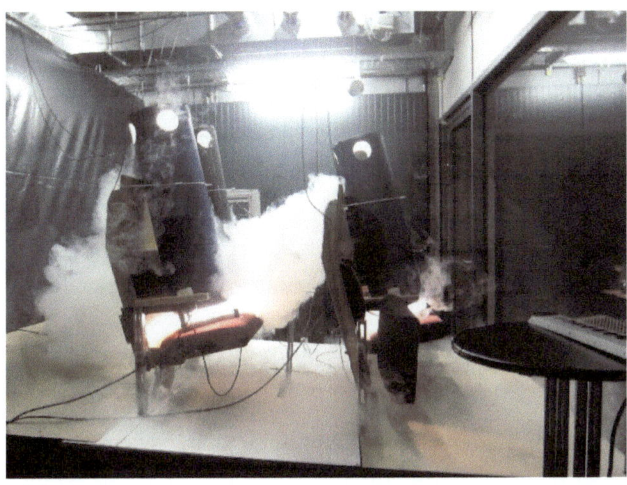

Abbildung 3: Versuchsanordnung Strömungssimulation mit Original-Saalbestuhlung im Labor (Foto: BRENNE)

Das oftmals kritisierte Belüftungssystem des Saales wurde nicht grundsätzlich in Frage gestellt. Es wurde analysiert und aufgrund der gewonnenen Erkenntnisse optimiert. Hierzu wurden mehrere Stühle ausgebaut und zunächst in der Fachhochschule Wolfenbüttel in Form von drei ansteigenden Reihen als Versuchsaufbau in ihrer Wirkungsweise untersucht. In einem nächsten Schritt wurden die Erkenntnisse in einem Labor der Lüftungsfirma experimentell in verschiedenen Varianten der Luftführung getestet. Mit den entsprechenden Strömungsversuchen wurde herausgefunden, dass durch den Einbau von Verwirbelungsdüsen in den vorhandenen, bauzeitlichen Lüftungsauslässen der hölzernen Stuhllehnen eine deutliche Verbesserung der Wirkungsweise erreicht werden kann.

Abbildung 4: Saalbestuhlung, hölzerne Rückenlehnen mit Luftauslass nach der Sanierung (Foto: BRENNE)

Die entscheidende Änderung besteht darin, dass die Frischluft als Quellluft mit sehr geringer Geschwindigkeit auf den Körperschwerpunkt des dahinter befindlichen Sitzes ausgerichtet ist. Der bis dahin in Richtung Decke zielende Luftstrahl benötigte einen zu starken Impuls, um sich mit der Raumluft zu vermischen, anstatt als Kaltluft herabzufallen und die bis dahin oft beklagten, unangenehmen Zugerscheinungen im Kopfbereich und Nacken zu erzeugen. Auf diese Weise konnte nicht nur dieses Problem beseitigt werden, sondern auch die störende Geräuschentwicklung der Lüftung. Da die zusätzlichen Düsen innerhalb der Rückenlehnen untergebracht wurden, blieb das äußere Erscheinungsbild der Rückenlehnen unverändert erhalten.

Die Saaldecke über dem Zuschauerraum hat eine sehr bewegte Oberfläche, die sowohl der Gestaltung als auch der Raumakustik geschuldet ist. Sie ist als Rabitzdecke ausgeführt und stellt mit dem lediglich 2,5 cm starken verputzten Drahtgeflecht eine dünne Membran zwischen Zuschauersaal und dem darüber liegenden großvolumigen Luftraum dar. Sie ist nicht tragfähig und nicht begehbar und hängt mit Drähten an den großen Stahlträgern, welche auch das eigentliche Betondach tragen. Bewegen kann man sich in diesem Luftraum nur auf Gitterroststegen.

Abbildung 5: Zuschauersaal vom Rang aus gesehen mit Akustiksegeln nach der Sanierung 2015 (Foto: BRENNE)

In Bereichen, die von den Stegen aus nicht erreichbar sind, mussten Industriekletterer eingesetzt werden, sowohl für notwendige Technikinstallationen als auch für das Ertüchtigen der Abhängungen selbst. Letztere galten nach heutigen Maßstäben wegen ihrer offenen Schlaufen als nicht ausreichend gesichert.

Die in der Rabitzdecke integrierten Leuchten des Zuschauersaales waren von der einfachen Glühbirne als Leuchtmittel auf LED-Technik umzurüsten, um Energie einzusparen, die Kühllast zu reduzieren und zukunftsfähig zu sein. Um die hohen Anforderungen an eine absolut stufenlose Dimmung zu erfüllen und sich dem bauzeitlichen Lichteindruck möglichst nah anzunähern, musste eine besondere Technik eingesetzt werden. Da eine LED-Platine keinerlei seitliche Lichtstreuung wie eine Glühbirne hat, wurde ein sogenannter Phosphorkolben eingesetzt, der die erforderliche allseitige Reflexion in der bauzeitlichen Lichtröhre erzeugte. Dieses Produkt ist derzeit nur in den USA erhältlich, so dass eine Zulassung im Einzelfall erforderlich war.

Abbildung 6: Leuchtmitteleinsätze Saalbeleuchtung. links: neuer LED-Phosphorkolben als Ersatz für die bauzeitliche Glühbirne (li) und LED-Platine (re) ohne seitliche Abstrahlung und ausgemustert; rechts: bauzeitliche Glühbirne (Fotos: BRENNE)

Eine Besonderheit dieses Theaters stellt das große Fenster in der Saalrückwand dar, das als begehbares Kastenfenster ausgebildet ist. Die innere Verglasungsebene ist mit Ornamentgläsern aufwendig gestaltet. Tageslicht für einen Zuschauersaal wird im „Normalfall" nicht benötigt, so dass der original erhaltene Verdunkelungsvorhang meistens geschlossen ist. Jedoch nutzt das Theater auch die Möglichkeit dieser Belichtung vielfältig für Sonderveranstaltungen, vor allem im Zusammenhang mit seinem Kinder- und Jugendtheaterprogramm. Die Herausforderung bei einem solchen Fensterelement besteht sowohl bezüglich des Energieverlustes als auch der akustischen Beeinträchtigung von außen. Beide Aspekte wurden durch eine Neuverglasung der äußeren Fensterebene und die Abdichtung des Baukörperanschlusses verbessert. Die bauzeitlichen Akustikplatten der Leibung innerhalb des Kastenfensters wurden erneuert.

3.2 Fassaden

Die steinerne Fassade des Theaters besteht aus zwei verschiedenen Natursteinarten: Die zweigeschossige Sockelzone des Gebäudes wird durch den hellen Farbton der Travertinplatten bestimmt. Darüber erhebt sich das Bühnenhaus, das mit einem grauen „Ceppo di Gré", einem Kalk-Sedimentgestein aus dem italienischen Bergamo bekleidet ist. Beides verzahnt sich harmonisch über die Zusammensetzung der Baukörperkubatur. Die grobe Steinstruktur des Bühnenhauses erzeugt zusammen mit der nahezu fensterlos gehaltenen Fassade die monolithische, kraftvolle Wirkung des Baukörpers.

Abbildung 7: Kletterrose aus Travertin-Fassadenfuge vor der Sanierung (Foto: BRENNE)

Unter dem Muschelkalk befindet sich eine 4 cm starke Wärmedämmung aus Mineralwolle, während die Travertin-Fassaden des Foyers und des Verwaltungstrakts nicht gedämmt waren. An vielen Stellen hat sich im Luftraum hinter den Platten mittlerweile ein Wurzelwerk von Kletterpflanzen ausgebreitet. Eine Kletterrose ist sogar in zweieinhalb Meter Höhe aus einer Fuge zum Vorschein gekommen. Die Rose wurde entfernt, während das Wurzelwerk vom Erdreich getrennt und belassen wurde.

Bei der Zweigeschossigkeit kam es – anders als bei dem hohen Bühnenhaus – nicht auf große Lastabtragungen an, so dass Hans Scharoun in diesem Bereich mit einer damals neuartigen Betonmischung – dem sogenannten Thermocrete Beton – experimentierte. Daher findet sich unter dem Travertin keine Wärmedämmung. Eine nun durchgeführte Labor-Untersuchung einer Probe konnte dem Material allerdings keine nennenswerte Dämmeigenschaft bescheinigen.

Da bauzeitlich Edelstahlanker für die Aufhängung der Fassadenplatten benutzt wurden, gab es an dieser Stelle keinen Sanierungsbedarf. Es wurde beschlossen, an der recht sparsamen Dämmung der Fassaden keine Ertüchtigung vorzunehmen, so dass die Steinbekleidung in situ erhalten und lediglich gereinigt und partiell repariert wurde.

Am unteren Abschluss der Fassade wurden die Natursteinplatten dem Gelände folgend abgetreppt – ein bewusstes Gestaltungselement Scharouns zur Einbindung des Gebäudes in die Topografie der Landschaft. Zwischen der Unterkante der Platten und der Oberkante des Geländes ist der Beton der Außenwand auf einer Höhe von 5-20 cm sichtbar und ungedämmt. Die Thermografie-Aufnahmen des Gebäudes wiesen diesen Streifen als energetische Schwachstelle aus.

Abbildung 8: Thermografieaufnahme, Fußpunkt Fassade Bühnenhaus mit Notausgangstür vor der Sanierung (Foto: energydesign)

Um die frei liegenden Bereiche der Sockelzone energetisch zu verbessern, wurden sie mit einer hochwertigen Wärmedämmung versehen. Diese musste sehr dünn und insofern sehr hochwertig sein, um unter die unteren Fassadenplatten geführt werden zu können und das Erscheinungsbild an dieser Stelle nicht zu verändern. Über den Fenstern sind statt der Natursteinverkleidung teilweise Stürze aus Sichtbeton ausgebildet. Es handelt sich bauzeitlich um L-Fertigteile, die mit Styropor ausgefüllt sind und insofern erhalten bleiben konnten.

3.3 Fenster

Im gesamten Gebäude waren noch die bauzeitlichen Aluminium-Fenster vorhanden, die nur an wenigen Stellen Veränderungen aufwiesen. Ziel der Sanierungsmaßnahme war es, die originalen Fenster zu erhalten. Die Voruntersuchungen bestätigten die technische Machbarkeit und sogar die Verfügbarkeit von Ersatzteilen der Serie. In dem nachfolgenden Variantenvergleich wird die Energieeffizienz bei gleichzeitiger Wirtschaftlichkeit deutlich.

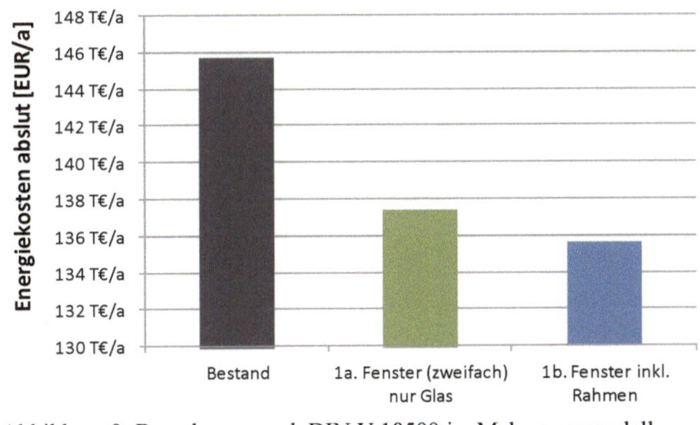

- Variante 1a:
  nur Glaswechsel
  U_W-Wert ca. 1,72 W/(m²·K)

- Variante 1b:
  Fensterwechsel U_W-Wert ca. 1,25 W/(m²·K)

Abbildung 9: Berechnung nach DIN V 18599 im Mehrzonenmodell

Die Untersuchungen zeigen, dass über den Austausch der Gläser (Variante 1a) eine absolute Energiekostenersparnis von ca. 8.700 €/a erzielt werden kann. Über den Austausch des gesamten Fensters (Variante 1b) können sogar 10.200 €/a Energiekosten absolut eingespart werden (vgl. Abbildung 9). In Abstimmung mit dem Denkmalamt wurde die Variante 1a umgesetzt.

Die Fenster wurden folglich mit neuen Dichtungen versehen und überarbeitet, d.h. gang- und schließbar gemacht. Die Verglasung wurde als energetische Verbesserungsmaßnahme komplett ausgetauscht. Die ursprüngliche Verglasung, die mit Ausnahme der großen Scheiben im Foyer auch schon eine Isolierverglasung war, wurde durch ein 2-Scheiben-Isolierglas mit verbesserter Sonnen- und Wärmeschutzfunktion ersetzt. Es gelang, die schmalen Glashalteleisten aus Aluminium weiter zu verwenden. Zusammen mit der Denkmalpflege fanden mehrere Bemusterungen zur Bestimmung eines möglichst farbneutralen Glases statt.

Zur Verringerung der Wärmeverluste über die Thermocrete-Wandflächen im Verwaltungstrakt, aber auch zur Verbesserung der Behaglichkeitswerte für die Nutzer wurden in den Künstlergarderoben, den Büro- und Aufenthaltsräumen sowie in der Kantine die Außenwände auf der Innenseite flächig mit 4 cm starken Calciumsilikat-Platten als Innendämmung versehen. Dazu mussten die Heizkörper von der Wand abgerückt werden. Mit einer Wärmebild-Kamera wurde nicht nur die Qualität der Ausführung überprüft, sondern auch festgestellt, dass die durch die Dämmung gesteckten Heizkörperbefestigungen sich nicht als wesentliche Kältebrücke abbilden. In den Fensterleibungen und Stürzen wurden je nach vorhandenem Spielraum Calciumsilikat-Platten mit 1 oder 2 cm Stärke eingebaut.

3.4 Dächer

Den Dächern kommt bezüglich der energetischen Verbesserung der Gebäudehülle eine besondere Bedeutung zu. Das Theater Wolfsburg hatte bereits bauzeitlich ein so genanntes Foliendach, eine Konstruktion die Anfang der 1970er Jahre noch relativ neu war. Darunter weisen die Dächer zwei unterschiedliche Konstruktionen auf: Eine Stahlbetondecke bildet das Dach des Bühnenhauses, während für die niedrigeren Dächer von Foyer- und Verwaltungstrakt ein Stahltrapezblech verwendet wurde, das auf Stahlträger aufgelegt ist. Die Attikaverwahrung aus Aluminiumprofilen bildete gleichzeitig den Witterungsschutz für die vorgehängte Fassade aus Naturstein. Als wichtiges gestalterisches Element sollten sie in ihrer Optik und filigranen Ausführung unbedingt erhalten bleiben.

Nachdem die ursprüngliche Planung noch davon ausgegangen war, dass der Dachaufbau belassen und eine zusätzliche Wärmedämmung aufgelegt werden könnte, ließ sich dieser Ansatz in der Realisierung nicht durchhalten. Gründe waren die zahlreichen Hohllagen und die Feuchtigkeit des Dachaufbaus sowie der Einspruch des Brandschutzes zum bauzeitlichen Material Styropor. Im Ergebnis wurde der Dachaufbau schließlich mit einer mindestens 20 cm starken Dämmung aus Mineralwolle komplett erneuert.

Das Foliendach wurde mit Material vom gleichen Hersteller erneuert und weist wieder die gleiche hellgraue Farbigkeit auf. Dies ist wichtig, weil die Flächen der niedrigen Dächer über Foyer und Verwaltung vom Hang auf der Waldseite aus einsichtig sind. Die authentische Dachkante wurde erhalten bzw. wiederhergestellt. Die bauzeitlichen Aluminiumprofile konnten zu 90 % wiederverwendet werden – sehr positiv im Sinne des Denkmals, nachdem eine erste Schätzung 75 % kalkuliert hatte. Ohne Bestandsschutz der Profile im Baudenkmal hätten diese nach Anforderungen der aktuellen DIN deutlich höher ausfallen müssen und das Erscheinungsbild der Fassade stark verändert. Das gegenüber dem Bestand deutlich stärker aufbauende Dämmpaket musste daher von der Attika Abstand halten. Den zunehmenden Starkregen-Ereignissen bzw. dem zu erwartenden „Jahrhundert-Regen" wurde Rechnung getragen durch den partiellen Einbau ergänzender Wasserspeier unterhalb der Dachkante – ebenfalls in Abstimmung mit der Denkmalpflege.

4 Maßnahmen Weiterbauen

4.1 Foyer

War im Vorangegangenen die ‚Instandsetzung' das Hauptmerkmal, so geht es bei ‚Renovierung' und ‚Weiterbauen' um die Erhaltung und Wiederherstellung von Bauteilen sowie eine Nutzungsanpassung durch neue Technik, allerdings möglichst ohne dass dabei gravierende gestalterische Änderungen eintreten. Gerade technische Einbauten, die ein Stück der Architektursprache Scharouns darstellen und sehr diffizil sind, galt es zu bewahren.

Abbildung 10: Foyer nach der Sanierung 2015 (Foto: BRENNE)

Im Foyer konnten die bauzeitlichen Akustikdeckenplatten des ursprünglichen Herstellers neu produziert werden. Dieser Lösungsansatz wurde Vorbild für die Erneuerung der gesamten Abhangdecke, so dass das bauzeitliche Erscheinungsbild gewahrt blieb.

Der stark beanspruchte Teppichboden wurde durch ein optisch gleichwertiges Material ersetzt. Oberflächen wurden gereinigt, Originalmobiliar – so z.B. die Säulensitzbank und die Sterntische – aufgearbeitet und Farbanstriche nach bauzeitlichem Befund vorgenommen.

Die Beleuchtung im Foyer und im Verwaltungsbereich, wurde mit einer innovativen LED-Technik ausgerüstet, wobei die Wirkung des Lichts dem bauzeitlichen Eindruck nachempfunden werden kann. Die Leuchtkörper der Downlights in der Decke blieben unverändert, nur die Leuchtmittel wurden ausgetauscht. Jede Leuchte blieb exakt an ihrem Platz, was für die von Hans Scharoun inszenierte Lichtwirkung mit bewusst unterschiedlich hellen und dunkleren Bereichen in dem weitläufigen Foyer von großer Bedeutung war. Mit einer entsprechenden denkmalpflegerischen Begründung wurde das letztendlich auch von Seiten der Bauaufsicht genehmigt, die an der Stelle nach einer Risikoabwägung auf eine gleichmäßige Ausleuchtung der Foyerfläche verzichtete. Außerdem kann durch die mit modernster LED-Technik geschaffenen Möglichkeiten der Lichtinszenierung das Foyer nun allen Anforderungen als Veranstaltungsort mit unterschiedlichsten Szenarien gerecht werden.

Die Kassenhalle, die Küche der Cafeteria und die Sanitäranlagen des Bestands mussten den heutigen Ansprüchen entsprechend modernisiert werden. Diese wurden daher der Kategorie Weiterbauen zugeordnet. Daneben gab es auch Gebäudebereiche, die durch modifizierte Sicherheitsvorschriften oder aufgrund schadhafter und abgängiger Technik vollständig erneuert werden mussten. Austausch bzw. Zufügungen waren stets unter Wahrung der bauzeitlichen Architektur vorzunehmen.

Abbildung 11: Theaterkasse im Eingangsbereich, links: vor der Sanierung; rechts: nach der Sanierung (Fotos: BRENNE)

4.2 Flächenerweiterung

Teilweise war für die Unterbringung der Gebäudetechnik die Schaffung neuer Flächen notwendig. So benötigte z.B. die Sprinkleranlage neue Volumina. Die Toilettenanlage musste erweitert, die Gebäudetechnik verlagert, Müllstandorte vergrößert und Depotflächen sowie ein geschützter Raucherbereich geschaffen werden. Der überwiegende Teil dieser hinzugefügten Baukörper konnte unterirdisch angelegt bzw. ausgelagert werden, so dass die Gestaltung der Fassade weitestgehend unbeeinträchtigt blieb.

Abbildung 12: Blick von oben in die unterirdischen Erweiterungsbauten (Foto: BRENNE)

4.3 Bühnentechnik

Nutzungsbedingt bildet die Bühnentechnik das Herzstück des Bauwerks. Die Technik des Bühnenhauses war mechanisch in gutem Zustand und konnte daher bauzeitlich erhalten werden. Auch wurde an dem Bühnenkonzept (Bühnenlogistik, Anordnung der bühnentechnischen Einrichtungen), welches sich über die Jahre bewehrt hatte, nichts verändert. Zur Verbesserung des Betriebsablaufes und um den derzeitigen Anforderungen eines Mehrspartentheaters gerecht zu werden, musste jedoch das Bühnensystem, seine Maschinerien und Installationen erneuert und ergänzt werden.

Abbildung 13: Neue Bühnenmaschinerie Unterbühne mit Schubketten (Foto: BRENNE)

5 Wirtschaftlichkeit

Das Sanierungskonzept wurde als komplexe Lösung einer Vielzahl einzelner Maßnahmen aus Verbesserung des baulichen Wärmeschutzes, Herstellung einer luftdichten Gebäudehülle, intelligenter Lüftungsmöglichkeiten und einer regenerativen Kühlung erarbeitet.

Keine der Maßnahmen sollte das Erscheinungsbild des Gebäudes beeinträchtigen oder gar verändern. Zu bewerkstelligen war dies nur mit einer integralen Planung, in der das Büro energydesign Braunschweig eine wichtige Rolle gespielt hat. Denn damit war ein ständiger Variantenabgleich unterschiedlicher Detaillösungen bei gleichzeitiger ganzheitlicher Betrachtung der Gesamtbilanz gegeben.

Bei dem letztendlich umgesetzten Sanierungskonzept als Kompromiss aus Erhalt vorhandener Bausubstanz und energieeffizienter Optimierung liegen die ermittelten Einsparpotentiale beim Wärmeverbrauch durch den baulichen Wärmeschutz bei 30 % und Stromverbrauch für Beleuchtung und Kühlung bei 18 %.

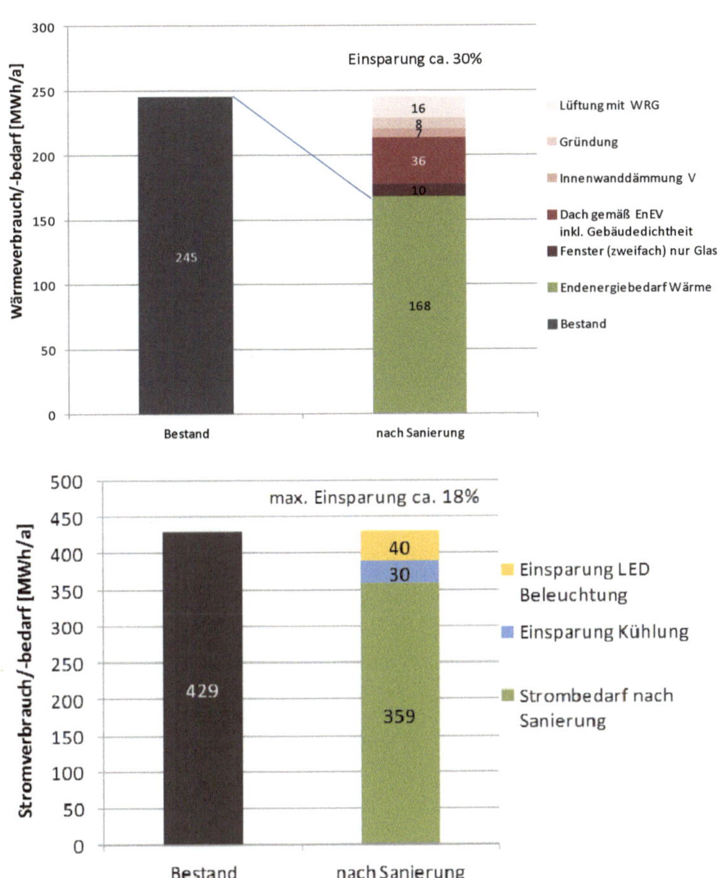

Abbildung 15: Einsparpotentiale nach energydesign Braunschweig vom 15.02.2016

6 Fazit

Bei diesem Projekt war nicht nur das Ergebnis der Synthese von Denkmalverträglichkeit und Energieeffizienz von Bedeutung, sondern auch die Tatsache, dass es sich um ein sehr „junges" Kulturdenkmal handelt und damit auch die besonderen Qualitäten zu entdecken und darzustellen waren. Gleichzeitig galt es, denkmalpflegerische Erfahrungen im Umgang mit Bausubstanz der 70er Jahre zu machen, die in diesem Umfang noch nicht vorhanden sein können.

Die Verbesserungen des Komforts für den Besucher und den Spielbetrieb sollten wie selbstverständlich wahrgenommen werden. Denn im Zentrum der Sanierung stehen das Denkmal und dessen möglichst authentischer Erhalt.

Typha-Natur – Bau-Technik

Dipl.-Ing. Alexandra Fritsch[1], Dipl.-Ing. Werner Theuerkorn[2]

[1] Architekturbüro Fritsch Knodt Klug + Partner mbB, Untere Kreuzgasse 33, 90403 Nürnberg
[2] Büro für Denkmalpflege und Baustoffentwicklung, Wichtleiten 3, 84389 Postmünster

Kurzer Überblick

Seit einigen Jahren ist ein Baumaterial in Anwendung, das den Anforderungen an Baudenkmale bzgl. Energieeffizienz, Nachhaltigkeit und Nutzerkomfort in völlig neuer Weise technisch gerecht werden kann. Dieses kennzeichnet die Verwendung von Makropartikeln aus der Blattmasse von Rohrkolben (lat. Typha) mit einer mineralischen, bei der Kompostierung inerten oder bioabbaubaren Verklebung. Bei Typha-Produkten werden relativ große Partikel mit präzisen Schnitten aus der Blattmasse herausgetrennt, um so deren komplexe, strukturelle Eigenschaften in ein Baumaterial zu übertragen und diese technisch zu nutzen. Besonderheit ist das Zusammenwirken von einer zug- und druckfesten, längs gerichteten Stützstruktur und einem den Blattkörper ausfüllendem, elastischen Schwammgewebe mit hohem Dämmvermögen. Durch Nutzung dieser beiden Strukturkomponenten lassen sich Baustoffe erzeugen, die eine Kombination aus Dämmung und Tragwirkung bieten und ein vielfältiges Anwendungs- und Nutzungsspektrum abdecken.

Schlagwörter: Naturbaustoff mit hohem Feuerwiderstand, kombinierte Dämm- und Tragwirkung, homogener und diffusionsoffener Wandaufbau, Craddle to craddle (c2c), energiearme Baustoffherstellung, CO_2-Senken mit Biotopbildung

Denkmal und Energie 2017. Herausgegeben von Bernhard Weller, Sebastian Horn.

1 Einführung in neues Baustoffkonzept

Abbildung 1: links: Typha Bestand Donaumoos (Foto: TU München); mitte: Typha Blattfächer (Foto: TU München); rechts: Typha Blattmaße (Foto: Typha Technik)

1.1 Rohstoffanbau

Schon die landwirtschaftliche Erzeugung von Typha als Rohstoff für die industrielle Verwertung als Naturbaustoffe verknüpft zahlreiche ökologische und ökonomische Vorteile. Rohrkolbenbestände sind unempfindliche Kulturen mit einer hohen Effektivität von ca. 15-20 t Trockenmasse pro Hektar. Dies entspricht dem vier- bis fünffachen dessen, was hiesige Nadelwälder liefern. Allein der Anbau auf Niedermoorböden in Deutschland zu deren nachhaltiger Bewirtschaftung böte eine ausreichende Grundlage zur Deckung des gesamten Bedarfs an Dämm- und Wandbaustoffen. Die Umsetzbarkeit wurde bereits 1998-2001 in dem DBU Förderprojekt AZ 10628 „Rohrkolbenanbau in Niedermooren – Integration von Rohstoffgewinnung, Wasserreinigung und Moorschutz zu einem nachhaltigen Nutzungskonzept" unter Leitung von Dr. Ulrich Wild vom Lehrstuhl für Landschaftsökologie der TU München gezeigt [1].

1.2 Typha Bauprodukte

Entscheidend für die industrielle Nutzung der Typha-Blattmasse ist ihre Spaltbarkeit in stabförmige Partikel in einer Weise, dass in ihnen das Zusammenwirken von Schwamm- und Stützgewebe gewahrt bleibt. Je nach Ausrichtung und Anordnung der Stäbe im Bauprodukt lassen sich unterschiedliche Materialeigenschaften erzeugen. Der Baustoffentwickler Werner Theuerkorn hat in Zusammenarbeit mit dem Fraunhofer-Institut für Bauphysik IBP in mehreren Jahren umfangreiche Forschungsarbeit zur Entwicklung unterschiedlicher Produkte geleistet. 2009-2011 wurde im Rahmen eines weiteren DBU-Förderprojektes AZ 27918 „Neuer Baustoff für umweltfreundliche und bautechnische Sanierung in der Denkmalpflege" unter Beteiligung des Architekturbüros Fritsch Knodt Klug + Partner mbB ein mineralisch gebundener isotroper Plattenwerkstoff entwickelt. Dieses „Typha-Board" wurde bei der Fachwerksanierung des Handwerkerhauses Pfeifergasse 9 in Nürnberg energieeffizient, materialverträglich und zugleich konstruktiv wirksam eingesetzt. Großer Wert wurde dabei auf eine energiearme Herstellung und die Rückführbarkeit des Materials in den Stoffkreislauf gelegt [2].

2 Ein Rohstoff mit Umweltnutzen

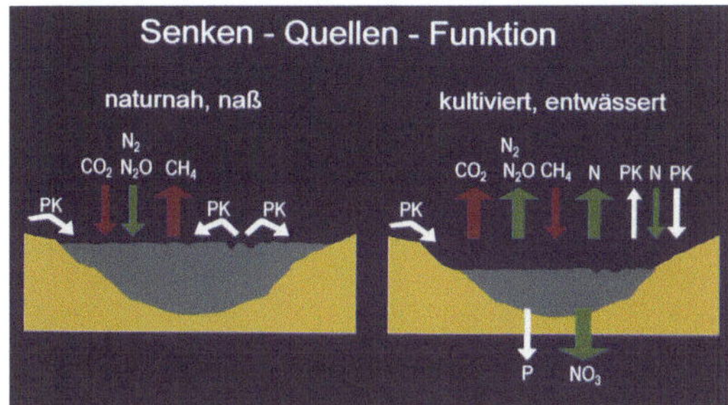

Abbildung 2: Gewässerschutz (Grafik: TU München)

2.1 Vorkommen

Rohrkolben ist eine ausdauernde Sumpfpflanze, die in 10-15 verschiedenen Arten weltweit von der tropischen bis in die gemäßigte Zone verbreitet ist. In Mitteleuropa sind die häufigen Arten Typha angustifolia (schmalblättriger Rohrkolben) und Typha latifolia – breitblättriger Rohrkolben. Beide Arten bilden in unseren Breiten bis zu 3 m hohe, sehr dichte Bestände.

2.2 Produktivität und Wasserschutz

Mit einer oberirdischen Biomassenproduktion bis zu 20 t Trockenmasse pro Hektar und Jahr übertrifft der Rohrkolben fast alle landwirtschaftlichen Kulturen der gemäßigten Zone. Sie entspricht der Produktivität (und damit auch der Kohlendioxid-Bindung) des tropischen Regenwaldes.

Rohrkolben verträgt Nährstoffstöße und ständiges Nährstoffüberangebot. Das DBU-Projekt Donaumoos zeigte, dass den Gewässern, die durch die Kulturen geleiteten wurden, ca. 85 % der Nährstoffe entzogen wurde. Zum Erntezeitpunkt ist der größte Teil der übers Jahr gespeicherten Nährstoffe in die Pflanzenrhizome eingelagert. Nach ihrem Absterben werden die Nährstoffe infolge des Sauerstoffmangels in Feuchtböden nicht remineralisiert und freigesetzt, sondern als Niedermoorhumus auf Dauer festgelegt. Typha-Kulturen können zudem als dritte Reinigungsstufe die Nährstoffabgabe aus Kläranlagen reduzieren.

2.3 Niedermoorproblematik

Abbildung 3: links: Lebensraum fpr Tiere (Foto: TU München); rechts: Winterernte Typha (Foto: TU München)

Durch die Entwässerung landwirtschaftlich genutzter Niedermoorböden werden durch den oxidativen Abbau gespeicherte Nährstoffe und Kolendioxid (CO_2) freigesetzt. Pro Jahr wird auf diese Weise in Deutschland eine Stickstoffmenge in Grund- und Oberflächenwasser eingeleitet, die fast dem Abwasseraufkommen aller deutschen Haushalte entspricht. Zudem werden 40 Millionen Tonnen CO_2 pro Jahr abgegeben. Das heißt, die CO_2-Freisetzung aus Niedermooren beträgt ca. vier % der Gesamtimmissionen in der Bundesrepublik.

Die Bewirtschaftung von Niedermooren in ihrer gegenwärtigen Form ist keine nachhaltige Nutzung, sondern Raubbau an natürlichen Ressourcen und eine erhebliche Umweltbelastung. Eine nachhaltige Nutzung ist nur durch eine Wiedervernässung der Niedermoore möglich. Typha ist eine der wenigen Kulturen, die eine naturnahe, standortgerechte, die Niedermoore stabilisierende Nutzung ermöglicht. Darüber hinaus schafft sie den Landwirten Erträge, die sie mit keiner gängigen Feldfrucht erzielen können.

2.4 Wasserretention und Lebensraum für Tiere

Die Wasserrückhaltefähigkeit von Feuchtgebieten verlangsamt den Abfluss von Niederschlägen, puffert dadurch Hochwasserspitzen und fördert die Grundwasseranreicherung. Rohrkolbenanlagen bieten (trotz Bewirtschaftung) Lebensraum für viele Tierarten, die wegen der weitgehenden Vernichtung von Feuchtbiotopen gefährdet sind. Der einzige Eingriff ist die Ernte der oberirdischen Biomasse im Winter. Während der übrigen Zeit bleiben die Bestände ungestört.

2.5 Mögliche Anbauflächen und Baustoffpotential

In Deutschland gibt es 18.000 km² Moorböden. Würden von diesen Niedermoorflächen nur 10 % mit Rohrkolben bewirtschaftet, so würde dies jährlich ca. 2,7 Millionen Tonnen Rohrkolben Trockenmasse hervorbringen. Daraus ließen sich 25-50 Millionen Kubikmeter Baumaterial herstellen. Bei einem mittleren Wert von 300 €/m³ entspricht das einem Erlös von 7,5-15 Milliarden Euro.

3 Von der Pflanze zum Plattenwerkstoff

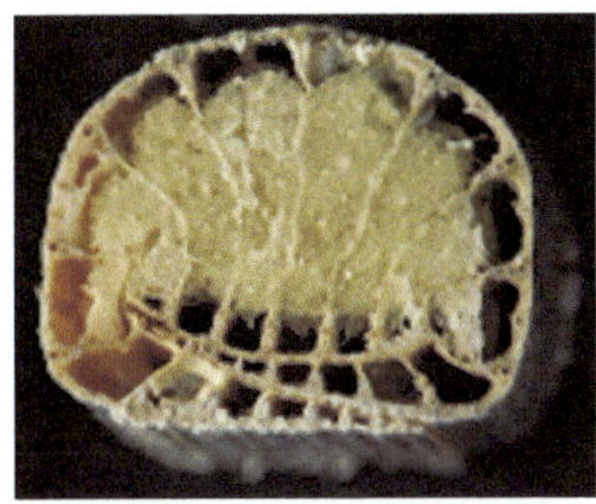  

Abbildung 4: links: Blattanschnitt Typha (Foto: Gruber BLfD); mitte: Gespaltene Blattpartikel (Foto: Typha Technik); rechts: Stabpartikel ausgeworfen (Foto: Theuerkorn)

3.1 Pflanzenstruktur

Die spezifische Struktur der Typha Blattmasse macht sie für die Herstellung von konstruktiv einsetzbaren Bau- und Dämmstoffen geeignet. Die bis zu drei Meter langen Blätter von Typha angustifolia und latifolia wachsen direkt aus dem Rhizom. Aus einem Spross fächern sich ca. 10-20 Blätter mit sichelförmigem Querschnitt auf.

Wichtigste Struktureigenschaft der Blattmasse ist ihr gekammertes Stützgewebe und ihr dieses ausfüllende Schwammgewebe. Das Stützgewebe führt zu einer Zug- und Druckbelastbarkeit der Blätter in Richtung der Blattachsen von etwa 1,5 N/mm². Das Schwammgewebe hat für sich genommen einen spezifischen Wärmedämmwert von $\lambda = 0{,}032$ W/(m·K). Die Blätter selbst lassen sich mit scharfen Messern energiesparend in Streifen bzw. Stäbe spalten. Diese können die genannten Blatteigenschaften in den Baustoff übertragen. So steht ein industriell nutzbarer Rohstoff zur Verfügung.

Die Stäbe lassen sich auf einfache Weise auf eine beliebige Länge einkürzen, beleimen, parallel zur Formgebungsoberfläche regellos ausbringen und zu einem isotropen Baumaterial pressen. Beim Pressvorgang ist eine weitere Charakteristik der Blattmasse von Typha entscheidend: Senkrecht zu den Blattachsen reagiert das Material bereits auf geringe Drücke elastisch nachgiebig. Hierdurch lassen sich die Partikeloberflächen leicht einander annähern, bis hin zur Verdrängung der dazwischen befindlichen freien Lufträume. Erst dies bewirkt gute Wärmedämmwerte und erlaubt die Verwendung von mineralischen Bindemitteln mit schwacher Klebekraft.

3.2 Verklebung

Abbildung 5: links: Beleim-Trommel (Foto: Typha Technik); mitte: Beleim-Sprühautomat (Foto: Typha Technik); rechts: Pressvorgang Platten (Foto: Typha Technik)

Der Klebstoff ist die alleinige Zutat zum Rohstoff. Er bewirkt die dauerhafte Verbindung der Partikel zu einem Baustoff. Deshalb beeinflusst er wesentlich seine Eigenschaften.

Es gibt eine ganze Reihe von synthetischen Klebern, die in der Lage sind, Typha zu dauerhaften und strapazierfähigen Körpern zu verbinden, weil ihre Klebekraft verglichen mit mineralischen Stoffen hoch ist. Der Mangel dieser Kleber liegt vor allem darin, dass sie nicht in den Stoffkreislauf rückführbar sind.

Mineralische Bindemittel wie Zement oder Magnesit sind preisgünstig und inert bei der Kompostierung, haben jedoch nur geringe Klebekraft. Dies führt bei bekannten, Zement oder Magnesit gebundenen Produkten wie Holzwolle-Leichtbauplatten dazu, dass große Klebermengen aufgewendet werden müssen, um ihnen ausreichende Festigkeit zu geben. Ihre Wärmedämmfähigkeit wird dadurch gemindert ohne sie wirklich stabil zu machen. Demgegenüber beruht die wärmetechnische, statische und bauphysikalische Wirkung des Typha-Boards auf gänzlich anderen Prinzipien:

Die Typha Stäbe besitzen vor allem in paralleler Anordnung zur Plattenebene eine niedrige Wärmeleitfähigkeit von ca. 0,035 W/(m·K). Dies ist um Faktor 4 günstiger als bei Holz. Durch die Nachgiebigkeit der Partikel bei senkrechtem Druck zu den Stabachsen nähern sich die Oberflächen mit geringem Druck einander an. Die freien Lufträume zwischen ihnen verschwinden weitgehend, auch wenn sie sich mehrfach kreuzen. Aufgrund der niedrigen Drücke, unter denen sich die Oberflächen einander annähern lassen, reicht die Klebekraft mineralischer Bindemittel aus, um ein stabiles Plattenmaterial herzustellen.

4   Erstmaliger Einsatz des Plattenmaterials im Fachwerkbau

Das Prinzip von regellos ausgeworfenen, parallel zur Plattenebene liegenden Magnesit gebundenen Typha-Blattpartikel wurde im DBU-Projekt in Nürnberg weiterentwickelt und eingesetzt. Neben den Vorzügen der stofflichen und konstruktiven Eigenschaften war die relativ unkomplizierte Herstellungsmöglichkeit in einer kleinen Produktionsanlage von

Vorteil, da noch kein Einstieg in ein kostenträchtiges, industrielles Verfahren erfolgen musste.

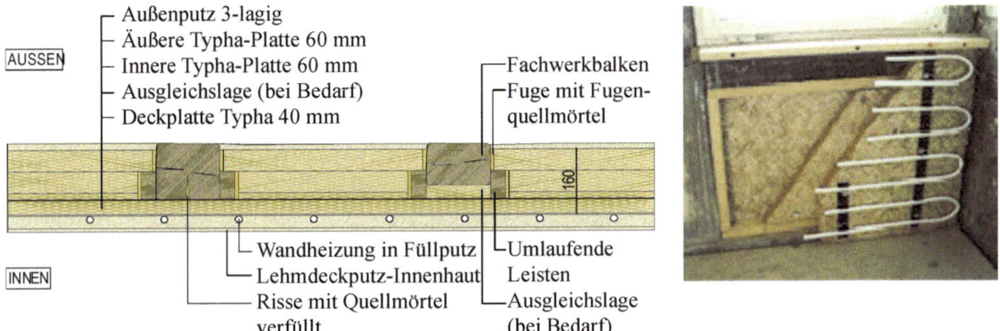

Abbildung 6: links: Grundriss Wandaufbau Plangrundlage (Grafik: Fritsch); rechts: Probegefach (Foto: Fritsch)

4.1 Probegefach

Zu Beginn der Sanierung der Außenwände wurde ein Probegefach mit dem neuen Material gebaut. Schichtenweise wurde der Aufbau vollständig bis hin zu den Außenputzen und der Wandheizung mit den Innenputzen gezeigt. Dieses „Modell" diente allen am Bau Beteiligten, aber vorrangig den Handwerkern, als Einführung in die neue Materialwelt.

4.2 Vorbereitung der Gefache

Nach Abschluss der zimmermannsmäßigen Instandsetzung der Fachwerkhölzer wurden die Gefache innen umlaufend mit Latten 30 x 60 mm verleistet. Der Abstand zwischen Latte und Außenkante der Wand entsprach der Materialstärke der äußeren, 60 mm starken Typhaplatte zuzüglich der Stärke des Außenputzes von 20 mm.

4.3 Zuschnitt und Anpassung

Die einzelnen Platten wurden danach passgenau entsprechend der Gefachgröße zugeschnitten, wobei umlaufend zwischen Holz und Typha-Platte eine ca. 10-15 mm breite Fuge berücksichtigt wurde. Die Materialbearbeitung konnte mit üblichen Holzbearbeitungsmaschinen wie Kreis- und Stichsägen durchgeführt werden. Bei Bedarf wurde die Platte zur Anpassung an die Konstruktionshölzer durch Abfräsen oder Hobeln gedünnt.

4.4 Einbau ins Gefach, Ausfugen mit Quellmörtel

Zuerst wurde die äußere Typha-Platte mit Schnellbauschrauben und Beilagscheiben zur Vergrößerung der Anpressfläche von außen an der Verleistung befestigt. Eine weitere Platte wurde von innen, mit Fuge zur Einleistung, an die Außenplatte geschraubt. Zur Herstellung von Winddichtigkeit und Kraftschlüssigkeit wurden die Fugen zwischen Holz und Plattenmaterial mit Typha-Fugenquellmörtel mittels einer Kartuschen-Druckluftspritze verfüllt. Dieser Fugenmörtel besteht im Wesentlichen aus dem gleichen Material wie der

Plattenwerkstoff, jedoch sind hier die Typhabestandteile fein gemahlen. Ein geringer Tonanteil verbessert die Quellfähigkeit bei späterem Wasserzutritt.

4.5 Innenplatte, Wandheizung und faserarmierter Füll- und Deckputz

Vor dem flächigen Belegen der Innenseite der Wand mit einer 40 mm starken, etwas diffusionsdichteren Platte, wurde je nach Erfordernis die Bestandskonstruktion mit dünnen Ausgleichsplatten egalisiert, um eine durchlaufende Wandebene zu schaffen. Ziel hierbei war, die gesamte Wandkonstruktion hohlraumfrei herzustellen, um einen schadensfreien geregelten Feuchtestrom durch die Wand zu gewährleisten. Zur Optimierung von Wandkonstruktion und Raumklima wurde eine Wandheizung angebracht. Aufgrund der Schraubfestigkeit und guten Verputzbarkeit der Typhaplatte konnten die Befestigungsleisten der Heizrohre direkt aufgeschraubt werden. Der Raum zwischen den Rohren wurde mit einem Typha-Faser armierten Kalk-Gips-Putz gefüllt. Auch der darüber liegende Deckputz wurde mit den Samenflugschirmchen der Rohrkolbenpflanze vergütet. Diese Putzarmierung ist ein effektives Mittel, um Rissfreiheit zu gewährleisten.

Abbildung 7: links oben: Abdichten und Fugen; links unten: Ausgleichen der Wandebene; rechts: Belegen mit Wandheizung (Fotos: Fritsch)

4.6 Diffusionsoffener Außenputz mit Typha-Faserarmierung

Abbildung 8: links: Außenanputz (Foto: Fritsch); rechts: Samenflugschirmchen Typha-Faser (Foto: Typha Technik)

Der Außenputz des Sichtfachwerks wurde bündig mit den Hölzern aufgebracht. Auf den netzartigen Spritzbewurf folgte ein mit Typha-Fasern armierter Grundputz mit 4 mm Körnung und ein ebenfalls so armierter Deckputz mit 2 mm. Die Putze wurden als Sumpfkalkputze mit einem geringen Anteil an Weißzement ausgeführt. Der abschließende Kalkanstrich mit einem 10 Jahre gelagerten Sumpfkalk wurde dreifach aufgetragen.

4.7 Typha-Plattenmaterial als Innendämmung auf Massivmauerwerk

Die Außenwände des Gebäudesockels waren aus Burgsandstein und im Bereich von Reparatureingriffen aus Mischmauerwerk mit Sandstein und Hochlochziegeln. Um auch hier eine wärmetechnische Aufwertung zu erzielen, wurden die Flächen innen mit einem mageren Kalkmörtel egalisiert, um die 40-60 mm starken Typha-Platten hohlraumfrei andübeln zu können. Dies war auch bei nicht lotrechten Wänden mit maximal vier Dübeln pro m² möglich. Die Platten wurden stumpf gestoßen und ein Typha-Faser armierter Lehmputz aufgetragen. Die Putze blieben rissfrei.

4.8 Vielseitige Anwendung, einfache Bautechnik

Mit dem Magnesit gebundenen Typha-Plattenmaterial konnte die Fachwerksichtigkeit der Fassaden mit extrem dünnen Wandkonstruktionen von ca. 20 cm inklusive Wandheizung unter Einhaltung der EnEV 2009 hergestellt werden. Die Kombination von Dämmung und Trageigenschaft als ausschlaggebende Materialeigenschaft ermöglichte zudem die Aussteifung des verformten, asymmetrischen Traggefüges.

Neben dem Einsatz als Ausfachungsmaterial im Fachwerkbereich ist die Eignung als Innendämmung an Massivmauerwerk sowie mit Baustoffklasse B1 der gute Brandschutz hervorzuheben. In einem orientierenden Brandversuch zeigte sich, dass die 60 mm starke Platte der Brandklasse F 60 und die 120 mm starke Platte der Brandklasse F 120 zuzuordnen ist. In der Pfeifergasse 9 wurden etwa 300 m² Typha-Platten in 40 mm und 60 mm Materialstärke verbaut. Das entspricht ca. 15 m³ Material. Aufgrund seiner isotropen Eigenschaft war der Verschnitt mit 10-15 % äußerst gering.

Abbildung 9: links: Innendämmung Massivwand (Foto: Fritsch); mitte: Brandversuch (Foto: IBP), rechts: Platte 120 mm F 120 (Foto: IBP)

Das Typha-Board konnte auch bei verformter Bausubstanz ohne zusätzliche Hilfskonstruktionen mit geringem Einsatz von Wasser eingebaut werden. Die einfache Bearbeitbarkeit mit allen gängigen Werkzeugen, die Materialverträglichkeit im Kontaktbereich mit der historischen Substanz wie Holz, Flechtwerk, Lehm und die Reversibilität an schützenswerten Putz- und Fassungsbeständen sind besonders hervorzuheben. Die Putzträgereigenschaft sowie die einfache Verbindungstechnik sind Bestandteil des breiten Anwendungsspektrums.

5 Messtechnische Überprüfung

Im Zeitraum von Februar 2011 bis Oktober 2012 wurden die Wandkonstruktionen durch das Fraunhofer Institut für Bauphysik IBP messtechnisch begleitet und bewertet. In vier Grenzschichten des Wandquerschnitts wurden Temperatur, relative Luftfeuchte, Holzfeuchte und der Wärmestrom gemessen.

5.1 Bewertung bauphysikalisches Verhalten

Das Ergebnis brachte für die Ausfachung selbst, bei einer Wandstärke von 16 cm zuzüglich 4 cm Innen- und Außenputz, einen Wärmedurchgangskoeffizienten von $U = 0{,}29$ W/(m²·K) und für die Gesamtkonstruktion mit den thermischen Schwachstellen der Fachwerkhölzer von $U = 0{,}35$ W/(m²·K). Damit wurden die Anforderungen der EnEV 2009 erfüllt. Die hohe Sorptionsfähigkeit und die Diffusionsoffenheit des Typha-Materials bewirkte eine schnelle Abtrocknung des Feuchteeintrags in die angrenzenden Hölzer durch die Putze von anfänglich 100 Masse % auf unkritische 20 Masse % Holzfeuchte. Die rechnerische Überprüfung der Typha-Innendämmung von 60 mm auf dem 30 cm starken Mischmauerwerk mit den Programmen WUFI®-Pro und WUFI®- Bio zeigte, dass selbst bei einer angenommenen Hinterströmung von 1 m³/md keine Schimmelpilzbildung zu erwarten ist.

5.3 Energieeinsparung und Nutzerkomfort

Für fünf Heizperioden liegen für die Pfeifergasse 9 die Energieverbrauchswerte der Gasheizung vor. Sie variieren entsprechend der unterschiedlichen Wintertemperaturen zwischen 64 und 72 kWh/m² Wohnfläche. Damit sind die Verbrauchskosten mit 4,46 €/m² Wohnfläche bedeutend günstiger als vergleichbare sanierte Gebäude der Altstadtfreunde Nürnberg, die mit 7,98 €/m² und 12,92 €/m² abgerechnet wurden. Die Bewohner der Pfeifergasse 9 schätzen die Wohnbehaglichkeit und den Nutzerkomfort ihrer Wohnung, was durch die Beheizung der Räume über die Außenwände und ihren Feuchte regulierenden Aufbau erreicht wurde.

5.2 Bewertung Produkteigenschaften

Abbildung 10: links: Messeinrichtung Wand innen; rechts: Äußere Sensorik (Fotos: IBP)

Das Typha-Board weist trotz niedriger Wärmeleitfähigkeit von 0,052 W/(m·K) eine außerordentlich hohe Festigkeit und dynamische Stabilität auf, sodass es auch statische Aufgaben bedienen kann. Der Baustoff besitzt weiterhin eine sehr hohe Schimmelpilz-resistenz sowie einen guten Brand-, Schall- und sommerlichen Wärmeschutz. Er ist hinreichend diffusionsoffen, um Austrocknungsvorgänge nicht zu behindern, aber diffusionsdicht genug, um in vielen Anwendungsfällen auf eine Dampfbremse verzichten zu können. Fazit des Fraunhofer IBP: Ein aus bauphysikalischer Sicht äußerst unbedenkliches Material.

6 Folgeprojekte

Im Raum Nürnberg und in Niederbayern wurden seit 2012 acht weitere Sanierungsvorhaben mit dem Typha-Board ausgestattet. Hierbei wurde das Material sowohl zur Fachwerkausfachung als auch zur Innendämmung eingesetzt. Einen neuen Anwendungsbereich stellte die Vollsparrendämmung für einen Dachausbau in der Nürnberger Altstadt dar. Hervorzuheben ist hier der erzielte sommerliche Wärmeschutz durch das hohe spezifische Gewicht des Materials. Mit dem Neubau der zweistöckigen Bora-Sauna in Radolfzell am Bodensee, einem Holzständerbau mit einem Raster von 4,5 m und 24 cm starken ausfachenden Wandelementen aus Typha-Platten und dem 2015 auf der Expo Mailand präsentierten Pilothaus als Massivbau mit Deckenelementen als preußische Kappen-Presslinge eröffnen die vielseitigen Perspektiven für den Neubaubereich.

Abbildung 11: Pilothaus Expo Mailand, Massivbau mit Deckenelementen als preußische Kappen-Presslinge (Fotos: Fritsch)

Begrenzend für die Bereitstellung von Typha-Plattenmaterial ist zurzeit noch die handwerkliche Fertigung mit Einzelformen in einem getakteten Verfahren. Die Jahresproduktion ist hierdurch auf rund 500 m³ eingeschränkt. Ein industrielles Herstellungsverfahren ist in Vorbereitung.

7 Weiterentwicklung der Produktpalette

Die Blattabschnitte der Typha-Pflanze sind Elemente eines Baukastens, die in verschiedenster Weise zusammengefügt werden können und so eine Reihe von unterschiedlichen Produkten hervorbringen. Die Veränderlichen dabei sind Form, Größe und Ausrichtung der Partikel zueinander, ihre Schichtung im Produktgefüge und dem Pressdruck auf sie parallel und senkrecht zu ihren Blattachsen. Hinzu kommt die Vielzahl von bioabbaubaren bzw. mineralischen Klebstoffen. Die Variation dieser Faktoren lässt eine schier unüberschaubare Menge von Bau- und Werkstoffen generieren, vom einfachen isotropen Ausfachungsmaterial, über mehrschichtige, lastabtragende und hoch wärmedämmende Wandmodule, bis zu diffusionsoffenen, extrem biegesteifen Platten für den Innenausbau. Je weiter die Forschung zur Typha-Thematik fortschreitet, umso deutlicher wird, welch großes Potential in der Pflanze als Basis von Massenbaustoffen liegt. Zugleich wird klar, wie wichtig es ist, diese Produktfamilie in die Obhut der craddle to craddle (c2c)- Grundsätze zu stellen.

Abbildung 12: Stoffkreislauf (Grafik: Fritsch)

Die Typha Blattmasse als Rohstoff mit ihrer im strukturellen Gefüge angelegten Multifunktionalität macht es leicht, aus der großen Auswahl mineralischer oder organischer Klebstoffe jene auszuwählen, die bei der Kompostierung inert bzw. in den Stoffkreislauf rückführbar sind. So lässt sich ein Projekt konsequent fortführen, bei dem der Rohstoffanbau bereits mit enormen Umweltvorteilen verbunden ist und im Produkt selbst technische Qualitäten erreicht, die mit den synthetischen Materialien nicht möglich sind.

8 Ein langer Weg

Abbildung 13: links: Woche der Umwelt 2016 Berlin; Pressetermin 2015 Expo Mailand

Seit fast 30 Jahren wird nunmehr am Typha-Thema geforscht. Natürlich stellt sich die Frage, warum nicht schon längst einer dieser technisch hochwertigen und zudem die Umwelt entlastenden Produkte in großen Mengen auf dem Markt sind. Hierfür sind eine ganze Reihe von Gründen zu nennen.

Hauptursache ist der Umstand, dass für eine großmaßstäbliche Umsetzung drei Bereiche zusammenwirken müssen: Bauindustrie, Landwirtschaftsverwaltung und Umweltschutzbehörden. Mit Hilfe eines DBU-Projektes konnte das hinderliche Henne-Ei-Problem zwischen Industrie und Landwirtschaft in so weit aufgelöst werden, als eine kleine Produktionseinheit genügend Material lieferte, um es am Bau beurteilen und die Ergebnisse verbreiten zu können. Sehr bald daraufhin hat sich ein namhafter Baukonzern des Themas angenommen und beteiligt sich nun daran, die Forschung weiter zu treiben. Was die Entwicklung jedoch zunehmend ausbremst, ist die Reibungszone zwischen Umwelt- und Landwirtschaftsverwaltung. Erste zarte Äußerungen aus diesem schwierigen Politikfeld lassen hoffen, dass die große Chance für die Landwirtschaft, den Umweltschutz und nicht zuletzt auch den Kulturgüterschutz ergriffen wird.

9 Literatur

9.1 Literaturverweise

[1] Pfadenhauer, J.; Heinz, S.: *Multitalent Rohrkolben - Ökologie, Forschung, Verwertung*. Broschüre zum Abschlussbericht des DBU-Projektes „Rohrkolbenanbau in Niedermooren- Integration von Rohstoffgewinnung, Wasserreinigung zu einem nachhaltigen Nutzungskonzept" im Donaumoos 1998-2001. Freising: Technische Universität München, Lehrstuhl für Vegetationsökologie, 2002.

[2] Theuerkorn, W.; Fritsch, A.: *Neuer Baustoff für umweltfreundliche und bautechnische Sanierung in der Denkmalpflege*. Broschüre zum Abschlussbericht des DBU-Projektes „Erprobung und wissenschaftliche Bewertung eines neuen Plattenmaterials

im Rahmen eines Modellprojektes zur denkmalgerechten Sanierung eines mittelalterlichen Handwerkerhauses in der Nürnberger Altstadt (AZ 27918), 2012.

9.2 Allgemeine Literatur zum Thema

Theuerkorn, W.; Reiszky, B.; Kleyn, K.; Lenz, A.: *Rohrkolben - ein nachwachsender Rohstoff.* Postmünster: Eigenverlag, 1991.

Faulstich, M.: *SRU Umweltgutachten 2012: Verantwortung in einer begrenzten Welt.* Berlin: 2012.

Krus, M.; Theuerkorn, W.; Großkinsky, Th.; Georgiev, G.: *Neuer tragfähiger und dämmender Baustoff aus Rohrkolben.* Greenbuilding H. 7-8, 2013, S. 44-47.

Krus, M.; Theuerkorn, W.; Großkinsky, Th.; Georgiev, G.: *Dämm-Material aus Rohrkolben. Ein neuer tragfähiger und dämmender Baustoff.* Der Holznagel H. 3, 2013, S. 4-11.

Krus, M.; Theuerkorn, W.; Großkinsky, Th.; Georgiev, G.: *Neuer tragfähiger Dämmstoff aus Rohrkolben (Typha) zur Fachwerksanierung und Innendämmung.* Bauphysiktage Kaiserslautern, 27.-28. November 2013, Tagungsband S. 115-117.

Krus, M.: *Natur dämmt perfekt - Rohrkolben-Anbau auch im Allgäu?.* Allgäu ALTERNATIV, Edition Allgäu, H. 2, Hephaistos Verlag, 2013, S. 18-19.

Krus, M.; Theuerkorn, W.; Großkinsky, T.; Georgiev, G.: *Ein neuer tragfähiger Dämmstoff - Typha-Rohrkolbenplaten: A New Load-Bearing Insulation Material, Typha Panels*: in Detail Jg.: 54, Nr.1/2, 2014.

Fritsch A.; Theuerkorn W.: *Ein Multitalent. Rohrkolben (Typha) für die thermische und konstruktive Fachwerksanierung.* B+B Bauen im Bestand Jg. 39, Nr. 4, 2016.

Denkmalgerechte Dach- und Geschoßdeckendämmung mit eingeblasener Zellulose

Christoph v. Stein[1]

[1] Schöne alte Häuser GmbH, Brandesstr. 6, 18055 Rostock

Kurzer Überblick

Die Begriffe "Denkmal" und "Dämmung" scheinen, angesichts allgegenwärtiger Schäden durch falsch geplante oder ausgeführte Dämmarbeiten, pauschal unversöhnliche Gegensätze zu sein. Als Folge unterbleiben viele Dämmungen, oder man hält sich an die jeweiligen "Allgemein anerkannten Regeln der Technik": dann werden Dampfsperren an der Warmseite und Angstluftschichten sowie Belüftungsöffnungen an der Kaltseite eingeplant, und man greift auf traditionelle Materialien wie Stroh und Lehm zurück. Doch selbst dann kommt es immer wieder zu Fehlleistungen, Schäden oder Bauverzögerungen.

Dabei gibt es Möglichkeiten, substanzschonend, minimalinvasiv, reversibel und kostengünstig zu dämmen und dabei das heikle Thema des Feuchtehaushaltes sicher in den Griff zu bekommen, also die dauerhafte Trockenhaltung sicherzustellen. Anhand der Begriffe **Diffusion**, **Konvektion** und **Sorption** wird gezeigt, dass die "Allgemein anerkannten Regeln der Technik" die Antriebskräfte von Feuchte und Wärme nur begrenzt berücksichtigen und nutzen, insbesondere nicht auf die Arbeitsweise sorptiver Dämmstoffe eingehen, und über 30 Jahre hinter dem "Stand von Wissenschaft und Technik" hinterherhinken.

Schlagwörter: Zellulose-Einblasdämmung, Fachwerk-Innendämmung, Feuchtehaushalt, Lehm, Belüftung, ökologische Dämmstoffe.

1 Einleitung

Tabelle 1: Erläuterung der in diesem Beitrag verwendeten bauphysikalischen Fachwörter

Fachwort	Erläuterung
Sorption	Feuchteaufnahme/-abgabe –verteilung innerhalb eines Materials
Diffusion	Trockener Wasserdampftransport durch geschlossene Bauteilschichten
Konvektion	Feuchte- und Wärmetransport durch Luftbewegungen, also hier meist unbeabsichtigte Leckagen
Allgemein anerkannte Regeln der Technik	Wissenschaftlich anerkannt, praktisch bewährt und allgemein verbreitet

Fachwort	Erläuterung
Stand der Technik	Realisierbare und in der Fachwelt anerkannte Lösungen und Erkenntnisse, unabhängig davon, wie weit sie sich in der Praxis verbreitet haben
Stand von Wissenschaft und Technik	Neuste technische und wissenschaftliche Erkenntnisse, nicht durch das gegenwärtig Machbare begrenzt

Vorbehalte der Denkmalschützer gegenüber dem Ansinnen, historische Gebäude dämmen zu wollen, sind so allgegenwärtig wie die Vorbehalte der Dämmfraktion gegenüber Denkmälern und dem Denkmalschutz. Das liegt einerseits an den Unwägbarkeiten bei einem so tiefgreifenden Eingriff in die Bauphysik von Bestandsgebäuden, andererseits an den Kosten, die zuerst mit der "denkmalgerechten" energetischen Sanierung und dann mit der Beseitigung der resultierenden Schäden verbunden sind.

Luftschichten, mit oder ohne Belüftungsöffnungen, können paradoxerweise viel Feuchtigkeit in die Konstruktion hineinbringen, Stroh und Lehm als "atmungsaktive" Bau- und Dämmstoffe haben wenig Wärmewiderstand und verbrauchen, um den Dämmzweck zu erfüllen, viel Platz. Lehm bringt viel Baufeuchte ins Gebäude, mit den entsprechenden Schimmel- und Schwammschäden während der Bauzeit. Beim Trocknen schwindet er und hinterlässt Risse, die wieder aufgefüllt werden müssen. Alle diese Maßnahmen verteuern die Sanierung erheblich und bestätigen die eingangs genannten wechselseitigen Vorurteile.

Ein erster Schritt, um das Dilemma zwischen Denkmal und Dämmung aufzulösen, besteht darin, die "Allgemein anerkannten Regeln der Technik" nicht als Dogma zu betrachten. Diffusionsdicht innen, diffusionsoffen außen, und wenn es außen diffusionsdicht sein muss, ordnen wir noch eine Luftschicht an und belüften diese mit Außenluft – das funktioniert nicht immer optimal, manchmal auch gar nicht. Diese Standardregeln sind Lösungen aus der Mineralwoll- und Polystyrolwelt und sind entsprechend für diese – nicht saugfähigen – Dämmstoffe ausgelegt.

Gerade für den Restaurator und Denkmalschützer eröffnen hygroskopische und kapillar leitfähige Dämmstoffe Lösungen, die mit Mineralwolle nicht möglich wären. Mit eingeblasener Zellulose sind z.B. Innenwanddämmungen kondenswasserfrei möglich, können Holzbalkendecken minimalinvasiv gedämmt und müssen Dächer nicht abgedeckt werden, können sogar Dächer ohne Unterspannbahn und Dampfsperre mit direkt gegen die Dachziegel eingeblasener Zellulose gedämmt werden. Zellulosegedämmte Dächer bleiben winddicht und trocken, auch wenn die Dampfsperre sich löst, Klebebänder und -raupen aufgehen und der Wind angreift. Nur ist das kaum bekannt. Das sorptive Verhalten von Dämmstoffen ist insgesamt im Mainstream der (für Mineralwolle ausgelegten) "Allgemein anerkannten Regeln der Technik" vollkommen unbekannt.

Der Autor ist Inhaber eines Einblasdämmbetriebes, somit einerseits per se der Befangenheit verdächtig, andererseits auf seinem Fachgebiet erweiterten Fachkenntnissen und praktischen Erfahrungen ausgesetzt. Er behandelt hier nur "seine" Themen. Für Perimeterdämmungen, Estrichdämmungen, Aufdachdämmungen oder Wärmedämmverbundsysteme sind Platten aus PU, EPS, XPS und Steinwolle die beste Lösung – das sei hier der Vollständigkeit halber ausdrücklich betont, aber darüber sollen jene schreiben, die davon mehr verstehen.

2 Was braucht ein Denkmal?

So unterschiedlich die kunsthistorische Bewertung individueller Denkmäler sein mag, so einheitlich kann man den technischen Grundkonsens formulieren, an denen sich Sanierungs-/ Modernisierungs- bzw. Restaurierungstechniken messen lassen müssen:

Minimalinvasiv: Techniken, die mit möglichst wenigen und kleinen Eingriffen das gewünschte Ergebnis erreichen.

Reversibel: umkehrbar.

Je leichter die in Frage stehenden Veränderungen rückgängig zu machen sind, insbesondere weil die Veränderung mit keinem Substanzverlust und mit keiner stofflichen Veränderung verbunden ist, desto akzeptabler dürfte sie aus konservatorischer Sicht sein.

Substanzschonend: Oberbegriff zu "minimalinvasiv" und "reversibel".

Unsichtbar: Das nachträgliche Verlegen von Stromkabeln wird z.B. akzeptiert, obwohl es einen relativ massiven Eingriff in die Bausubstanz bedeuten kann.

Schützend: Da die Alterungsfaktoren (UV-Licht, Wasser, Frost, Wind) aktiv auf das Gebäude einwirken, muss es auch aktiv geschützt werden.

Fehlertolerant: Ein System soll nicht insgesamt versagen, wenn eine einzelne Komponente versagt. Entweder springen Ausfallsicherungen ("Backup-Systeme") ein oder man verwendet selbsttätig gegensteuernde Systeme (selbstregulierende Gleichgewichte), die möglichst einfach funktionieren, idealerweise unter Nutzung materialimmanenter Eigenschaften.

Modern: Je geringer der technologische Rückstand eines restaurierten Gebäudes gegenüber dem heute allgemein üblichen Stand, desto größer die Bereitschaft der aktiven Nutzer, das Gebäude zu erhalten.

Wie werden diese Anforderungen mit der Einblasdämmtechnik umgesetzt?

Tabelle 2: Bewertung der Einblasdämmtechnik nach den Kriterien für eine denkmalgerechte Sanierung

Minimalinvasiv	Die Dämmstoffe werden meistens durch 50 bis 60 mm dicke Rohre gefördert, aber wenn nötig, können viele Dämmstoffe auch durch bis zu 15 mm kleine Düsen transportiert werden. Bei zweischaligem Backstein- oder Klinkermauerwerk bedeutet dies z.B., dass die Bohrungen hauptsächlich in den Fugen eingebracht werden. Alternativ kann "minimalinvasiv" auch bedeuten, dass man durch eine größere Öffnung an einer günstigen Stelle den Hohlraum bekriecht und von dort aus alle, auch die eng auslaufenden, Bereiche erreicht.
Reversibel	Die Dämmstoffe gehen keine feste Verbindung mit ihren Begrenzungsflächen ein und können abgesaugt werden, falls erforderlich.
Substanzschonend	Folge von "Minimalinvasiv", "Reversibel" und "Schützend".
Unsichtbar	**Vorteil**, weil niemand die Dämmung sehen will, weder direkt noch indirekt über die Veränderung von Oberflächen oder Kubaturen. **Problem**, weil Hohlräume ihrer Natur nach verborgen sind, sonst wären es keine Hohlräume. Hat der Entscheidungsträger bei der Sanierung diese Hohlräume nicht auf seiner Checkliste, bleiben sie unbeachtet. Dann werden für ca. 80 bis 160 €/m² Dämmschichten aufgebracht, die dann auch noch kalt unterlüftet und damit kaum wirksam sind, statt für ca. 25 bis 35 €/m² die Hohlschichten in Dach, Geschoßdecke oder zweischaligem Mauerwerk aufzufüllen.
Schützend	Diese drei Eigenschaften verleihen dem Material folgende drei Funktionen: **Hygroskopisch:** Zelluloseflocken sind der beste Feuchteschutz für die von ihr eingeschlossenen Holzbauteile. Diese Funktion eines als "saugfähig" beschriebenen Dämmstoffes ist in ihren Einzelheiten für die "auf Mineralwolle geschulten" Fachleute so erklärungsbedürftig, dass dem ein gesondertes Kapitel gewidmet ist. **Kristallwasser:** wird bei Beflammung freigesetzt und wirkt **brandhemmend**. Zellulose (aus Altpapier hergestellt, im Prinzip dem Holz sehr verwandt) müsste eigentlich schnell entflammbar sein und heiß brennen, zumindest wenn sie aufgelockert ist. Tatsächlich aber glimmt sie bei Beflammung, bildet eine Kohleschicht aus, die dem Material den Sauerstoffnachschub versperrt, und verlischt, wenn die Beflammung und Belüftung ausbleiben.
Fehlertolerant	Eingeblasene Zellulose ersetzt/ ergänzt als Backup die Luftdichtungsfunktion von Dampfbremsen und drosselt zugleich den Feuchteeintrag durch ihre Rückkopplungsfunktion mit der Feuchte der Innenräume. **Konturfolgend**: Altbaukonstruktionen sind uneben und unregelmäßig. Die Einblasdämmung füllt diese Konstruktionen vollständig und hohlraumfrei aus, wie ein Gipsabdruck.
Modern	Je nach Dicke der Dämmschicht, Annäherung an heutige Bedürfnisse hinsichtlich Energieeffizienz, Komfort, sommerlichem Wärmeschutz und Schallschutz.

3 Feuchtehaushalt

Noch vor der Frage, ob die berechneten Energieeinsparungen auch wie versprochen eintreten, steht der Feuchtehaushalt gedämmter Bauteile im Fokus der Diskussion – zu Recht. Die Wirkungszusammenhänge können in drei Einflussgrößen untergliedert werden: **Diffusion**, **Konvektion** und **Sorption**.

3.1 Diffusion

Das große Thema in unseren Kundengesprächen, mit Hauseigentümern wie Architekten, ist die **Diffusion**, und ihre Befürchtungen kann man zusammenfassen mit *"Wassermoleküle haben den Hang, sich dorthin bewegen zu wollen, wo sie im Verborgenen den größtmöglichen Schaden anrichten können, und sind dabei sogar in der Lage, durch Wände zu gehen"*. Im Ernst: was treibt die Wassermoleküle in die Dämmschicht?

Es ist der absolute Feuchteunterschied in g/m³: Besteht an zwei Seiten einer durchlässigen Trennschicht eine unterschiedliche absolute Luftfeuchte, dann versuchen die Wassermoleküle, das auszugleichen. Sie bewegen sich immer von feucht zu trocken und verflüchtigen sich dann nach draußen, wenn es eine diffusionsoffene Außenseite zulässt. Bei einem diffusionsdichten Dach kondensieren sie aus, sobald die Taupunkttemperatur bzw. die 100 % Luffeuchtigkeit erreicht werden. Meist handelt es sich hierbei um Mengen, die unbemerkt von Mauerwerks- oder Holzoberflächen aufgenommen und später wieder abgegeben werden. Im Regelfall ist diese Menge an Wasser unbedeutend, unter bestimmten Umständen kann sich aber auch aus großen Flächen eindiffundiertes Wasser an einer kalten Stelle sammeln und konzentrieren.

Die DIN 4108-3, die seit 1981 den Tauwasserschutz regelt, kannte bis zu ihrer Novelle 2014 nur die Diffusion und schrieb unter dampfdichten Flachdächern eine möglichst dichte **Dampfsperre** vor. *Schon Anfang der 90er publizierten Autoritäten wie Robert Borsch-Laaks und Hartwig Künzel, daß immer mit Wassereinträgen durch Flankendiffusion und ungewollte Konvektion zu rechnen ist, wodurch eine Rücktrocknungsmöglichkeit durch Verwendung einer **Dampf**bremse (z.B. mit einem sd-Wert von ca. 2 bis 5 m) erforderlich wird.* Die angestrebte Fehlertoleranz bedeutet im Ergebnis genau das.

Die DIN 4108-3 wurde angepasst – wann? Im Jahr 2014 [1]. Die gesetzesgleiche Hochachtung, die unseren DIN-Normen oft zuteilwird, ist eben nicht immer begründet, für den "Allgemein anerkannten Stand der Technik" sind oft auch andere Quellen.

Abbildung 1: Tauwasser bei Mineralwolldämmung unter dampfdichte Dächern

3.2 Konvektion

In unserer Berufspraxis haben wir es eher mit kontinuierlichen Wassereinträgen in kleinen Mengen zu tun, in erster Linie Wasser aus feuchtwarmer Raumluft, die von innen in die Dämmschicht strömt (Konvektion). Sie bringt nach einer Untersuchung des Instituts für Bauphysik in Stuttgart über 1.000 mal mehr Wasser in die Konstruktion als Diffusion. Folien und Klebebänder sollen die Konvektion verhindern. Jeder Praktiker weiß, dass dies eine Fiktion ist. Verklebungen unter Spannung ziehen Fäden und lösen sich, Verklebungen auf porösen Untergründen versagen nach kurzer Zeit. Beim Blower-Door-Test halten sie noch, aber nach drei Jahren versagen sie ihren Dienst. Nach dem Blower-Door-Test durchstoßen eingezogene Leitungen die Folien und werden nicht mehr verklebt, kurz, der Phantasie sind keine Grenzen gesetzt bezüglich der Möglichkeiten, wie Folien und Verklebungen ihren Dienst versagen können. Acrylatklebebänder halten sofort bombenfest. Bei anhaltender Zugbelastung jedoch fangen sie nach wenigen Wochen an, Fäden zu ziehen und sich zu lösen.

Glaswolle ist luftdurchlässig wie ein Strickpulli im Wind, Steinwolle ist etwas fester, aber immer noch nicht so dicht wie Zellulose. Mit mattenförmigen Dämmstoffen ist es zudem rein handwerklich nicht möglich, alle Falze, Fugen, Spalten und Unebenheiten auszufüllen bzw. sich ihnen anzupassen. Mit der gestoppten Konvektion kalter Außen- und feuchtwarmer Innenluft ist die wichtigste Ursache von Feuchteeinträgen ausgeschaltet – jedenfalls solange die Klebebänder halten.

Die Unterlüftung von Dächern mit Außenluft kann nicht nur Feuchte abführen, sondern auch zuführen, wie schon im Jahr 1990 eine Studie des Fraunhofer Instituts für Bauphysik gezeigt hat [2]. Die Kaltluft von außen führt nicht nur zu einem Wärmeverlust mit dem entsprechende höhere Heizkosten und Komforteinbußen verbunden sind, sondern auch zu Kondensationsnässe und -schäden an der Innenseite.

Das ist nicht als Kritik an den Klebemedien zu verstehen – vielmehr soll der Glaube an die Urteilskraft und Gewissenhaftigkeit von ausführenden Trockenbauern aufgelockert werden, und an die Reichweite der auf der Baustelle präsenten Bauleiter. Sanierungen von "konventionellen" Mineralwolle- und Dampfsperre-Dächern machen etwa die Hälfte unseres Umsatzes als Einblasdämmbetrieb aus.

Üblicherweise werden wichtige Funktionen, die mit einem gewissen Fehlerrisiko behaftet sind, in zweiter Ebene mit einem anderen, vom ersten unabhängigen System gesichert. Unter Dachziegeln gibt es eine Unterspannbahn als zweite wasserführende Ebene. Zusätzlich zu Schlössern in einem Haus baut man bei Bedarf eine Alarmanlage ein. Gegen das Versagen von Elektrogeräten werden Sicherungen in der Hauselektrik eingebaut. Doch ausgerechnet bei der Luftdichtung und Winddichtung verlässt man sich nur auf ein einzelnes fehlerträchtiges und schwer überwachbares System, auf Folien und Klebebänder.

Diese Backup-Funktion kann eine Zellulose-Einblasdämmung leisten. Die Zelluloseflocken werden mit der sog. "setzungssicheren Verdichtung" von meist 45 bis 50 kg/m³ eingeblasen, was vollkommen ausreicht, um die bei Konvektion üblichen Luftströmungen auf ein schadensfreies Maß zu reduzieren. Jede Kontur, alle Fugen und Spalten werden verfüllt, Dampfsperren oder -bremsen erfüllen ihre Aufgabe als flächiger Dampfwiderstand, aber nicht mehr notwendigerweise als "Luftdichtung". Nicht nur der Blower-Door-Test verliert seinen Schrecken, sondern auch die jahrzehntelange Nachhaltigkeit der Wind- und Luftdichtung ist gegeben.

3.3 Sorptivität

Für die eingangs aufgestellte Behauptung "Saugfähige Dämmstoffe ermöglichen Dämmlösungen, die mit Mineralwolle gravierende Schäden hervorrufen würden", muss zunächst geklärt werden, warum das ein Vorteil sein soll. "Saugfähigkeit" verbindet man eher mit einem vollgesogenen Schwamm, und tatsächlich, bei größeren Undichtigkeiten im Dach kann sich schnell ein ganzes Sparrenfeld voll Zellulosedämmung vollsaugen wie ein Schwamm und muss ausgebaut werden. Der durchnässte Bereich wäre bei einer Glas- oder Steinwollmatte möglicherweise kleiner, jedenfalls wenn der Wassereintritt eher im unteren Bereich des Sparrenfeldes ist, müsste aber ebenfalls ausgebaut werden. Da sich die Kosten für Anfahrt, Gerüststellung, Dachöffnung etc. nicht unterscheiden, ob nun 2 oder 6 m² Dämmung ausgebaut werden müssen, gibt es keinen nennenswerten Unterschied bei der Schadensbeseitigung mit Mineralwollmatten oder mit eingeblasener Zellulose. Aber "große" Wassereinbrüche in Dächern sind die Ausnahme.

Der Vorteil der Sorptivität liegt darin, dass begrenzte Wassermengen von ihrem Entstehungsort (dem Taupunkt) weggesogen und verteilt werden. Verbindet man mit dem Begriff "saugen" intuitiv einen eher "konzentrierenden" Vorgang, ist der hier eher zutreffende Begriff des Löschblatteffektes ein Prozess der **"Dekonzentration"**. Lokal entstehende Kondensfeuchtigkeit wird auseinandergezogen. Die Bindung der Wassermoleküle an die Porenoberfläche nimmt mit zunehmender Befeuchtung ab, d.h. Wasser haftet an feuchter Zellulose schlechter als an trockener [3], trockene Zellulose saugt daher besser als feuchte.

Wenn die weggesogene Feuchtigkeit in der Warmzone ankommt, sinkt die Feuchtedifferenz zur Innenraumluft und die Feuchtediffusion aus der Innenraumluft in die Dämmschicht verlangsamt sich, bis sie bei gleicher Feuchte (der "Ausgleichsfeuchte") zum Erliegen kommt. Durch die Saugfähigkeit und den Rücktransport des Wassers in Richtung Warmseite kommt es also zu einer Art Signalfunktion, ein selbstregulierendes Gleichgewicht stellt sich ein. Aus diesem Grund funktionieren viele Konstruktionen auch ohne Dampfbremse, wenn man wirklich hohlraumfrei und setzungssicher mit Zelluloseflocken gedämmt hat.

Dieses selbstregulierende Gleichgewicht hilft bei der Dämmung von Bauteilen, in die man nur mit großem Aufwand eine Dampfbremse einziehen könnte, bei Bauteilen mit historisch gewachsenem, in seinen Einzelheiten unbekanntem Schichtenaufbau, und bei der Dämmung von Dächern ohne Unterspannbahn direkt gegen die Dachziegel.

Mit dem Einbau fest installierter Feuchtemesspunkte kann es dem Eigentümer ermöglicht werden, die Dichtheit seines Daches selbst zu überwachen. In einem Fall mit einer später aufgetretenen lokal begrenzten Undichtheit der Pappdachdeckung in einem Sparrenfeld konnte beobachtet werden, wie die gemessene Feuchtigkeit im Beobachtungszeitraum von "max." auf 20 % sank, alleine aufgrund der Verteilung im Sparrenfeld. Bei allen uns bekannten Pappdächern ohne Dampfbremse, mit Zellulosedämmung und vorher installierten Feuchtemesspunkten, wurden nie Feuchtewerte über 15 % gemessen. Gleichwohl bewegen sich diese Konstruktionen weit außerhalb der "Allgemein anerkannten Regeln der Technik".

Abbildung 2: Feuchtemeßpunkte, vor dem Einblasen von Dämmung zum dauerhaften Verbleib einzubauend

4 Winterlicher Wärmeschutz

Mineralwolle hat mit ca. 0,035 W/(m·K) einen etwas höheren (besseren) Wärmewiderstand als Naturdämmstoffe wie Zellulose und Holzfaserdämmstoffe (0,040 W/(m·K)). Andererseits ist eingeblasene Zellulose, wie zuvor ausgeführt, weniger windempfindlich. Durch Wind eingebrachte Kaltluft wird in der Bemessung der Wärmeleitfähigkeit der Dämmstoffe nicht berücksichtigt. Je nach lokalem Windaufkommen und Dichtheit der Unterdecksysteme eines Daches ist also bei Mineralwolle mit einer Lücke zwischen Laborwert und wirklichem Dämmwert zu rechnen.

Im Altbau und damit auch bei der Denkmalsanierung sind Hohlräume von ca. 6 bis 16 cm, höchstens 18 cm Stärke, üblich. Die EnEV fordert z.B. für Dächer einen U-Wert von 0,24 W/(m²·K), was bei einer Zellulosedämmung mit 0,040 W/(m·K) und unter Einberechnung der Wärmeleitung durch die Sparren eine Dämmstärke von ca. 18 bis 20 cm erfordert. Eine 6-cm-Dämmschicht mag auf dem Papier gegenüber den geforderten 18 cm sehr insuffizient aussehen, ist es aber nicht. Mit wachsender Dämmstärke nimmt der Zusatznutzen ab – das physikalische Gesetz vom "abnehmenden Grenznutzen". Jeder zusätzliche Zentimeter bringt weniger als der vorherige. Das mag folgende Tabelle verdeutlichen:

Tabelle 3: Mit der Dämmstärke abnehmender Zusatznutzen

Dämmstärke mit 0,040 W/(m·K)	U-Wert in W/(m²·K)	Verbesserung um
0 cm (Urzustand)	0,9 bis 3	
6 cm	0,45	0,45 bis 2,55
12 cm	0,29	0,16
18 cm	0,24	0,05

Vielleicht auch aus diesem Grund gibt es **zwei Ausnahmetatbestände in der EnEV:**

- Denkmalschutz (§ 16 Abs. 4, § 24 Abs. 1 EnEV)
- "Einblasdämmprivileg" der EnEV: es genügt, wenn ein bestehender Hohlraum vollständig mit Dämmstoff ausgefüllt wird (Anlage 3 zu §§ 8 bis 10 der EnEV 2014, Ziff. 1 Satz 4 und 5 für Außenwände, Ziff. 4 Satz 6 zweiter Halbsatz für Dächer und oberste Geschoßdecken, Ziff. 5 Satz 5 für Kellerdecken).

5 Sommerlicher Wärmeschutz

Wärmewiderstand ist Wärmewiderstand, ob nun außen wärmer als innen oder umgekehrt, sollte doch egal sein, oder? Ja und nein. Ja, weil der Wärmewiderstand tatsächlich im Sommer genau so funktioniert wie im Winter, nur in entgegengesetzter Richtung. Nein, weil die Wohnräume im Winter aktiv beheizt werden und dies mit dem Lebensrhythmus der Bewohner koordiniert werden kann. Im Sommer kann man ohne Kühltechnik die Tageszeiten, wann die Mittagshitze von der Dachaußenhaut durch die Dämmschicht an die Innenseite durchgedrungen ist (die sog. "Phasenverschiebung"), nicht aktiv steuern. Man kann sie aber gestalten. Bei "dicken" Dämmschichten von 20 – 30 cm sind die Phasenamplituden so schwach, dass die Phasenverschiebung nicht mehr spürbar ist. Bei dünnen Dämmschichten jedoch, wie man sie hinnimmt wenn man einen vorhandenen Zwischensparrenhohlraum verfüllt, wirkt sich die Masse der Dämmschicht zusätzlich auf die Phasenverschiebung aus. Bei einer 24 cm-Dämmschicht beträgt die Phasenamplitude immer noch ca. 12 °C (Glaswolle) bzw. 5 °C (Zellulose), und der Zeitpunkt, an dem die Mittagshitze an der Innenseite ankommt, liegt bei Glaswolle bei 20 Uhr und bei Zellulose bei 01 Uhr.

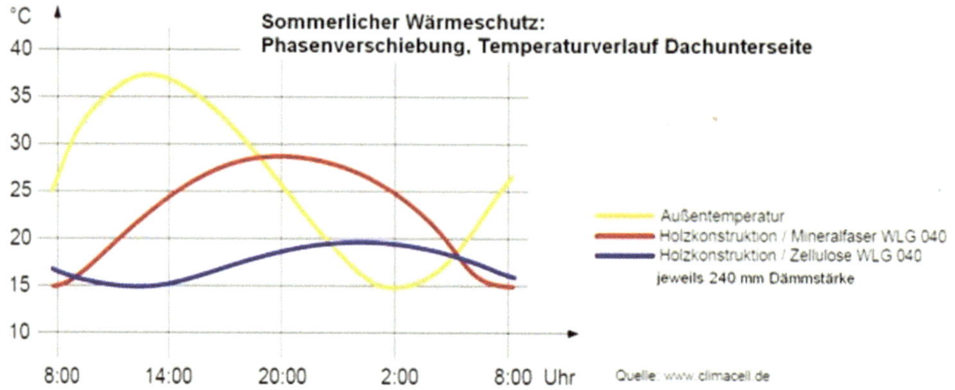

Abbildung 3: Sommerlicher Wärmeschutz, Vergleich Mineralfaser und Zellulose

6 Schallschutz

Gegen Luftschall wird klassischerweise "Masse" empfohlen. Bei zerklüfteten Masseschichten jedoch, wie z.B. Bauschutt, Lehmwickeln oder Schotter, kommt es zum sog. "Schlüssellocheffekt", d.h. der Schall kann ungehindert durchdringen und das schwächste Glied bestimmt das Ergebnis.

Bei Holzbalkendecken ist daher die erste Maßnahme das Verfüllen der Hohlräume mit einer Zellulose-Einblasdämmung: zum einen aus Kostengründen, zum anderen weil die Masseschicht erfahrungsgemäß nie fehlerfrei ist. Die Dämmung gegen Luftschall ist schon bei 5 cm Schichtdicke spürbar. Grund ist die hohe Faserdichte und die Struktur der Dämmschicht, die den Schall beim Durchdringen zu ständigen Richtungsänderungen zwingt (der sog. "längenspezifische Strömungswiderstand"), wobei er auf wenigen Zentimetern viel Energie verliert.

Die Zellulose liegt mit 45 kg/m² im Balkenfeld und füllt, konturfolgend, jeden Ritz und jede Unebenheit hohlraumfrei aus. Da das Ausgangsmaterial bei der leichteren Glaswollmatte schwerer ist als das Ausgangsmaterial der Zellulose (Reindichte von Glas: ca. 2,5 g/cm³; Reindichte von Zellulose: ca. 1,5 g/cm³), muss die leichtere Zellulosefaser also noch dichter im Gefüge sein als die Glasfaser, also nicht 3-fach, sondern 4- bis 5-fach dichter.

7 Besondere Anwendungsbeispiele

Die Standardanwendungen als Zwischensparrendämmung mit einer PU- oder Weichfaser-platte oder Unterspannbahn als äußerer Begrenzungsschicht und einer Dampfbremsfolie oder OSB-Platte als innerer Begrenzung dürfte bekannt sein, ihre Vorzüge wurden hier bereits beschrieben, wie auch die der Geschoßdeckendämmung.

7.1 Innendämmung

Außenwände, die aus den verschiedensten Gründen von innen gedämmt werden sollen, werden von innen nicht mehr beheizt, trocknen daher an der Außenseite schlechter ab und bekommen von innen auch noch ein Tauwasserproblem. Eine vorherrschende, aber sehr teure Standardlösung besteht darin, die Wände innenseitig mit Putz oder Lehm zu begradi-gen und dann mit Calciumsilikatplatten zu bekleben. Nicht selten erreichen die Kosten dabei 160 bis 180 €/m². Ob sich unter den geraden und starren Platten nicht doch noch irgendwelche Hohlräume befinden, kann niemand überprüfen.

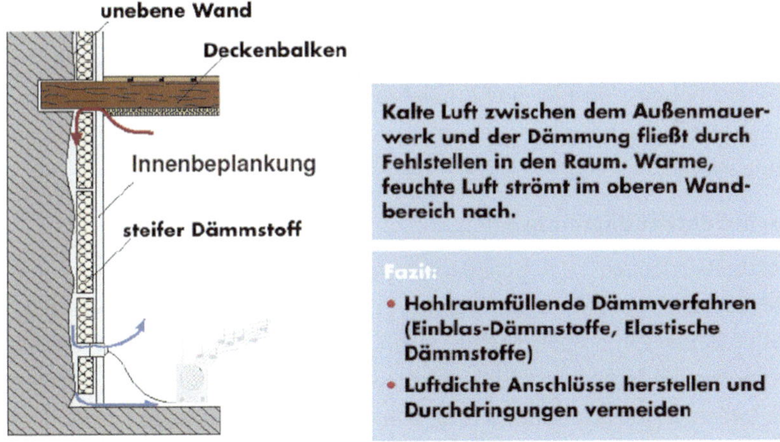

Abbildung 4: Hinterströmte Innenwanddämmung

Eine andere Lösung besteht darin, eine Vorsatzschale mit ca. 10 cm Abstand vor die Wände zu stellen und hohlraumfrei mit Zellulosedämmung zu verfüllen. Der im Abschnitt "Sorpti-vität" beschriebene Rücktransport von Feuchtigkeit zur Warmseite ist auch Grundlage der hier wiedergegebenen Grafik. Mit der Vorsatzschale sind die Wände zugleich begradigt, der teure Egalisierungsputz entfällt, und auch eine Installationsebene ist nicht erforderlich. Verwendet man statt der ersten Gipskarton-Beplankung eine 12 mm starke OSB-Platte, kann die zweite Lage (Gips) "frei" geschraubt werden, d.h. man ist nicht an den Ständerabstand von 625 mm gebunden. Die OSB-Platte fungiert zugleich als Dampfbremse.

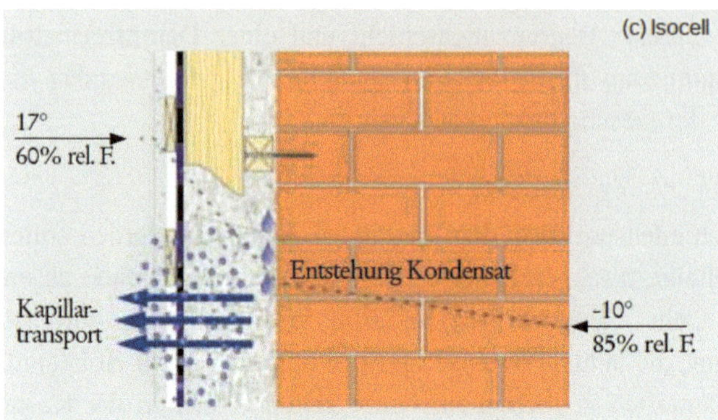

Abbildung 5: Dynamisches Gleichgewicht bei einer Zellulose-Innendämmung

"Verschärft" sind die Anforderungen bei einer Fachwerkaußenwand. Das Holz der Fachwerkbalken ist feuchteempfindlicher als Mauerwerk, und durch Quell- und Schwindbewegungen kommt es häufiger zu Rissen und Spalten, durch die Schlagregen eindringen kann. Von außen sollten diese Risse mit einer Lehmpaste verschlossen werden, die es im 600-ml-Beutel zum Auspressen gibt. Des Weiteren sollte ein möglichst großer Dachüberstand die Fassade vor Schlagregen schützen. An der Innenseite der Außenwand muss eine durchgehende Putzschicht Holz und Mauerwerk überbrücken, um einen flüssigen Wassereintrag zu unterbinden. Folien sind hier nicht angebracht, weil sich hier Wasser sammeln würde. An der Innenbeplankung muss eine feuchtevariable Dampfbremsfolie für eine maximale Rücktrocknung sorgen.

7.2 Geschoßdeckendämmung

Bei Holzbalkendecken sind Schallschutz, sommerlicher Wärmeschutz bei obersten Geschoßdecken und Schutz gegen Wärmeverlust bei oberen Geschoßdecken, Flachdächern und Kellerdecken ein großes Thema, wenn Altbauten für moderne Ansprüche hergerichtet werden sollen. Zwischen den Balken können die Hohlräume im Einblasverfahren verfüllt werden, und zwar je nach Anforderung von oben, von unten, oder von der Seite.

Abbildung 6: Zugangsmöglichkeiten bei der Geschoßdeckendämmung: von oben durch die Dielung.

Zwei weitere Zugangsmöglichkeiten bei der Geschoßdeckendämmung: von außen durch die Füllgefache (oben) und durch das Dach (unten).

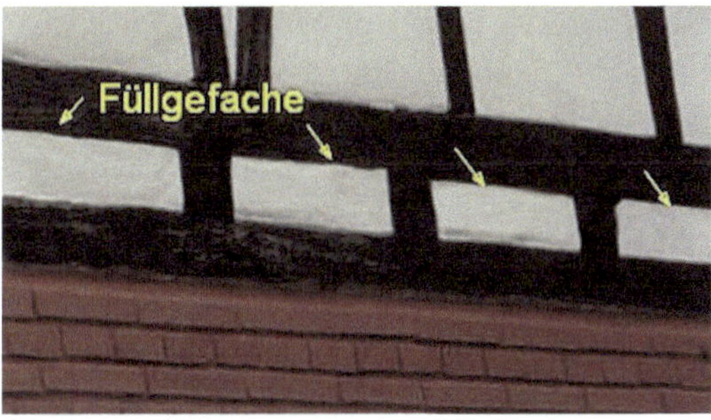

Abbildung 7: Zugangsmöglichkeiten bei der Geschoßdeckendämmung von außen: durch die Füllgefache (links) und durch das Dach (rechts)

7.3 Wagnerdach

Eine intakte Deckung, mit authentischer Patina, und dahinter Luft, dann folgt der Innenausbau mit Latten, Strohlehm oder HWL-Platten und Putz. Eine Dämmung erfordert eigentlich eine Unterspannbahn, und das würde eine Neueindeckung bedeuten.

In flagrantem Verstoß gegen alle Fachregeln gibt es die Möglichkeit, direkt gegen die Dachziegel zu flocken, das bei Isofloc so genannte Wagnerdach. Vorteil: kein Raumverlust durch Luftschichten, extrem günstiges Sanierungsverfahren, keine Störung der Bewohner, sofort spürbarer Erfolg beim sommerlichen wie winterlichen Wärmeschutz. Und die Trockenhaltung? Keine Konvektion von feuchtwarmer Innenluft in die Dämmschicht mehr, keine Einströmung tauwasserhaltiger Außenluft in den Morgenstunden von außen. Nur Diffusion und das Prinzip der Ausgleichsfeuchte. Die Wassermoleküle wandern von nass zu trocken. Voraussetzung ist logischerweise, dass das Dach nicht nur regendicht ist, sondern auch, dass es an der Außenseite trocknen kann. Ausschlußmerkmale für ein Wagnerdach sind z.B. ein dichter, das Dach überschattender Baumbestand, unsichere Blechkehlen (von innen auf Wasserspuren prüfen), lose Firststeine und herausgebröckelte Vermörtelungen (von innen am Lichteinfall erkennbar).

Abbildung 8: Ein ideales Wagnerdach – starkes Gefälle, keine Kehlen, passgenaue Deckung.

Der Verstoß gegen die Fachregeln muss dem Kunden offengelegt und dies vom Kunden schriftlich bestätigt werden. Gleichwohl sollte vom Betrieb die Gewährleistung für mindestens 5 Jahre gefordert werden, da er in der Lage sein muss, die Dichtheit des Daches einschätzen zu können.

Liegen die Voraussetzungen für ein Wagnerdach nicht vor, kann feldweise eine Unterspannbahn zwischen die Sparren eingezogen werden, einschließlich sog. "fliegender Konterlatten" für den Wasserablauf. Damit werden einerseits die Flocken daran gehindert, zwischen den Ziegelfalzen herauszuquellen und Regenwasser aufzusaugen, und gleichzeitig wird eine zweite wasserführende Ebene geschaffen, die einen Großteil eventuell eindringenden Regenwassers in den Traufkasten abführt, und damit ist es streng genommen auch kein "Wagnerdach" mehr.

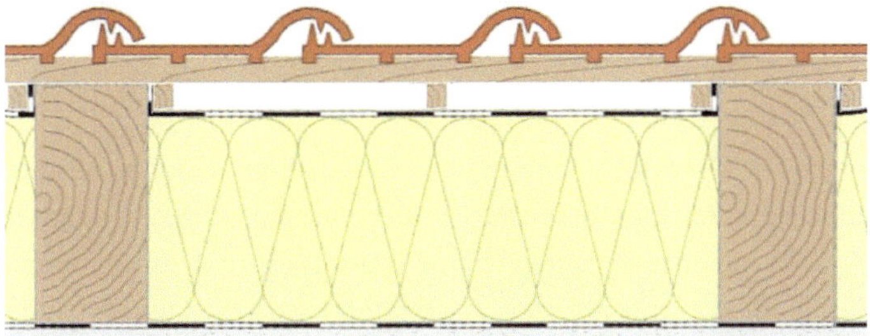

Abbildung 9: nachträglich feldweise eingezogene Unterspannbahnen

7.4 Reetdach

Reetdachhalme leiten das Regenwasser durch Adhäsion und Schwerkraft nach unten ab. Das Prinzip, das den "letzten Tropfen" an einer Kanne herunterlaufen läßt, hält hier die tieferen Reetschichten trocken. Allerdings ist Reet so winddurchlässig wie kein anderes Dachmaterial. Diese Winddurchlässigkeit braucht es auch zur Trockenhaltung. Damit ist auch klar, dass das Reet absolut keine Dämmwirkung haben kann, mag es noch so sehr danach aussehen.

Bei einem Dachausbau fehlt an der Dachinnenseite diese Hinterlüftungsschicht. Die äußeren Reetschichten sind genauso gut durchlüftet wie vorher, aber die inneren Schichten sind infolge geringer Luftbewegungen und Konvektion feuchtwarmer Innenluft feuchtegefährdet. Wir flocken von innen direkt gegen das Reet und erreichen zweierlei: es kann sich kein Tauwasser an den Halmen niederschlagen und es kann auch keine Innenluft nach außen dringen und Wasser an den Halmen ablagern.

Abbildung 10: Direkt beflocktes Reetdach

8 Fazit

Dämmung im Allgemeinen wird im Denkmalschutz oft als notwendiges Übel angesehen. Zellulosedämmung im Besonderen steckt im Bewusstsein der meisten Akteure überwiegend in der Öko-Schublade, während ihre feuchtepuffernde Wirkung und die baulichen Möglichkeiten, die sich dadurch für die energetische Aufwertung von Bestandsgebäuden eröffnen, kaum bekannt sind. Das fehlende Interesse der Mineralwoll- und Kunststoffindustrie an der feuchtepuffernden Wirkung sorptiver Dämmstoffe liegt auf der Hand und ist ihnen nicht zu verübeln. Es ist nicht ihre Aufgabe. Dass die Fachregeln entsprechend nur auf Belüftung, Folien und Klebebänder bauen, ist dann zwar erklärlich, man sollte sich damit aber nicht für alle Zeit abfinden.

Abweichungen von den üblichen Fachregeln, wie z.B. beim Wagnerdach und bei der Zwischensparrendämmung ohne Dampfbremse, dürfen nicht unreflektiert mit einem pauschalen Tabu versehen werden. Stattdessen muss der Eigentümer aufgeklärt werden und dieser dann – im eigenen Interesse – die Planer und den ausführenden Einblasdämmbetrieb vom Damoklesschwert der Mängelrüge wegen regelwidrigen Aufbaus befreien. Es geht nicht darum, sich aus der Haftung zu stehlen – Einblasdämmbetriebe, die ihr Gewerk verstehen, übernehmen sie. Ohne Aufklärung und ausdrückliches „OK" des Eigentümers/ Auftraggebers könnte dieser jedoch nach erfolgter Dämmung die Zahlung verweigern, und da findet die Budgetschonung des Eigentümers aus Sicht des Einblasdämmers seine Grenzen.

Die Verantwortung für die Sanierung liegt bei den Eigentümern und den von ihnen beauftragten Sanierern, für den Denkmalschutz liegt sie bei den Denkmalschützern, und nicht bei den Herstellern von Mineralwolle, Polystyrol, Folien und Klebebändern. Mehr Mut zu eigenständigem Denken und nicht unbedingt mehr, aber eine breiter gefächerte Weiterbildung z.B. über Fachmedien des Holzbaus würden der Denkmalsanierung, den Budgets der Eigentümer und der Energiewende einen großen Dienst erweisen.

9 Danksagungen

Mein Dank gilt meinen gewerblichen Mitarbeitern, vor allem Ramon Bahls, Roland Daneluk und Falko Bunde, für ihre kontinuierliche und von innerer Überzeugung getriebene Arbeit, die sie stets fotografisch dokumentiert haben. Viele der hier verwandten Fotos stammen von ihnen.

Unserem Bauingenieur im Büro, Herrn Hartmut Wagner und unserer Büroleiterin Frau Tina Zimmer ist zu danken, weil sie sich (fast) unersetzlich gemacht haben, indem sie **mich** im Tagesgeschäft ersetzlich gemacht haben und mir den Rücken freihalten, damit ich mich um Fortbildung, Medien und Unternehmensentwicklung kümmern kann.

10 Literatur

[1]   Borsch-Laaks, R.: *Außen dampfdicht – innen was tun?* Holzbau Quadriga, Nr. 1/2015.

[2]   Künzel, H; Großkinsky, T.: *Nicht belüftet, voll gedämmt. Die beste Lösung für das Satteldach. Wissenschaftlich gesicherte Untersuchungsergebnisse lassen an der bisherigen Belüftungsphilosophie zweifeln.* Zeitschrift Bauen mit Holz, Nr. 6/90, 1990, S. 442-448.

[3]   Gertis, K.; Schmidt, T.: *Zur Ermittlung der Sorptionsenthalpie von Baustoffen.* Zeitschrift "Bauphysik", Stuttgart: Fraunhofer-Institut für Bauphysik IBP, 2015, S. 71-80.

Mauerwerk und Glas – wie gut geht das!

Ein Beitrag zur Fenstererneuerung im Bestand des Wohnungsbaus

Dr. Astrid Holz[1]

[1] Architekturbüro Dr. Astrid Holz, Muhliusstr. 70, 24103 Kiel

Kurzer Überblick

Mauerwerk und Glas sind sehr alte Baustoffe, die aus natürlichen Grundstoffen hergestellt werden können. Bis heute hat sich an den Verfahren selbst im Grunde nichts geändert. Der „Ziegler" und der „Glaser" musste sich an die hohen technischen Anforderungen im Baubereich anpassen können. Während die Ziegelindustrie und der Bautischler als Fensterspezialist vor allem im Bau von Holzfenstern an vielen Orten im regionalen Handwerk vertreten sind, reduziert sich die Herstellung von Flachglas auf wenige große, international agierende Konzerne. Mit dem Endprodukt werden Kunststofffenster und Holzfenster gleichermaßen bestückt. Farbe und Form, regionale Besonderheiten und alte Bauformen können – nolens volens – mit der politisch gewollten, flächendeckend energetischen Ertüchtigung von Fenstern schnell verloren gehen. Dabei ist es leicht, den Duktus einer Fassade zu erhalten, wenn das Prinzip des Bauens mit Mauerwerk und Glas vom Grundsatz her weitergeführt werden kann.

Ganz „en passant" soll der Beitrag auch auf die Bedeutung der regionalen Baukultur hinweisen.

Schlagwörter: Mauerwerk, Fenstererneuerung, Nachhaltigkeit, Materialgerechtigkeit, regionale Baukultur, Handwerk, Wohnungsbaubestand

Abbildung 1: Historische Fenster nach der Erneuerung in Schleswig-Holstein. „Stock und Stecken" wird die Zweifarbigkeit von Fenstern und Rahmen genannt.

Denkmal und Energie 2017. Herausgegeben von Bernhard Weller, Sebastian Horn.

1 Einführung

Am Anfang steht das Material. Durch die Provenienz und die Art und Weise der Herstellung erhält ein Baustoff den ersten regional-typischen Bezug. Darüber hinaus prägen bestimmte handwerkliche Eigenheiten die Verwendungsmöglichkeiten, die historisch gewachsen sind und sich immer in der Praxis bewähren mussten. Mauerwerk und Glas sind regional-typische Baustoffe. In beiden Fällen ist der Grundbaustoff in der natürlichen Umgebung als Sedimentablagerung vorhanden.

Glas entsteht aus Sand und Kalziumsilikat unter der Beimengung von Soda bei großer Hitze. Es verbindet sich mit dem Sauerstoff der Luft oder des Atems, wenn die Form mundgeblasen wird. Für flache Fensterbahnen wird das Glas mehrfach gezogen, um den Sauerstoff zu binden und/oder dann erst gepresst. Historische Glasbläsereien produzieren vor allem noch in Freilichtmuseen und im touristischen Bereich.

Abbildung 2: Glasbläserei auf Fanoe (Dänemark) mit Brennofen und Kleinstmanufaktur für die Herstellung von mundgeblasenem Glas

Mauerwerk besteht in seiner Urform aus dem Lehm der Umgebung und wird in modulierten Formen an der Luft getrocknet und dann unter Beimengung von Torf, Schlacke oder anderen Zuschlagsstoffen und eigens dafür gebauten Öfen gebrannt. Die unterschiedlichen Farben sind in der Zusammensetzung des Grundstoffs Lehm begründet. Je höher der Eisenoxidanteil desto röter wird der Stein. So kann man an der Steinfarbe auch die Herkunft eines gebrannten Mauersteins erkennen. Die mehrfache Verwendung ist möglich.

Abbildung 3: Gebrauchte Mauersteine im Freien gelagert für die etwaige Zweitverwendung auf Fanoe (Dänemark)

2 Kurzer historischer Abriss

2.1 Fenster und Glas

Die ersten Fensteröffnungen mit durchsichtigen Glasscheiben sind aus der Zeit der Renaissance überliefert. Die ersten nachgewiesenen Fenster mit Bleiverglasung in Lübeck z.B. kamen aus den Niederlanden. Nur äußerst selten sind diese noch im baulichen Bestand erhalten. Zu sehen sind sie manchmal als Nachbau in historischen Gebäuden oder in bildlichen Darstellungen in den Gemälden der Renaissance.

Abbildung 4: Historische Renaissancefenster in der Altstadt von Lauenburg an der Elbe aus dem „lübschen" Einzugsbereich

Die technischen Voraussetzungen ließen nur sehr kleine Fensterscheiben zu. Deshalb wurden selbst relativ kleine Flügelscheiben nochmals mit dünnen Sprossen unterteilt. Tatsächlich waren die ersten Glasscheiben mundgeblasen. Deren meist grünliche Einfärbung entstand durch Verunreinigung der Grundstoffe. Die Bläschenbildung entsteht durch kleinere Lufteinschlüsse. Auch haben diese Scheiben keine ganz plane Oberfläche, so dass sich das Spiegelbild des Betrachters genauso verzerrt wie der gradlinige Durchblick durch die immer etwas unregelmäßigen Fensterscheiben.

Mit der Zeit wurden die Glasscheiben größer und die Öffnungstechnik für die Fensterflügel wurde ausgefeilter. Die Formate der Fensteröffnungen wurden hochrechteckig und die Fenster waren weit zu öffnen.

Abbildung 5: Historische Fenster im Barock am Warleberger Hof in Kiel, heute als Stadtmuseum genutzt

Erst nach und nach erlaubt die Weiterentwicklung in der Glasherstellung größere Fensterscheiben. Trotzdem wurden noch im 19. Jahrhundert die Fensteröffnungen mehrfach unterteilt. Meist war die Fensteröffnung hochrechteckig angelegt und wurde im oberen Drittel durch ein quer eingebrachtes Kämpferholz unterteilt. Die beiden darunter eingebauten Fensterflügel waren beide als Drehflügel nach innen zu öffnen. Aber auch hier gibt es regionale Unterschiede. In den windreichen Küstenländern waren auch die unteren Fenster oft nach außen zu öffnen, so dass bei Sturm der Wind die Flügel an die Rahmen drückte. So entsteht sozusagen auf ganz natürlichem Weg so etwas wie „Winddichtigkeit".

Abbildung 6: Historisches Fenster aus dem 19. Jh. – noch im Originalzustand aus der Südstadt von Kiel

Horizontale Scheibenformate deuten auf eine Entstehung in den 1920er Jahren hin. Drehkippfenster entstanden erst nach dem zweiten Weltkrieg. Für die Fensterbeschläge gibt es zudem ganz bestimmte regionale Eigenheiten und Provenienzen. Das „Bremer Ruder" z.B. ist ein Schließsystem, bei dem zwei Fensterflügel mit ausgerundeter Nut und Falz durch einen Drehmechanismus, der mit einem kleinen profilierten Hebel mit Knopf händisch aktiviert wird, bei jedem Schließen „dicht" zusammengedrückt werden, obwohl beide Fensterflügel nach innen aufschlagen. „Dicht" kann hier natürlich nicht als Synonym zu unserem heute verwendeten „luftdicht" verwendet werden. Aber immerhin wurde der Fensterverschluss durch das „Bremer Ruder" so dicht, dass die Fenster im Geschosswohnungsbau der Großstädte nun auch nach innen aufschlagen konnten. Für die Nutzer der Wohnungen war dies zwar von Nachteil, da kostbare Wohnfläche durch ein nach innen aufschlagendes Fenster verloren geht. Gehwegnutzer werden dann jedoch nicht durch geöffnete Fensterflügel eingeschränkt. In den oberen Geschossen müssen Flügel, die nach außen aufgehen auch dem entsprechenden Winddruck standhalten – und vielleicht sind das die Gründe, warum sich im Wohnungsbau nach innen gerichtete Fensterflügel durchgesetzt haben.

Abbildung 7: Kunststofffenster energetisch ertüchtigt nach historischem Vorbild aus dem 19. Jh. in Friedrichstadt

In den folgenden Jahrzehnten wurden die transparenten Flächen immer größer. Heute – im Jahr 2016 – befassen wir uns innerhalb eines Wärmeschutznachweises gemäß Energieeinsparverordnung (EnEV) auch regelmäßig mit dem sommerlichen Wärmeschutz, da sich durch die großen Fensterflächen, die heute eingebaut werden, die Räume allein durch die Sonneneinstrahlung enorm aufheizen können. Die Kühlung fällt dann als Energielast genauso ins Gewicht wie die zu berechnende Heizlast. Der sommerliche Wärmeschutz ist demnach fest in der Planung zu verankern.

Darüber hinaus ist noch eine Reihe von zusätzlichen bautechnischen Anforderungen hinzugekommen. Ein Fenster hat luftdicht zu sein. Es muss einen bestimmten, rechnerisch ermittelten U_W-Wert (als technisch konfektionierte Angabe der Summe aller Bauteile eines Fensters für die Berechnung des Transmissionswärmeverlustes) haben und im Idealfall muss es auch noch an der richtigen Stelle bei Bedarf die durch den dichten Einbau hergestellte Fugendichtigkeit wieder ein Stück weit aufheben. Es braucht also auch ein dementsprechendes Lüftungskonzept. Sprich – wer heutzutage ein Fenster erneuern möchte, benötigt die energetische Gesamtsicht eines Gebäudes, eine thermische Berechnung, die Nachweisführung nach EnEV unter Berücksichtigung des sommerlichen Wärmeschutzes und ein definiertes Lüftungskonzept und schon hat er ein neues Fenster eingebaut.

Abbildung 8: Barockes Fenster über historischem „Bullenstall" in der Nähe von Großhansdorf in Schleswig-Holstein, in der Wohnung über dem Stall. Hier wohnte der Knecht, der den Bullen der Allmende zu versorgen und zu beaufsichtigen hatte.

Fenster sind unerlässlich für die erforderliche Wohnhygiene. Damit die Menschen gesund bleiben können, sind beide Funktionen – natürlich Belichten und Belüften – gleichermaßen von Bedeutung. Die moderne Idee eines Wohnens ohne frische Luft, die durch das geöffnete Fenster durch die Wohnung streicht, ist für viele Nutzer schwer annehmbar.

Der erforderliche Mindestluftwechsel ist abhängig von der Raumhöhe und der Dichtigkeit eines Gebäudes. Unzureichend belüftete Räume werden hinter Schränken und in den gefährdeten Raumecken dauerhaft feucht. So entsteht Schimmelgefahr, die nur durch Lüftung (relative Raumfeuchte < 50 %) und regelmäßige Mindesterwärmung (Raumtemperatur > 12,6 °C überall) vermieden werden kann. Ein Fenster ist heute ein Hightech-Produkt geworden und hat nichts mehr mit dem ursprünglichen Öffnungsverschluss gemein.

Wie wollen wir wohnen? So lautet die Frage die gleichbedeutend zu allen Anstrengungen für die Erlangung von Klimaneutralität im Jahr 2050 immer wieder gestellt werden muss!

Abbildung 9: Kunststofffenster als Sprossenfenster mit außen aufgelegten Sprossen nach energetischer Erneuerung in Kronshagen bei Kiel

2.2 Mauerwerk

Ein Mauerstein oder „Backstein" ist ein Produkt aus Tonerde, das erst durch den Brennvorgang seine enorme Festigkeit erreicht. Bereits die Römer verwendeten ähnlich große, an der Luft getrocknete, modulierte Steine, die sehr flach und relativ lang z.B. am Kolosseum im Verbund vermauert wurden. Der Mauerstein ist ein sehr alter, traditionell modulierter Baustoff mit bestimmter Provenienz. Das flache römische Format aus dem heutigen Italien wird auch für andere Regionen verwendet. Das große und klobige Klosterformat ist typisch für den Kirchen-, Burgen- und Schlossbau des Mittelalters in Norddeutschland im Bereich der Hanse und der Ostseeanrainerstaaten. Am bekanntesten ist wohl die preußische Marienburg im heutigen Polen.

Abbildung 10: Das Mauerwerk der Grabung der Villa Rustica aus Ahrweiler soll auf die 1. und 2. Hälfte des 3. Jh. zurückgehen. Hier wurden bereits Fensteröffnungen mit Holzrahmen in einer Öffnungsbreite von 2,70 m entdeckt.

Die Mauerwerksoberflächen erhalten, bedingt durch das verwendete Ursprungsmaterial, die Art und Weise des Brandes und zum Schluss durch den handwerklichen Einbau, ihre ganz typischen Texturen. Die kleinteilig strukturierten Oberflächen verhalten sich sehr verschieden zum Licht. Sie sind vielfältig in Farbe und Form und wurden und werden durch besondere Formsteine ergänzt.

Abbildung 11: Die gebrannten Oberflächen sind diffusionsoffen und können Wärme speichern und Feuchtigkeit aufnehmen, Ringköping (Dänemark)

Darüber hinaus verfügt eine mit Verblendsteinen – so lautet der technische Begriff heute – gemauerte Fassade über Eigenschaften, die bei der in Städten zu erwartenden Klimaanpassung ausgleichen helfen können. Ein gemauerter Stein hat die Eigenschaft Wärme und Feuchtigkeit zu speichern. Die Hitze eines Sommertages wird so etwas kompensiert. Nachts wird die im Mauerwerk gespeicherte Wärme nach und nach wieder abgestrahlt. Ähnlich verhält es sich mit dem Schlagregenschutz. Nicht die gesamte Regenmenge, die bei Starkregen auf eine Fassade trifft, läuft an dieser herunter. Ein gemauerter Stein hat eine gemittelte Eindringtiefe von ca. zehn Zentimetern, so dass ein Teil des anfallenden Regenwassers von einer mit halben Steinen gemauerten Fassade aufgenommen werden kann. Nach und nach wird das so gespeicherte Wasser nach dem Regenguss wieder an die Umgebung abgegeben. Kein Riemchenklinker kann diese Funktionen ersetzen.

3 Zusammenwirken im Wohnungsbau

3.1 Lochfassade

Der Ausdruck der Fassade eines mit einzelnen Steinen, fest gebauten Hauses wird durch das Verhältnis der Wandflächen im Wechsel mit transparenten Fensteröffnungen bestimmt.

Die Oberflächen dieser Baustoffe sehen nicht nur unterschiedlich aus. Sie fühlen sich auch gänzlich verschieden an und sind mit unterschiedlichen Konnotationen belegt. Mauern aus Stein sind synonym zu stabil, abweisend und wehrhaft gesetzt, während durchsichtiges Fensterglas einladend wirkt und zum Blick nach innen verleiten kann, wenn es denn nicht durch Beschichtungen undurchsichtig gemacht wird oder der Einblick durch Rollladen,

Jalousien, Gardinen etc. verhindert wird. Markisen und temporäre Sonnenschutzeinrichtungen, Vordächer und Vorbauten zum Schutz vor Regen sind zusätzliche Gestaltungselemente geworden und schützen gleichzeitig von der immer stärker werdenden Unbill des sich verändernden Klimas. Alles, was künftig zum Bauen von Wohnhäusern eingesetzt wird, muss also nachhaltig sein. In jedem Einzelfall ist jeder neue Baustoff auf Nachhaltigkeit zu prüfen. Dabei kann der Blick in die regionale Baugeschichte hilfreich sein. Denn das, was viele Jahrhunderte überdauerte, kann auch für die technisch immer weiter perfektionierte Zukunft sinnvoll sein.

Abbildung 12: Unterschiedliche Mauerwerksformate aus verschiedenen Erbauungszeiten an der Festungsanlage in Dömitz, Mecklenburg-Vorpommern

Wenn zum Beispiel in Norddeutschland gemauerte Steinfassaden im Wohnungsbau Jahrzehnte und sogar Jahrhunderte an Schlössern und Kirchen nahezu wartungsfrei überdauert haben und hoch gedämmte Fassaden schon nach wenigen Jahren schmutzig und unansehnlich werden, ist die Frage nach der Materialgerechtigkeit eines Baustoffes klar beantwortet. Der Fehler liegt im System, wenn wir die Häuser zusätzlich von außen dämmen. Hoch gedämmte Fassaden bleiben in der kalten Jahreszeit an der Oberfläche kalt, da die Verlustwärme von innen nach außen nahezu ausgeschlossen werden soll. Bei Dauerregen bleibt die Außenfläche dauerhaft feucht, wenn die glatte Außenhaut nicht über ausreichend Speicherfähigkeit für die anfallenden Regenmengen verfügt. Neben allen auflaufenden Problemen wie Brandschutz, Wärmeschutz und Schallschutz, die gelöst werden müssen, darf auch der Anspruch an die sich verändernde Gestaltung nicht zugunsten einer einseitigen Betrachtung nur im Hinblick auf den Wärmeschutz aufgegeben werden.

Nachhaltigkeit bezieht sich immer auch auf die regionaltypische Baukultur. Und so ist in jedem Einzelfall zu prüfen, welche Maßnahmen in der Gesamtheit zum Ziel führen.

Abbildung 13: Die Oberfläche eines gemauerten Steins verwittert. Die Fugen müssen regelmäßig erneuert werden.

Wohnungsbauten aus der Vergangenheit sind in der Mehrzahl als Massivbauten mit Lochfassaden bei unterschiedlich großen Fensteröffnungen im Bestand überliefert. Wohnräume haben größere Fenster. Nutzräume wie Küchen, Bäder, Flure und Treppenhäuser dagegen sind mit kleineren Öffnungen ausgestattet. Durch die Wandflächen mit Fenstern in bestimmten Größen und verschiedenen, konstruktiv oder funktional bedingten Unterteilungen wird die Fassade gegliedert. Alles zusammen, in ein ausgewogenes Verhältnis gerückt, bestimmt die architektonische Qualität eines Wohngebäudes.

3.2 Vorzugsgrößen und Module

Das älteste Modul, das wir kennen, sind Mauersteine. Das mehrfach verwendete Model, in dem der Stein historisch vorgeformt wurde, hat die sich immer wieder wiederholenden Abmessungen vorgegeben. Schon seit Jahrhunderten ist auch der Backstein ein industriell vorgefertigtes, seit dem ausgehenden 19. Jh. mit der Einführung des Preußischen Formats gleichermaßen auch „genormtes" Produkt, in den Abmessungen 11,5 cm für die Breite eines Kopfes und 24 cm für die Länge eines Steins. Für die Höhen gibt es mehrere Abstufungen. Es gibt das Normalformat, das Dünnformat und das Doppelformat für besonders hohe Steine. Alle Formate werden in wiederverwendbaren Modeln hergestellt.

Abbildung 14: Beispiel eines Holzmodels für den gebrannten Tonziegelstein hier im Museum der Festung Dömitz in Mecklenburg-Vorpommern. Acht Steine ergeben einen Meter. Mauerwerksbau ist eine der frühesten Formen des modularen Bauens.

Das Besondere ist, dass die Summe von acht Steinen mit einer ein Zentimeter starken Fuge einen Meter ergibt und dass auch die verschiedenen Höhenformate in den Lagen addiert, immer auf einen Meter ausgehen. Ein Mauerwerksbau muss also vor allem auch bezogen auf die Fensteröffnungen von den Architekten gut vorgedacht und geplant sein. Die einmal gebauten Fensteröffnungen sind unveränderbar. Wenn dann ein energetisch zu erneuerndes Fenster statt einer lediglich zwei Zentimeter starken Sprosse ein im Minimum fünf Zentimeter glasteilendes Profil erhält, verringert sich die Größe der Fensterscheibe entsprechend. Wenn die Sprosse nicht mehr glasteilend gebaut wird, sondern stattdessen nur aufgelegt oder zwischen die Scheiben eingelegt („Sprosse in Aspik") ist, verändert sich das Erscheinungsbild erheblich. Es gibt an dieser Stelle keine Vermittlung mehr zwischen historischer Bauweise und zeitgemäßer Adaption – nur die vollständige Aufgabe dessen, was überliefert wurde. Gleiches gilt für die Rahmen- und Flügelprofile.

Abbildung 15: links: Dänische Fenster mit nach außen aufschlagenden Flügeln interpretieren Baugeschichte zeitgemäß, Friedrichstadt; rechts: „Sprossen in Aspik" werden dünne, funktionslose Leisten genannt, die zwischen die Fensterscheiben „eingelegt" werden.

Aus zarten nur 4-6 cm dicken Profilen werden 8-10 cm starke Mehrkammerprofile, die Zwei- und Dreifachverglasungen mit den entsprechenden Luftschichten tragen müssen. Die Fensterrahmen müssen zur Aufnahme von notwendigen Laibungsdämmungen nach bauphysikalischer Erfordernis vier und mehr Zentimeter möglichst kapillar wirksame Dämmstoffe wie Kalziumsilikatplatten verkraften. Das macht sich in den Rahmenansichten erheblich bemerkbar.

Abbildung 16: Die innenseitige Dämmung mit Kalziumsilikatplatten erfordert die deutlich sichtbare Verbreiterung der Rahmenprofile. Glasteilende Sprossen verringern den Lichteinfall erheblich und sind als wärmebrückenrelevant in der technischen Berechnung nach EnEV mit einem Aufschlag zu versehen.

In den ERP-Bauten der 1950er Jahre gab es zum Beispiel im Jahr 1952 elf gängige Fensterformate. Diese so genannten „Vorzugsformate" dienten der Kostensenkung und Beschleunigung für die Errichtung der so dringend benötigten Wohnungen in der Nachkriegszeit.

Abbildung 17: Elementierung und/oder die Addition von gleichartigen Bauteilen muss nicht zwangsläufig zu Monotonie führen.

Im Jahr 2016 ermittelt eine repräsentative Auswertung der Arbeitsgemeinschaft für zeitgemäßes Bauen (Arge-SH) aus tausend Bauvorhaben für den Wohnungsbau in Schleswig-

Holstein und Hamburg der letzten zehn Jahre 77 gebräuchliche Formate. Kostenersparnis und moduliertes Bauen sieht anders aus. Allerdings schlägt sich diese Vielfalt der Formen nicht immer im gestalteten Umfeld nieder. Wohnungsbau der heutigen Zeit wird sich immer ähnlicher. Trotzdem spricht das enorme Angebot der Formen für Vielfalt und eher gegen Elementierung und Vereinheitlichung im Wohnungsbaubestand.

4 Mauerwerk und Glas

4.1 Einbau neuer Fenster

Bevor die konkrete Planung einer Fenstererneuerung anfängt, sollte ein energetisches Gesamtkonzept für den mittelfristigen Bedarf für jedes Gebäude individuell festgestellt werden. Am besten konsultiert man einen Energieberater, der in der Liste der Energieeffizienzexperten aufgeführt ist und einen Bezug zum Bauen im Bestand nachweisen kann. Für das Ortsbild prägende Gebäude kann ein Energieberater mit der Zusatzbezeichnung „Denkmal" bei einem bis 40 % höheren Transmissionswärmeverlust trotzdem für einzelne Maßnahmen wie z.B. den Einbau von Fenstern die von manch einem ersehnte KfW-Förderung generieren. Das zu modernisierende Haus muss nicht als Denkmal geschützt sein. Der Nachweis, was ein Ortsbild prägendes Gebäude ist, wird von der örtlichen Bauaufsicht geführt. Energieberater und Energieberater „Denkmal" findet man unter www.energie-effizienzexperten.de.

Abbildung 18: Für historische Glasfenster wie hier in St. Peter, in Rantum auf Sylt, gelten besondere Erleichterungen. Das Gebäude muss nicht unter Denkmalschutz gestellt sein. Es genügt die einfache Bescheinigung der Bauaufsicht, dass es sich um ein Ortsbild prägendes Objekt handelt.

Fenster sollten nach örtlichem Aufmaß individuell für jeden Standort angefertigt werden. In Schleswig-Holstein z.B. gibt es viele mittelständische Handwerksbetriebe, die sich auf die Herstellung und den Einbau von Fenstern spezialisiert haben. So befördert man mit der

Erneuerung von Fenstern im Wohnungsbau auch die regionale Wertschöpfungskette. Häufig haben sich die Firmen auf ein bestimmtes Material festgelegt.

Die Auswahl des Fenstermaterials (Holz, Kunststoff oder Holz-Aluminium), des Fenstertyps (Form und Teilung des Fensters) und der Scheibenart (Wärmeschutzverglasung mit zwei oder drei Scheiben, Schallschutzverglasung, Sicherheitsglas etc.) hängt von den speziellen Bedingungen des Ortes ab. Planende Architekten und Ingenieure können dazu produktneutral beraten. Das Geld, das man zuvor in eine Fachplanung investiert, zahlt sich hinterher durch schnellere Abläufe und Kostensicherheit wieder aus.

Abbildung 19: Die Qualität des Fensters misst sich an der Detailgestaltung, der passenden Farbwahl und der Qualität der Planung

Vor allem auch die Farbigkeit und die Auswahl der Fensterteilungen – mit Holm oder Kämpfer, mit oder ohne Sprossen – oder vielleicht auch jetzt ganz ohne Unterteilungen haben erheblichen Einfluss auf die Fassadengestaltung.

Weiße Kunststofffenster sind etwa 10-15 % günstiger als zum Beispiel farbige Holzfenster. Das Argument, dass man Holz immer wieder neu überstreichen muss, wird durch langjährige Herstellergarantien auf die Endbeschichtung bei regelmäßigen, langfristigen Wartungsverträgen (jährlich und auf zehn Jahre ausgelegt) nachhaltig entkräftet.

Die Mehrausgaben für eine Rahmenkonstruktion aus Holz-Aluminium liegen bei bis zu ca. 20-30 %. Kosten, die sich jedoch durch individuelle Anpassung, Sicherheit, Langlebigkeit und die Unbedenklichkeit des Baustoffes Holz schnell wieder auszahlen werden. Zusätzliche Sprossen und Teilungen müssen bezogen auf die Gesamtfassade maßstäblich geplant werden.

4.2 Zehn Punkte für den Fenstereinbau

1. Energetische Gesamtbetrachtung voranstellen
2. Welcher U_W-Wert für die gesamte Fensterkonstruktion mit Einbau und Anschlüssen wird zugrunde gelegt?
3. Lage und Himmelsrichtung – Planung der Fenster im Detail durch Zeichnungen mit Ansichten und Schnitten
4. Verschattung beachten – unterschiedliche Farbwirkung in verschiedenem Licht
5. Anteil der Sonneneinstrahlung (sommerlicher Wärmeschutz) beachten
6. Zerstörungsfreier Ausbau der vorhandenen Fenster
7. Kanten für Einbau glätten und begradigen als Voraussetzung für den luftdichten Anschluss innen und den regendichten Verschluss außen.
8. Wärmebrücken am besten beseitigen oder mindestens auf ein Minimum reduzieren
9. Randzonen gegebenenfalls auch durch Flankendämmung nachdämmen
10. Luftdichtigkeit an der Innenseite vor dem Verputzen bzw. Verschließen durch die Ausbaugewerke prüfen

5 Zusammenfassung und Schluss

Fenster sind die Augen eines Hauses. Gemeinsam mit verschieden großen Fassadenflächen können sie einem Gebäude ein individuelles Aussehen verleihen. Ein Haus kann sich der Umgebung anpassen oder auch bewusst von einer Umgebungssituation absetzen. Bei einer energetischen Sanierung der Fassade mit einer Fenstererneuerung müssen neben zahlreichen bauphysikalischen Randbedingungen immer auch gestalterische Aspekte geplant und beachtet werden.

Merke: Nur eine bautechnisch und gestalterisch gut geplante Maßnahme ist nachhaltig!

6 Allgemeine Literatur zum Thema

Ziegeleimuseum Cathrinesminde: *Ausstellung über die Geschichte des Ziegels – Texte.* Fremdenführer zu Museum. Übersetzung aus dem Dänischen Mirjam Gebauer. Catherinesminde: o. J.

Jungk, E. K.: *Erde, Wasser, Luft und Feuer – Autobiographie und Firmenchronik der Zeiglerfamilie Jungk.* Wöllstein: 1995.

Holz, A.: *Kleine Fassadenfibel – Vom Umgang mit Wärmedämmung in Schleswig-Holstein – Band 1.* In: Landesinitiative Wärmeschutz Schleswig-Holstein, Hrsg.: Arbeitsgemeinschaft für zeitgemäßes Bauen e.V.. Kiel: 2012.

Holz, A.: *Kleine Fassadenfibel – Gute Dämmung sieht man nicht – Band 2.* In: Landesinitiative Wärmeschutz Schleswig-Holstein, Hrsg.: Arbeitsgemeinschaft für zeitgemäßes Bauen e.V.. Kiel: 2014.

Holz, A.: *Kleine Fassadenfibel – Farbe, Fenster und Fassade im Quartier – Band 3.* In: Landesinitiative Wärmeschutz Schleswig-Holstein, Hrsg.: Arbeitsgemeinschaft für zeitgemäßes Bauen e.V.. Kiel: 2016.

Von der konservatorischen Not zur energetischen Tugend – Chancen und Gefahren von Schutzverglasungen

Prof. Dr. Sebastian Strobl[1]

[1] Fachhochschule Erfurt, Fachrichtung Konservierung und Restaurierung, Postfach 450155, 99051 Erfurt

Kurzer Überblick

Die Glasmalerei hatte seit jeher unter der Tatsache zu leiden, dass sie nicht nur ein Kunstwerk darstellt, sondern auch als Wetterscheide fungiert, somit stets extremen Belastungen ausgesetzt wird. Daraus ergeben sich Schutzbedürfnisse vielfältiger Art, von denen in den letzten Jahrzehnten immer häufiger der Schutz gegen Feuchte und energetischer Strahlung (UV- wie auch IR-Strahlung) in den Fokus gerückt sind. Adäquater Schutz gegen hydrolytische Korrosion sowie chemische Degradation ist aber nur durch eine sekundäre Verglasung, idealerweise durch eine isothermale Schutzverglasung, zu erreichen, die zusätzlich mit Filtern gegen abträgliche Strahlung ausgestattet ist. Das Einbringen einer Schutzverglasung in den Gebäudebestand ist aber immer mit visuellen wie auch physikalischen Beeinträchtigungen verbunden, so dass letztendlich die Frage zu stellen ist, ob der energetische Nutzen, den eine sekundäre Verglasung zweifelsohne auch erbringen kann, gerade in historischen Gebäuden in der heutigen Zeit für die Einführung als Rechtfertigung herangezogen werden sollte.

Schlagwörter: Feuchteeinwirkung, Glaskorrosion, Schutzverglasung, UV-Strahlung, IR-Strahlung, Energieeinsparung

1 Einführung

Wenn über den Schutz von Glasmalereien nachgedacht wird, so muss zum Einstieg erst einmal die Frage gestellt werden, gegen welche Beeinträchtigungen überhaupt geschützt werden soll. Die zur Diskussion stehenden Beeinträchtigungen wurden in den vergangenen Jahrhunderten nämlich durchaus unterschiedlich gewichtet und entsprechend beantwortet. Die Antworten waren dabei konditioniert durch den jeweiligen Wissenstand, wodurch sich im Laufe der Zeit die Anforderungen an den Schutz stetig steigerten und verkomplizierten.

Was waren also in der Geschichte der Glasmalerei die Bewegründe für präventive Maßnahmen? Allgemein gesprochen gilt hierbei die folgende Auflistung der hauptsächlichen Auslöser: (a) Einbruch, (b) Vandalismus/Wetterschäden, (c) weitergehende anthropogene Schäden (Perspiration, Streichelpatina etc.), (d) Kriegseinwirkung, (e) Feuchteeinwirkung,

(f) UV-Strahlung sowie (g) IR-Strahlung. Diese Faktoren münden offensichtlich in unterschiedliche Anforderungsprofile, welche allesamt ein in die Tiefe gehendes Studium wert sind. Im eingeschränkten Rahmen dieses Beitrages können jedoch nur die letzten drei Bereiche behandelt werden, indem die auslösenden Faktoren identifiziert werden, um dann auf die Gegenmaßnahmen eingehen zu können.

2 Feuchteeinwirkung

2.1 Hydrolytische Korrosion von Glas

Beim Schutz vor Feuchteeinwirkung stellt sich natürlich zuerst die Frage, warum ein so resistentes Material, welches beständig gegen fast alle Säuren ist, ausgerechnet mit Wasser Probleme haben soll. Diese Probleme verstärken sich sogar im besonderen Maße, wenn es sich um mittelalterliches Glas handelt. Die Antwort liegt in der Zusammensetzung der meisten Glasarten, bei denen zur Herabsetzung der benötigten Schmelztemperatur während der Herstellung neben dem Grundbaustein Sand, dem sogenannten Netzwerkbildner, noch Alkali- und Erdalkalimetalle, den sogenannten Netzwerkwandlern, hinzugefügt wurden. Die Netzwerkwandler unterteilen sich dabei nochmal in Flussmittel zur eigentlichen Herabsetzung der Schmelztemperatur, und den Stabilisatoren, die aufgrund ihrer gegenüber den Flussmitteln erhöhten Feldstärke den destabilisierenden Effekt der Flussmittel zumindest teilweise ausgleichen. Denn es sind gerade die alkalischen Flussmittel (Natrium und Kalium), die für den Zerfall von Glas verantwortlich sind, da sie sich aufgrund ihrer nur einwertigen Bindung im Molekularnetzwerk des Glases bei erhöhter Umgebungsfeuchte leicht durch Wasserstoff-Ionen (Hydronen) ersetzen, an die Glasoberfläche wandern und dabei die sogenannte Gelschicht zurücklassen.

In der Konservierung geht es nun darum, diesen Prozess zu verhindern, indem der Kontakt von Glas mit Feuchtigkeit unterbunden oder zumindest weitestgehend eingeschränkt wird. Es muss also ein Weg gefunden werden, die potentiell gefährdende der beiden Grundfunktionen jedweder Glasmalerei, also neben der Funktion als Kunstwerk derjenigen einer Wetterscheide, auf eine andere Ebene zu verlagern.

2.2 Die Notwendigkeit von Schutzverglasungen

Die Umsetzung dieses grundnotwendigen Vorhabens hat in der Geschichte der Glasmalereirestaurierung jedoch bisweilen, bei dem Versuch aus verständlichen Gründen einen Schutz auf das Glas direkt aufzutragen, desaströse Ergebnisse hervorgebracht. Verständlich deshalb, weil jeglicher vom Objekt unabhängig angebrachter Schutz per se einen unvermeidbar negativen visuellen Einfluss auf das Gesamtensemble hat. Aber einmal abgesehen davon, dass ein direkt auf das Glas aufgetragener Schutz im besten Falle zwar die hydrolytische Korrosion verhindert, sämtliche weiteren Schadfaktoren wie Winddruck, Hagelschlag oder auch Wurfobjekte wie Steine und Flaschen nicht vom Objekt fernhält: Schutzfilme, organisch wie auch anorganisch, haben aus den unterschiedlichsten Gründen nicht nur eine lediglich kurzfristige Effizienz, sondern führen in der Regel zu katastrophalen Folgeschäden.

Wenn auch ungeliebt und in sich selber nicht unproblematisch, eine sekundäre Verglasung ist somit in der präventiven Konservierung der einzig effektive Schutz historischer Gläser bei ihrer gleichzeitigen Erhaltung in situ. Denn dies ist das alles bestimmende Ziel: Das Bestreben, was zusammen gehört erst gar nicht zu trennen und es in seinem angestammten Umgebung zu belassen. Schließlich können architekturbezogene Fenster nur an dem Ort, für den sie geschaffen wurden, auch voll zur Wirkung kommen. Zu den relevanten Stichpunkten zählen hier Proportionalität, Unteransicht, Lichtwirkung, Interaktion mit anderen Architekturteilen, um nur die wichtigsten zu nennen. Das historische Glas soll also am Ursprungsort verbleiben können, ohne dass es dabei der Zerstörung anheimfällt – wobei gerade das „am Ursprungsort verbleiben" von Gegnern dieser Methode der präventiven Konservierung angezweifelt und als Argument eben gegen die Schutzverglasung, zumindest in seiner wichtigsten Ausformung als isothermale Verglasung, angeführt wird. Womit eines der Kernprobleme jeder Schutzverglasung angesprochen wird, nämlich ihrem Aufbau und den sich daraus ergebenden physischen und ethischen Konsequenzen.

2.3 Die Belüftung von Schutzverglasungen

Wie kann also eine effektive Schutzverglasung konzipiert werden? Wenn man erst einmal den visuellen und ethischen Aspekt außer Acht lässt, dann ist der entscheidende Faktor fraglos die Belüftung, schließlich geht es ja um die Vermeidung von Feuchtigkeit an der Oberfläche der historischen Gläser. Hier gibt es vier unterschiedliche Systeme, definiert durch die Art ihrer Belüftung: (a) das unbelüftete System, (b) das ausschließlich mit Außenluft belüftete System, (c) das ausschließlich vom Gebäudeinnenraum her belüftete System der isothermalen Verglasung sowie (d) Mischbelüftungen, welche die Zugluft sowohl von innen wie auch von außen bezieht.

2.3.1 Die „unbelüftete" Schutzverglasung

Theoretisch wäre dieses System ideal, doch bereits der Blick auf die Gewährleistungsfristen moderner Isolierverglasungen zeigt, warum sich dessen Verwendung von selbst verbietet. Denn wenn mit modernen Mitteln eine absolute Dichtigkeit nur für wenige Jahre garantiert wird, wie soll in der Konservierung von historischen Gebäuden eine Langzeitwirkung erreicht werden? Zudem kommt noch hinzu, dass selbst wenn so eine Konstruktion tatsächlich technisch „korrekt", also absolut dicht durchgeführt werden könnte, dann besonders auf der Gebäudesüdseite anders gelagerte Probleme wie beispielsweise Hitzestau auftreten würden.

2.3.2 Die Außenschutzverglasung

Der Begriff „Außenschutzverglasung" steht für ein System, bei dem ein äußerer Schutz in Form von Einfachglas, Verbundglas oder Kunststoffplatten vor der Originalverglasung angebracht wird, während letztere im ursprünglichen Falz verbleibt (Abbildung 1). Der Spalt ist nach außen nicht abgeschlossen, so dass sowohl Außenluft als auch Regenwasser in den Spalt eindringen kann. Im Spalt selbst ist relativ selten mit Tauwasserbildung an der Außenseite der originalen Glasmalerei zu rechnen, dafür aber an deren Innenseite, aufgrund höherer Abkühlung durch die eingebrachte Außenluft. Die Vorteile dieses Systems: Die Intervention am Originalbestand ist minimal, es geschieht „lediglich" eine Hinzufügung einer Schutzschicht. Zudem ist die Außenluft zwar meist kühler, dafür in der Regel trockener, womit per se weniger Feuchte an das historische Glas herangeführt wird.

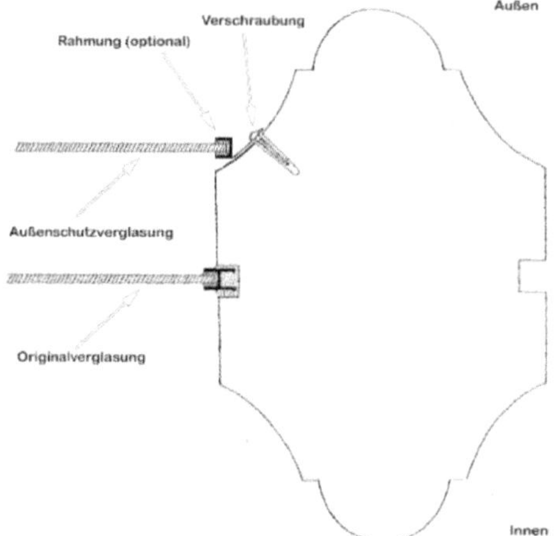

Abbildung 1: Horizontaler Schnitt einer schematischen Darstellung einer Außenschutzverglasung

2.3.3 Die isothermale Verglasung

Die sog. „isothermale Verglasung" ist nach wie vor das non plus ultra der Schutzverglasungen. Sie ist ein System, welches im Idealfall gleiche Temperaturbedingungen an der Innen- und Außenseite der Originalverglasung schafft – daher der Begriff „isothermal" – und diese gleichzeitig vor auftretender Feuchtigkeit, d. h. Regen und Tauwasser, schützen soll. Dabei ist es unbedingt erforderlich, dass die Schutzverglasung zur Außenseite hin abgedichtet und der Spalt zwischen den beiden Verglasungen nur mit Innenluft belüftet wird.

Konstruktiv erreicht man heute eine isothermale Verglasung, indem das originale Bleifeld aus seiner historischen Umgebung entfernt und durch die Schutzverglasung ersetzt wird. Das originale Feld wird in einen Bronze- oder Messingrahmen eingefügt, der abschließend an der Innenseite der Fensterpfosten montiert wird (Abbildung 2). Und hier liegt das ethische Problem, wenn es denn wirklich eines ist: Die historische Verglasung sitzt nicht mehr an ihrem historischen Ort, sondern ist um wenige Zentimeter nach innen versetzt – was für den Autor dezidiert kein ethisches Problem ist.

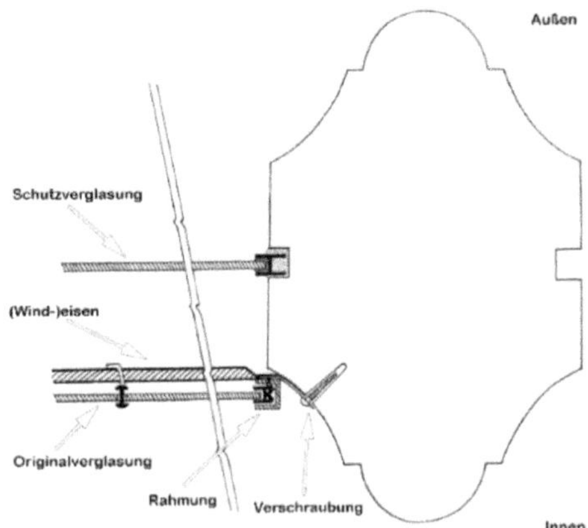

Abbildung 2: Horizontaler Schnitt einer schematischen Darstellung einer Außenschutzverglasung

2.3.4 Die Mischbelüftung

Bei der „Mischbelüftung" handelt es sich um eine Kombination von Innen- und Außenbelüftung. Die Konstruktionen werden dabei in derselben Weise ausgeführt wie beim isothermalen System, die Belüftungsöffnungen aber orientieren sich sowohl zum Innenraum als auch zum Außenraum hin. Ein solches System kommt beispielsweise zum Zuge, wenn die isothermale Verglasung mit einer Kondensationsrinne kombiniert wird, also einen nach außen abführenden Wasserschenkel erhält. Hier stellt sich natürlich die Frage, warum so etwas überhaupt nötig ist. Die Antwort: Bisweilen ist das Aufkommen von Kondenswasser auf der Innenseite der Schutzverglasung so hoch, dass diese Feuchtigkeit nach außen abgeleitet werden muss. Dennoch sollten nur geringfügige Mengen an Luft von außen in den Spalt gelangen, um Verwirbelungen zu vermeiden. Als die geeignetste Maßnahme gegen dieses Phänomen werden insbesondere Kiesel zur Verhinderung eines zu starken Lufteinfalls von außen in die Rinne des Wasserschenkels eingelegt.

2.4 Die Konstruktion der Schutzverglasung

Bei der klassischen Schutzverglasung spielt die Belüftung also eine überragende Rolle. Bei den belüfteten Systemen sind die Lage und Größe der Belüftungsöffnungen somit von besonderer Bedeutung. In der Vergangenheit wurde oft ein zwar hinreichender Spaltabstand geschaffen, gleichzeitig aber nur eine unzureichende Belüftung durch zu kleine Öffnungen. Das andere Extrem ist die überdimensionierte Belüftung mit breiten Öffnungen, die unter anderem ein visuelles Problem darstellen, nämlich einen überstrahlenden Lichteinfall, der äußerst störend zwischen den Rändern der Bleifelder und den horizontalen wie vertikalen Gewänden auftritt (Abbildung 3).

Abbildung 3: Nürnberg, St. Lorenz, Fenster sIII, Tageslicht dringt zwischen Feldern und vertikalen Pfosten ins Innere der Kirche

Womit sowohl ein visuelles wie auch ein physikalisches Problem besteht, welches adressiert werden muss. In der Vergangenheit existierten daher bezüglich der Lage der Belüftungsöffnungen mehrere Varianten. Die bereits erwähnte „allseitig offene" Verglasung sollte einen guten und schnellen Wechsel der Luft bewirken, führte aber eher zu Verwirbelungen in der Zirkulation und somit zu Luftstau, wenn man ohnehin ganz von den störenden Lichtverhältnissen absieht.

Daher ist man heute von dieser Variante abgegangen. In der Regel werden nunmehr an der Sohlbank und an den Kopfscheiben Öffnungen in Form von mehr oder weniger lang gezogenen Schlitzen angeordnet. Recht häufig werden speziell die Kopfscheiben auch gekippt und mit randbegrenzenden Bleilaschen kaschiert. Auch die seitlichen Begrenzungen werden durch Bleibänder abgedichtet, die ihrerseits an das Mauerwerk angedrückt werden, um durch den sogenannten „Kamineffekt" einen zielgerichteten Luftaustausch zu erzielen. Somit ist im Regelfall für eine zielgerichtete Belüftung gesorgt und auch, zumindest in der Vertikalen, die Überstrahlung verhindert. Eine visuelle Beeinträchtigung besteht aber durch die sich dunkel abhebende Rahmung immer noch. Die (Blei-)Einfassung sollte daher durch einen Farbauftrag visuell egalisiert werden, während der untere horizontale Schlitz mit einer Schiene überdeckt werden kann.

Es bestehen aber noch weitere Probleme bezüglich der visuellen Auswirkungen von Schutzverglasungen wie beispielsweise die Parallaxe, die allerdings in diesem Beitrag nicht besprochen werden kann, denn es muss noch die Gebäudeaußenseite betrachtet werden. Hier sind die Probleme mindestens ebenso groß wie im Innenraum, allem voran durch die Reflexionen von Tageslicht (Abbildung 4).

Abbildung 4: Bixley (UK), St. Wandregesilius, Ostfenster, Negativ-Beispiel einer stark reflektierenden großflächigen Schutzverglasung

Eines der kennzeichnenden Merkmale von historischen Gebäuden ist es, dass sie eben nicht aussehen wie viele moderne Verwaltungsgebäude, die eine durchgehend verglaste Oberfläche aufweisen. Nichts könnte der Erscheinung gerade mittelalterlicher Kirchen, bei denen der mosaikartige Charakter der Fensteraußenflächen eine herausragende Rolle spielt, mehr entgegenstehen als solche Reflexionsflächen. Somit kommt im Folgenden die Gestaltung der Schutzverglasung ins Spiel.

2.5 Die visuelle Gestaltung der Schutzverglasung

Allzu häufig ist leider eine Billigversion der Schutzverglasung anzutreffen, die genommen wird, um mit geringen Geldmitteln doch noch einen Schutz zu erreichen. Je nachdem, wie viel an den Materialkosten gespart wird (einfaches Plexiglas anstatt Makrolon), erledigt sich durch Kratzer und eine verschmutzungsbedingte Aufrauhung der Oberflächen das Problem der starken Reflexion von selbst (Abbildung 5), dennoch kann eine solche Lösung nur in Sonderfällen akzeptiert werden.

Abbildung 5: Köln, St. Andreas, Chorfenster, Negativ-Beispiel einer blind gewordenen Schutzverglasung

Die nächsthöhere Stufe ist Sicherheitsglas, meist Verbundsicherheitsglas (VSG), welches in punkto Schlagschutz wie auch in seiner Verwendung als großflächige Scheiben durch Dichtheit unbestreitbar optimal ist. Aus diesem Grund spielt das Thema „Reflexion" manchmal selbst an prominenten Stellen wie dem Kölner Dom keine Rolle, jedenfalls nicht als Diskussionspunkt. Dennoch hat der Autor nie die Argumentation akzeptieren können, dass die Außenansicht in diesem Fall hinter dem Sicherheitsaspekt zurückzutreten habe. Als Antwort auf Reflexion gilt inzwischen häufig ein Produkt, dass unter der Bezeichnung Amiran® vertrieben wird. In der Spezifikation wird hervorgehoben, dass es ein beidseitig entspiegeltes Glas mit einer Restreflexion von ca. 1% ist, welches eine klare und farbneutrale Durchsicht gewährleistet – was so aber leider nicht immer zutrifft. Je nach Blickwinkel treten mitunter farbliche Veränderungen hin zum Grünstich und Mattierungen oder eben doch noch Reflexionen auf (Abbildung 6).

Abbildung 6: Halle (Saale), St. Johannis, nördliches Chorfenster, Schutzverglasung aus Amiran® mit leichtem Grünstich (das reflektierende Feld im Maßwerk-Oculus war zum Zeitpunkt der Aufnahme noch aus Floatglas)

Was die Gestaltung der Außenhaut der Kirchen angeht, ist allerdings immer zuerst die folgende Frage zu stellen: Wie gut ist ein zu schützendes Fenster von außen überhaupt einsehbar? Wenn nur wenig exponiert, dann können natürlich VSG-Scheiben als Schutzverglasung verwendet werden, da sie geringste visuelle Auswirkung auf die Innenansicht haben, also beispielsweise die Minimierung von Parallaxe. Wenn das betreffende Fenster aber zum Beispiel zur Straßenseite hin orientiert ist, dann sind andere Wege zu finden, um eine Balance zwischen notwendiger präventiver Intervention und Erhalt der visuellen Integrität des Gebäudes zu gewährleisten. Dies kann etwa mit zusätzlichen Unterteilungen der Schutzflächen bis hin zur Verwendung von Bleiverglasungen geschehen, die das Muster der dahinter liegenden originalen Glasmalerei wiedergeben, mit entsprechenden Einbußen für die Innenansicht des Kunstwerkes durch die Schattenwirkung der Parallaxe. Wie so häufig ist auch hier Kompromittierung durch Kompromiss der einzig gangbare Weg in der Konservierung.

3 UV-Strahlung

Nun ist Feuchtigkeit jedoch nicht der einzige Faktor, der bei der präventiven Konservierung von Glasmalereien zu bedenken ist. Hinzu kommt die Strahlung als Ursache photochemischer Alterung, also das Schädigungspotential der UV-Strahlen. Und hier die schlechte Nachricht: Es gibt Veränderungsmechanismen an Glas und vor allem an den heute gängigen Konservierungsmaterialien, die immer noch auftreten, selbst wenn ein vordergründig optimales Klima dank Schutzverglasung erreicht worden ist. Wo ist also die Ursache zu suchen, wenn der Kleber sich verfärbt, Überzüge sich abheben und Sicherungsschichten craquellieren?

Betrachtet man das natürliche Strahlungsspektrum der Sonne, so liegt hier im kurzwelligen Bereich die UV-Strahlung angrenzend zum Bereich des für den Menschen sichtbaren Lichts. Ultraviolette Strahlung ist dabei gemeinhin zwischen 100 nm und 380 nm definiert, basierend auf der Fähigkeit des menschlichen Auges, Strahlen zwischen 380 nm und 760 nm wahrnehmen zu können. Für Kunstobjekte gelten aber andere Werte, die sich nicht auf Sehvermögen sondern Reaktionsfähigkeit beziehen. Die internationale Museumskonvention erweiterte daher den Bereich des UV-Lichtes auf 405 nm, da unterhalb dieser Grenze die Konservierungsmaterialien durch die hochenergetische kurzwellige Strahlung verändert und teilweise zerstört werden.

Abbildung 7: York (UK), Minster, Ostfenster, Bleifeld als Schutzverglasung aus „restauro® UV" mit changierender Gelbtönung

Erst seit einigen Jahren wird dieser Tatsache auch bei der Konzipierung von Schutzverglasungen Rechnung getragen. Vor dieser Zeit bestand trotz sekundärer Verglasung kein wirklicher UV-Schutz, denn einfaches Floatglas lässt Strahlungen bereits ab 330 nm aufwärts durch. Entsprechend wurden inzwischen Filtermechanismen entwickelt, sei es durch eine besonders dotierte Folie als Zwischenschicht einer VSG-Scheibe oder durch spezielle, direkt in die Glasschmelze eingebrachte Zusätze. Stellvertretend für alle diese Möglichkeiten sei aufgrund seiner Praktikabilität in der Anwendung das mundgeblasene Echtantikglas „restauro® UV" genannt, mit einer Transmissionskante von lediglich 1% bei 400 nm, welches sich im Gegensatz zu den VSG-Gläsern einfach zu Bleiverglasungen verarbeiten lässt und zudem eine dem historischen Glas ähnlich ungleichmäßige Oberflächenstruktur aufweist. Gleich allen anderen UV-Schutzgläsern hat natürlich auch dieses Glas den für Glasmalereien unangenehmen visuellen Nachteil, dass es einen Teil des blauen Lichtes herausfiltert sowie changierend gelbstichig erscheint (Abbildung 7), somit die Farbskala des Gemäldes verfälscht. Aber wie nun bereits erwähnt, in der Konservierung gibt es keinen uneingeschränkten Vorteil, auch hier gilt der Kompromiss.

4 IR-Strahlung

Bleibt zum Schluss noch die Infrarotstrahlung, oder weiter gefasst, der Einfluss von Temperatur auf die Glasgemälde. Auch hier wären Museumsbedingungen vorteilhaft, bei denen man landläufig den „Idealwert" von 20° Celsius als Umgebungstemperatur angibt, mit einer Schwankung von höchstens einem Kelvin pro Stunde. Dass dies auf Fensterflächen kaum möglich ist weiß jeder, der sich morgens einmal den Strahlen der aufgehenden Sonne ausgesetzt hat. Hier hat die traditionelle Schutzverglasung potentiell einen durchaus negativen Effekt. Selbst wenn hinreichend belüftet, so steigt nicht zuletzt aufgrund des fehlenden Kühlfaktors des Windes die Temperatur im Spalt zwischen Original und sekundärer Verglasung wesentlich stärker an als vor der Einbringung der zusätzlichen Schicht, was insbesondere auf der Südseite zu einer erhöhten Ausdehnung der Gläser mit nachfolgender Bauchung von Bleifeldern bis hin zu Spannungsrissen im Glas selber führen kann. In diesen Fällen kann nur noch eine VSG-Verglasung mit einem Schutzfilter helfen, mit einer Transmissionsbande zwischen 400 nm und 850 nm. Eine solche Verglasung wurde versuchsweise an St. Lorenz in Nürnberg eingebaut, was eine Absenkung um 14,2 Kelvin an dem betreffenden Fenster erbrachte – allerdings mit entsprechend negativen visuellen Folgen für die Außenseite der Kirche.

Auch zu dem anderen Extremfall, dem Absinken der Temperaturen unter den Taupunkt speziell in den Nachtstunden und der damit verbundenen Schwitzwasserbildung auf den historischen Verglasungen ist in Nürnberg sowie in einem großangelegten DBU-Projekt in der Divi-Blasii Kirche in Mülhausen geforscht worden. Spalterwärmung ist die Antwort, vorzugsweise durch beheizbare Schutzscheiben, bei denen es sich um ein Mehrschichtenglas handelt, welches über eine aufgedampfte, nicht sichtbare Metalloxydschicht verfügt.

5 Energieeffizienz

Eine energetische Tugend ist die Spalterwärmung allerdings nicht gerade. Aber sie gibt zumindest das Stichwort, mit dem der Kreis der hier gemachten Ausführungen in Bezug auf den Titel dieses Artikels geschlossen werden kann. Aufgrund der Nebenwirkungen, die im Zusammenhang mit Schutzverglasungen auftreten, haben Restauratoren sich viele Jahre dagegen gewehrt, das Wort „Energieersparnis" bei deren Einsatz auch nur in den Mund zu nehmen. Zu sehr ist der Eingriff, der mit Schutzverglasungen sowohl in die physische wie auch visuelle Integrität eines Ensembles vorgenommen wird, mit potentiell negativen Folgen behaftet. Das Prinzip der minimalen Intervention, welches in der Restaurierung besonders groß geschrieben wird, ist stark gefährdet, wenn man nicht mehr von den Notwendigkeiten des Objektes ausgeht, sondern von denen der Energieersparnis. Nun sind neuzeitliche Glasmalereien in der Regel vom Material wie auch der Verarbeitung her so resistent, dass sie keine Schutzverglasung brauchen (Abbildung 8), und bis auf den heutigen Tag sträubt sich beim Autor vieles gegen das Ansinnen, aus rein energetischen Gründen bezüglich Fensterflächen in historischen Gebäuden tätig zu werden.

Aber es muss dann doch konzediert werden: Gerade in der heutigen Zeit hat die Frage der Energieeffizienz eine absolute Berechtigung. Abwägungen in jedem einzelnen Fall sind somit gefordert. Ziel dieses Artikels war es daher, das Gespür dafür zu wecken, dass hinter der „energetischen Tugend" stets ein Fragezeichen zu setzen ist.

Abbildung 8: Köln, St. Viktor, Südseite, blind gewordene Schutzverglasung, installiert aus rein energetischen Erwägungen

6 Allgemeine Literatur zum Thema

Brown, S.; Strobl, S.: *A Fragile inheritance*. London: Church House Publishing, 2002.

Garrecht, H.; Hahn, O.; Kappes, K. et al.: *Modellversuch zur Spalttemperierung an der Divi Blasii Kirche in Mühlhausen, Deutschland*. In: The Art of Collaboration. Stained-Glass Conservation in the Twenty-first Century, Shepard, M., Pilosi, L., Strobl,S. (eds.), Chicago: Harvey Miller Publishers, 2010, S. 119-126.

Lecocq, I.; Bemden, Y. vanden: *La conservation et la restauration des vitraux. Recommandations pour l'élaboration d'un cahier des charges*. Alleur: Imprimerie Massoz, 2010.

Newton, R. G.; Davison, S.: *Conservation of Glass*. Oxford: Butterworth-Heinemann, 1989.

Strobl, S.; Trümpler, S.: *The New International Guidelines for the Conservation of Stained Glass*. In: Journal of the British Society of Master Glass Painters. Vol. 28, 2004, S. 168-174.

Wolff, A. (ed.): *Restaurierung und Konservierung historischer Glasmalereien*. Darmstadt: Philipp von Zabern, 2000.

Denkmal mit Energieeffizienz und Wohngesundheit. Denkmal mit Solarfassade. Zwei Beispiele.

Dipl.-Oec. Antje Vargas[1], Dipl.-Ing. Dirk Fiedler[2], Dipl.-Arch. Matthias Risse[3],
Dr. Silvian Tourel[3]

[1] GeoClimaDesign AG, Mühlenbrücken 3-5, 15517 Fürstenwalde/Spree
[2] Ingenieurbüro Fiedler, Humboldtstr. 1, 39112 Magdeburg
[3] Hattingen, Bauherren Dr. Silvian Tourel/Matthias Risse und Architekturbüro Nicole Hallstein/Matthias Risse

Kurzer Überblick

An zwei Beispielen wird die Einheit von Denkmalschutz, gesundem Raumklima und Energieeffizienz gezeigt sowie die Einheit von Denkmal und Solarthermie. Gebäudetechnik muss unsichtbar und einfach sein, sie muss sich zurücknehmen, das Bauwerk schützen und seine Langlebigkeit fördern. Außerdem soll ein Denkmal kein Energieschlucker bleiben sondern mithalten mit Neubauten bezüglich der Ansprüche an CO_2-Einsparung und Energieeffizienz und es kann diese Ansprüche sogar übertreffen.

Das Bauhaus Denkmal von 1930 aus Magdeburg ist heute ein modernes Gebäude für altersgerechtes Wohnen. Barrierefreiheit und gesundes Raumklima stehen für ältere Menschen im Mittelpunkt und sind auch im historischen Gebäude hervorragend umsetzbar. Das zweite Beispiel des Fachwerkhauses in Hattingen zeigt eine beeindruckend reiche, ganzjährig solarthermische Ernte ohne Solarmodule, sondern eingesammelt mit der Dachhaut selbst.

Schlagwörter: gesundes Raumklima, Strahlungswärme, Flächenheizung im Altbau, Deckenheizung und -kühlung, Solarthermie, Solarfassade, Solare Dachhaut, Energetische Sanierung, Wohnkomfort

1 Erstes Beispiel – Bauhaus 1930 in Magdeburg

Das Wohn- und Geschäftshaus des Architekten Johannes Boye wird zum Leuchtturm für Denkmalschutz und Gebäudeenergieeffizienz des altersgerechten Wohnens.

1.1 Das Denkmal – die Historie

Abbildung 1: Bauhausgebäude Magdeburg; Emanuel-Larisch-Weg 17, vor und nach der Sanierung (Fotos: IB Fiedler)

Das denkmalgeschützte Gebäude im Emanuel-Larisch-Weg 17 in Magdeburg ist ein Zeitzeugnis der Architektur des Neuen Bauens und speziell des „neuen Bauwillens" der Weimarer Republik in der Stadt Magdeburg. Es wurde 1930 vom Architekten Johannes Boye aus Zarpen (Holstein) errichtet. Der dreiflügelige winkelförmige Putzbau mit Flachdach diente einst als Wohn- und Wirtschaftsgebäude für die Wachturm-, Bibel- und Traktatgesellschaft der Zeugen Jehovas.

Charakteristisch für die bauzeittypische Fassade sind die liegenden, gleichmäßig angeordneten und bündig in die Fassadenoberfläche gesetzten Fenster mit ihrer Hartklinkersteinverblendung sowie der umlaufende Souterrain-Sockel und der schmale Dachsims.

Nach dem Krieg wurde das Gebäude umgenutzt und diente seit 1951 als Kinderklinik. 1963-1967 erhielt es durch Rudolf Bethge einen Hörsaal und weitere Anbauten für die Kinderklinik, die 2006 wieder geschlossen wurde.

Landeshauptstadt Magdeburg

untere Denkmalschutzbehörde

Auszug aus dem Denkmalverzeichnis (§18 Abs. 1 Denkmalschutzgesetz)
Denkmalbegründung Landesamt für Denkmalpflege und Archäologie Sachsen-Anhalt

Denkmalbegründung des Objektes : Wohn- und Geschäftshaus (Haus der Wach

Straße: Emanuel-Larisch-Weg 17

letzte Änderung: 22.08.2014

Emanuel-Larisch-Weg 17
WOHN- UND GESCHÄFTSHAUS
Haus der Wachturm-, Bibel- und Traktatgesellschaft

Wohn- und Wirtschaftsgebäude für die Wachtturm-, Bibel- und Traktatgesellschaft der Zeugen Jehovas.
1930 von Architekt Johannes Boye aus Zarpen (Holstein) errichtetes Gebäude im Stil des Neuen Bauens, gedacht für die Mitarbeiter der in direkter Verlängerung des Grundstücks am Fuchsberg gelegenen Druckerei und Buchbinderei der Wachtturm-, Bibel- und Traktatgesellschaft, dreiflügeliger winkelförmiger Putzbau mit Flachdach, dreieinhalbgeschossiger, unterkellerter, zweifach abgewinkelter Hauptbau mit Mezzanin, am Emanuel-Larisch-Weg elfachsig, die liegenden Fenster gleichmäßig angeordnet und bündig ir die Fassadenoberfläche gesetzt, bauzeittypische, um die Gebäudekanten geführte Eckfenster, die Hofseite mit kleinformatigen, flachen Fensterbändern, den dritten an der Hofseite nach Norden angesetzten Gebäudeflügel bildet der eingeschossige ehemalige Speisesaal, in seiner Fassadengliederung durch ein Band dicht gesetzter, hoher Schlitzfenster, charakteristisch für das Gebäude sind der umlaufende Souterrain-Sockel, das schmale Dachgesims, die schmale Einfassung der Eckfenster, die hofseitigen Fensterbänder sowie die Pfosten der Speisesaalfenster, allesamt mit dunkel gebrannter Hartklinkerstein-Verblendung, der warmtonig, ockrig- sandfarbene Putz wohl ursprünglich mit einer expressionistischen vertikalen Madenstruktur ausgeführt, nach dem Krieg Umnutzung als Kinderklinik ab 1951, 1958 Planung und 1963-67 Ausführung eines Hörsaals und weiterer Anbauten für die Kinderklinik der Medizinischen Akademie durch Rudolf Bethge, das Zentrum für Kinderheilkunde der Otto-von-Guericke-Universität 2006 geschlossen, der Hörsaal im Zuge von Umbauarbeiten 2014 abgebrochen, das ehem. Haus der Wachturm-, Bibel- und Traktatgesellschaft stellt ein bemerkenswertes Zeugnis der Architektur des Neuen Bauens in Magdeburg, der Stadt des "Neuen Bauwillens" in der Weimarer Republik, dar

(22.08.2014)

Abbildung 2: Bauhausgebäude Magdeburg, Emanuel-Larisch Weg 17, Denkmalbeschreibung und Abbruchdetails (Fotos: IB Fiedler)

Heute ist das dreieinhalbgeschossige unterkellerte Gebäude ein Zentrum für altersgerechtes Wohnen mit zentralen Eingangs- und Aufenthaltsbereichen und 28 Wohneinheiten.

1.2 Sanierung: denkmalgerecht und energieeffizient, altersgerecht und gesund

Entsprechend den denkmalrechtlichen Auflagen war das Aufbringen eines Wärmedämm-verbundsystems nicht gestattet. Eine Innendämmung kam infolge der vorhandenen Raum-flächen nicht in Betracht. Beschattungsmaßnahmen wie äußere Jalousetten, Markisen und dergleichen durften ebenfalls nicht zur Anwendung kommen.

Abbildung 3: Bauhausgebäude Magdeburg, Emanuel-Larisch-Weg 17, nach der Sanierung, Außenansichten (Fotos: IB Fiedler)

Alle Beschattungsmaßnahmen aus der Vornutzung mussten zurückgebaut werden. Die Fensterbänder und der Gebäudesockel wurden ausgebessert, bzw. mit Klinker, dem Verband, Format und Farbe entsprechend, ergänzt.

Die Balkone durften aus denkmalschutzrechtlichen Gründen nicht in einer vorgestellten Stützkonstruktion vorgenommen werden. Um den zeitlichen Anforderungen gerecht zu werden und eine hohe Vermietung abzusichern, wurden die Balkone in einer abgehängten Ausführung erstellt.

Der Haupteingang und das Foyer wurden neu erstellt, wobei mit einer Ecklösung eine Anlehnung dem Baustil entsprochen wurde, ohne jedoch eine historisierende Lösung hervorzurufen.

Alle Wohnungen wurden altersgerecht konzipiert und sind über einen Aufzug erschlossen. Der begehbare Dachboden wurde mit einer entsprechend erforderlichen mineralischen Dämmung belegt und ist für Kontrollzwecke mit Laufstegen ausgerüstet.

Auf Wunsch des Bauherrn sollten die Raumhöhen möglichst 2,65 m nach Abschluss der Baumaßnahmen betragen. Aus diesem Grund, aber auch aus statischen Belangen sowie einem unangemessenen Aufwand im ersten Rettungsweg verbot sich der Einbau einer Fußbodenheizung.

Abbildung 4: Bauhausgebäude Magdeburg, Emanuel-Larisch-Weg 17 (Fotos: IB Fiedler)

Um das freistehende Gebäude mit einem hohen Komfort und energiesparenden Heizsystem auszurüsten und dabei gleichzeitig den Forderungen des sommerlichen Wärmeschutzes zu entsprechen, wurde sich für eine klimatisierende Deckenheizung von GeoClimaDesign entschieden.

Neben den bautechnischen Vorteilen, dass es die flachste und leichteste Flächenheizung ist zeichnet sich das GeoClimaDesign Kapillarrohrsystem durch folgende weitere Vorteile aus:

Der Einbauaufwand in der Sanierung ist geringer als die einer Fußbodenheizung, insbesondere in Verbindung mit einer Trockenbaudecke.

Der Energieverbrauch sinkt aufgrund der geringen Verluste der Heizung über Außenwand und Fenster. Je geringer die Temperaturdifferenzen zwischen Raumluft und der thermisch aktivierten Fläche einerseits und je geringer der konvektive Anteil der Wärmeabgabe, desto geringer die Verluste. Diese Vorzüge der Deckenstrahlungsheizung/Kühldecke führen zu einer entsprechend höheren absoluten Energieeinsparung je geringer die Dämmung des

Gebäudes ist und sind daher die effektivste Energieeffizienzmaßnahme im denkmalgeschützten Gebäude.

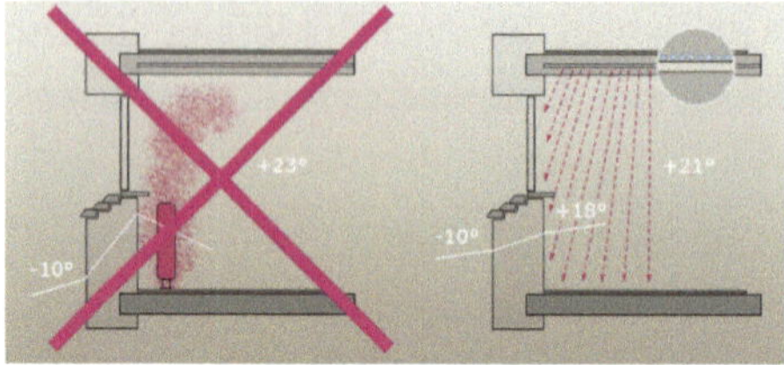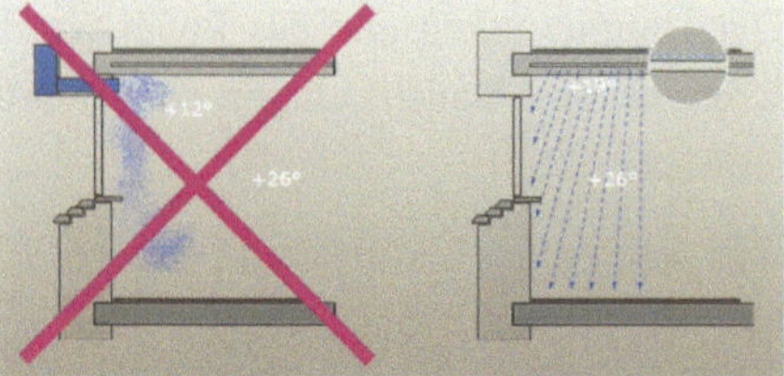

Abbildung 5: Vergleich konvektiver Wärme- und Kälteverteilung mit Strahlungsheizung und -kühlung (Grafik GeoClimaDesign AG)

Das Niedertemperaturniveau eignet sich hervorragend für die Verbesserung des Anlagenwirkungsgrades von Wärmepumpen- aber auch von brennwert oder Solarthermie-Gas gekoppelten Anlagen. Das Kapillarrohrsystem benötigt für die gleiche Heizleistung ca. 7 K geringere Systemtemperaturen als herkömmliche Ein-Rohr-Systeme, also anstatt 35 °C Vorlauftemperatur nur 28 °C Vorlauftemperatur. Das ist möglich durch die riesige wärmeübertragende Oberfläche einer Kapillarrohrmatte mit seinen 1-2 cm eng nebeneinander liegenden Röhrchen.

Abbildung 6: Kapillarsystem Heizen/ Kühlen für abgehängte Decke, Putzdecke, Sportboden (Fotos: GeoClimaDesign AG)

Für Wärmepumpenanlagen kann die Jahresarbeitszahl (JAZ) durch ein Kapillarrohrsystem um bis zu 25 % verbessert werden. Geringstmögliche Systemtemperaturen sind der Schlüssel zur höheren Jahresarbeitszahl (JAZ) jeder Wärmepumpenanlage. Im Beispiel der Anlage in Magdeburg wurde zunächst nur die Kühlung über eine Luft-Wärmepumpe realisiert, die Heizung über eine Brennwertgastherme, da Gasgeräte im Moment immer noch wesentlich billiger sind als Wärmepumpen. Es lässt sich aber jederzeit mühelos eine Wärmepumpe zum Heizen in die Anlage integrieren. Bei Anlagengrößen ab 30 kW ist sowieso ein bivalentes Analgenkonzept empfehlenswert, also die Abdeckung der Spitzenlasten durch einen Gaskessel.

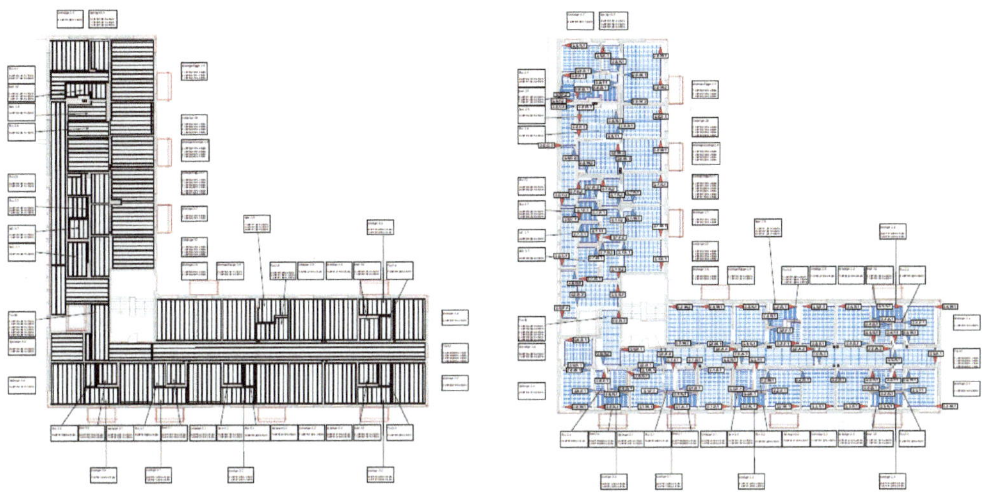

Abbildung 7: Planung Trockenbaukonstruktion und Kapillarrohr-Deckenheizung und -kühlung (Grafik: Geo-ClimaDesign AG)

Das gesundheitsfördernde Raumklima aufgrund der Strahlungswärme und der stillen Kühlung sind nicht nur für ältere Menschen wie im vorgestellten Objekt in Magdeburg ein wichtiges Kriterium für die Wohnqualität. Erstens wird die Schimmelbildung durch die Strahlungsheizung vermieden, die Feuchtigkeit kann nach außen entweichen. Außerdem ist die Behaglichkeit der Strahlungswärme und der stillen Kühlung höher als bei Konvektoren und Klimageräten. Für die Gebäudebewertung ist eine Deckenheizung und -kühlung somit ein wichtiger Nachhaltigkeitsfaktor und hat einen profitablen Einfluss auf die Wertermittlung. Verschiedene Bauherren haben aufgrund des deckenintegrierten Kapillarrohrsystems mit Doppelfunktion Heizen und Kühlen eine um 0,50 Euro bis 1,00 Euro höhere Kaltmiete erwirtschaften können, wobei der Mieter zusätzlich den Vorteil des geringen Energieverbrauchs genießt.

2 Zweites Beispiel: Innovative Energie und junges Interior Design treffen auf traditionelles Fachwerk

Abbildung 8: Fachwerkhaus Hattingen, Ansicht mit Stadtmauer (Foto: Hallstein/Risse)

Direkt an der Stadtmauer Hattingens gelegen, wurde ein in mehreren zeitlichen Bauabschnitten errichtetes, unter Denkmalschutz stehendes Fachwerkensemble grundlegend energetisch saniert und zu Gästeapartments, Gewerbefläche und privatem Wohnbereich umgebaut und modernisiert. In enger Zusammenarbeit der Bauherren-Architekten mit Fachingenieuren und in Einklang mit dem Denkmalschutz konnte ein innovatives regeneratives Energiekonzept sowie ein neues Raum- und Tageslichtkonzept harmonisch integriert und in die vorhandene Architektur entwickelt und umgesetzt werden. Das sanierte Fachwerkhaus beherbergt nun das Privathaus der Eigentümer, drei Gästeapartments und eine Büroeinheit.

2.1 Das Fachwerk und die Energieeffizienz

Das Stammhaus wurde ca. 1740 errichtet, später erfolgten mehrere Ergänzungen und Umbauten, bis zur Übernahme durch die heutigen Eigentümer im Jahr 2013. Heute ist es ein Wohnhaus mit Gewerbeeinheit, Architekturbüro und drei Ferienapartments. Der Anbau war früher Stall und Getreidelager und ist heute Werkstatt und Technikraum sowie Teil der

Wohneinheit. Die Dachgeschosse der verschiedenen Gebäudeteile waren früher Speicher, sowie Burschen- und Mägdezimmer. Heute gehören sie ebenfalls zur Wohneinheit der Eigentümer.

Abbildung 9: Fachwerkhaus Hattingen, Innenansichten Dachgeschoss vor Sanierung sowie danach geöffnet zum lichtdurchfluteten Wohnbereich (Fotos: Hallstein/Risse)

Die größte Herausforderung der Sanierung bestand in der Umstrukturierung des denkmalgeschützten Gebäudekomplexes unter Rücksichtnahme auf Schäden und statische Mängel durch unsachgemäße Umbauten in der Vergangenheit einerseits und den Möglichkeiten der Umsetzung moderner Nutzungsansprüche wie z.B. das Atrium mit Glasdach andererseits. Es wurden verschiedene architektonische Eingriffe vorgenommen, wie die statische Aufdoppelung der Dachsparren für die zusätzliche Abtragung der Lasten im Dachgeschoss. Durch den Anschluss des Stalldaches an das Dach des Stammhauses wurden die dort störenden Sparren weggeschnitten. Für die Nutzbarmachung des Dachraumes als Wohnraum wurde zusätzliches Gewicht von Dämmung und Kapillarheizungssystem abgefangen.

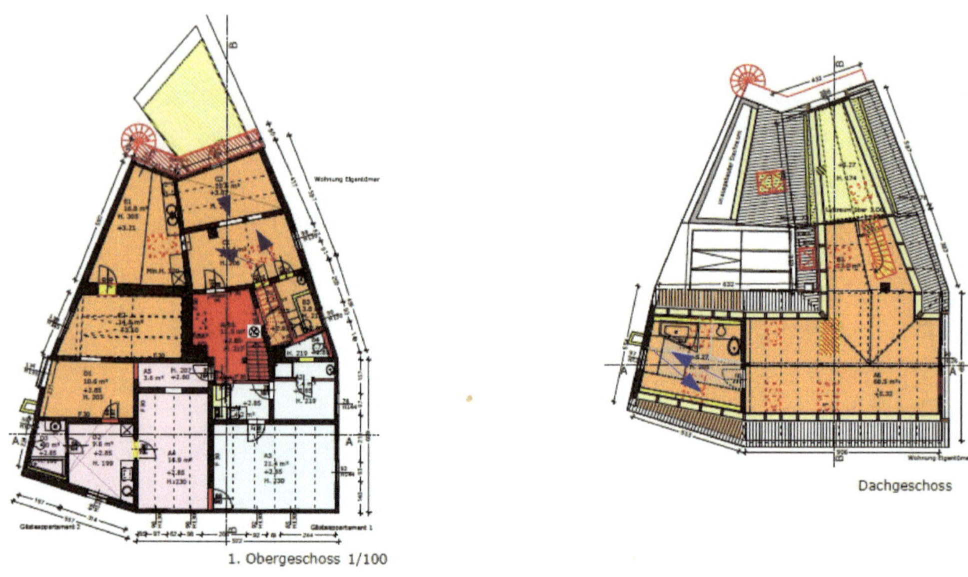

Abbildung 10: Fachwerkhaus Hattingen, Grundriss 1. OG und Dachgeschoss (Bilder: Hallstein/Risse)

Schaufenster wurden durch Wohnraum-Fenster ausgetauscht, ein drittes Apartment ersetzt eine alte Ladeneinheit. Brandschutzmaßnahmen, Funkfeuermeldeanlage und eine zeitgemäße Treppenhausanlage wurden mit dem Denkmalschutz abgestimmt.

Abbildung 11: Fachwerkhaus Hattingen, Außenansicht und neuer Dachgeschossbereich (Fotos: Hallstein/Risse)

Abbildung 12: Fachwerkhaus Hattingen, vorher und nachher (Bild Hallstein/Risse)

Das Gebäude wird mit einer Niedertemperatur-Flächenheizung beheizt. Dasselbe System dient im Sommer als Kühlsystem. Eine Kältequelle kann dabei jede thermische Senke sein. Üblicherweise wird das Flächenkühlsystem gekoppelt mit Geothermie oder einer Kältemaschine, natürlich eignet sich alternativ auch die thermisch aktivierte Dachfläche in der Nacht als thermische Senke, wenn die Nachttemperaturen geringer sind als die Vorlauftemperaturen der Kühlung. Die Kühlung ist ausgelegt auf ca. 16 °C/18 °C, kann jedoch aufgrund der taupunktgeführten Geo1 Raumreglung auch niedriger oder höher betrieben werden.

Abbildung 13: Fachwerkhaus Hattingen, Wand- und Deckenheizung (Fotos: Dr. Tourel/Risse)

Abbildung 14: Fachwerkhaus Hattingen, Wand und Deckenheizung (Bilder: GeoClimaDesign AG)

Abbildung 15: Fachwerkhaus Hattingen , Seitenansicht vor und nach der Sanierung (Fotos: Hallstein/Risse)

Die Dachhaut und die Fassade sind in ihrer Gestalt zwar historisch, in ihrer Funktion jedoch außerdem hochmodern, sie sind unsichtbare Solarkollektoren. Die thermische Energieernte wird genutzt zur Warmwasserbereitung, Heizung und Kühlung.

2.2 Das Fachwerkhaus und seine Solarernte

Die Bauherren aus Hattingen haben ihre smarte Solarthermieanlage – den Suncracker – an den Sonnenseiten des Daches und der Fassade großflächig angeordnet. Das Ziel ist Niedertemperaturernte. Die Fassade ist gerade für die Winterernte hervorragend geeignet.

Abbildung 16: Fachwerkhaus Hattingen, Suncracker aus Kapillarrohrmatten an der Fassade montiert und danach mit Schiefer bedeckt, sowie Suncracker auf dem Dach verlegt und danach mit Ziegel bedeckt. (Fotos: Dr. Tourel/Risse)

Der Kapillarrohrkollektor „Suncracker" liegt direkt unter dem Schiefer, bzw. teilweise unter der Kupferdachhaut. Die Oberflächentemperatur erreicht im Winter bis zu 50 °C. Der großflächig verlegte Wärmetauscher sorgt dafür, dass die Jahresarbeit hoch ausfällt. Hohe Leistungsspitzen im Sommer sind jedoch nicht von Interesse, ganz im Gegenteil – im Sommer ist die Großflächigkeit des Suncrackers für die nächtliche Kühlfunktion von großem Nutzen. Neben dem „unsichtbaren" Charakter sorgt der Suncracker also für eine ausgewogene Sommer-Winter-Kurve. Das passende Speicherkonzept ermöglicht die Nutzung von Wärme-Erträgen bereits bei lauwarmen Temperaturen.

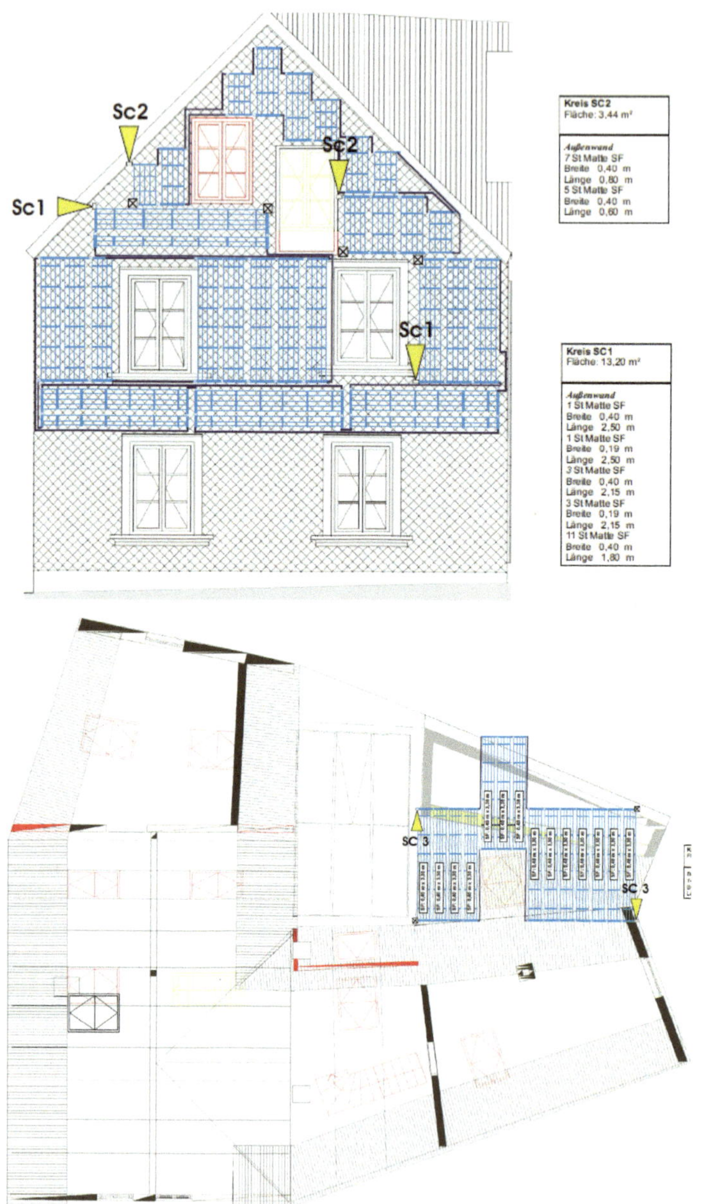

Abbildung 17: Fachwerkhaus Hattingen, Suncracker an Fassade und Dachflächen Montageplan (Bilder: Geo-ClimaDesign AG)

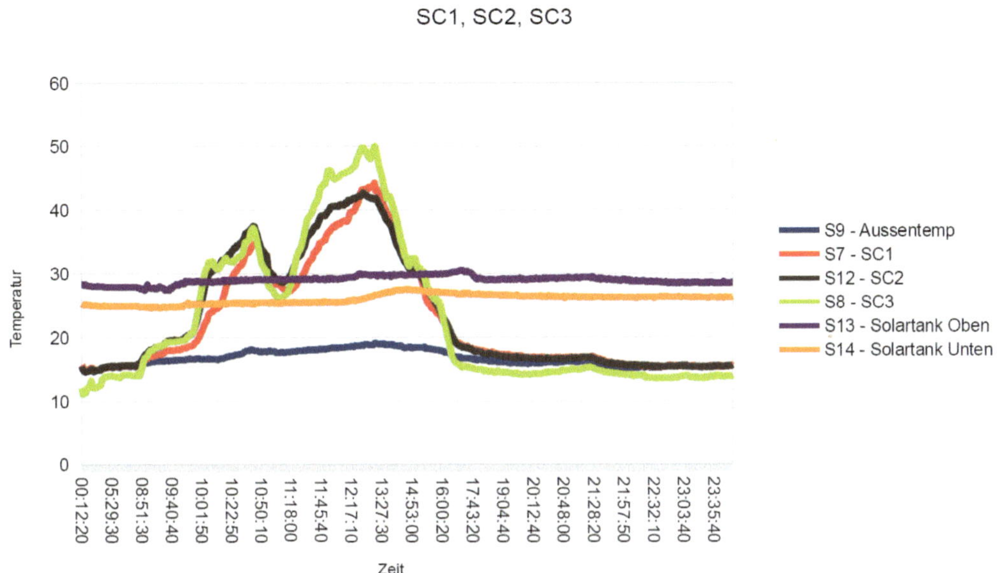

Abbildung 18: Die Grafik zeigt die unterschiedlich angeordneten Suncrackerflächen SC1, SC2 und SC3 und die dazugehörige Außentemperatur sowie Speichertemperaturen. am 3.11.2014.

Die attraktive Ernte an einem Herbsttag ist in Abbildung 18 dargestellt. Insgesamt haben die Eigentümer des Gebäudes in Hattingen mehr als 40 % des angesetzten Jahresverbrauchs an Gas eingespart, gemäß der Jahres-Abrechnung des Gasversorgers.

Dieses Denkmal ist ein Vorbild auch für alle nicht unter Denkmalschutz stehenden Gebäude mit hohem Warmwasserverbrauch, wie Hotels und große Wohnhäuser, oder auch für Gebäude mit Niedertemperaturheizungen, die mit Hilfe der Fassaden- und Dachhautintegrierter Solarthermie einfach und wirtschaftlich ihre CO_2-Einsparziele erreichen können.

3 Fazit

Denkmalgeschützte Gebäude sind unsere Vorbilder nicht nur aufgrund ihrer baugeschichtlichen Bedeutung sondern auch weil sie uns zwingen, über die reine Energieeinspar-Sanierung hinaus zu denken. Bei Denkmalen machen wir uns zum Glück die Mühle, Energieeffizienz-Maßnahmen nicht losgelöst umzusetzen, sondern so, dass diese Maßnahmen der Geschichte und der Zukunft des Gebäudes würdig und dienlich sind. Jedes Denkmal bei dem das gelingt, ist dann erneut Vorbild für alle anderen Gebäude, diesmal in werthaltiger und langlebiger Sanierungen.

4 Danksagung

Der Dank gilt den Co-Autoren Herrn Dirk Fiedler, Herrn Silvian Tourel, Herrn Matthias Risse und Frau Nicole Hallstein und ihren Mitarbeitern.

Bauklima und mikrobielle Schadensprozesse

Dr. Thomas Warscheid[1]

[1] LBW-Bioconsult, Schwarzer Weg 27, 26215 Wiefelstede

Kurzer Überblick

In den vergangenen Jahrzehnten ist die Bedeutung von Mikroorganismen in Museen, Bibliotheken, Archiven und Depots bei der Zerstörung von Papier, Pergament, Leder und Textilien, aber auch bei der Kontamination von anorganischen, historischen Artefakten aus Stein, Porzellan und Glas aus materialtechnischen wie auch hygienisch relevanten Gründen zunehmend in den Blickpunkt der verantwortlichen Restauratoren gelangt. Neben dem Angebot an nährstoffhaltigen Werkstoffen, Beschichtungen und Staubablagerungen, muss jedoch ein ausreichendes Angebot an Feuchtigkeit vorhanden sein, um die betreffenden biogenen Schadensprozesse auszulösen und wirksam werden zu lassen. Eine klare Definition von vertrauenswürdigen Material- und Raumluftfeuchtewerten, die als unbedenklich für das Wachstum der Mikroorganismen unter den jeweils verschiedenartigen Expositionsbedingungen angesehen werden können, ist angesichts der häufig unterschiedlichen makro- und mikroklimatischen Bedingungen von entsprechenden Gebäuden und den darin verwendeten Baustoffen (i.e. Bauphysik, Sorptionsisotherme), den jeweiligen Heizungs- und Lüftungsbedingungen (i.e. Umluftheizung, Ventilation), den verschiedenartig organisierten Erhaltungs- und Pflegemaßnahmen (i.e. HEPA-Reinigung, Konservierung) sowie und den chemischen wie physikalischen Eigenschaften der zu schützenden Artefakte (i.e. organisch, anorganisch) sehr schwierig festzulegen. Darüber hinaus ist unser Wissen über das Wachstumsverhalten und die Stoffwechselaktivität der betreffenden, häufig trockenheitsliebenden Mikroorganismen (i.e. Sporenbildung und –verbreitung) unter den gegebenen Bedingungen nur sehr begrenzt und im betreffenden Gesamtkontext auch noch nicht ausreichend verstanden. Um den Schutz historischer Artefakte, aber auch die gesundheitlich weitgehend unbedenkliche Raumlufthygiene sicherstellen zu können ist daher ein besseres Verständnis für die Feuchtebedingungen und das Wachstum von Mikroorganismen unter den jeweils gegebenen Expositionsbedingungen notwendig. In der Entwicklung effektiver Strategien gegen die mikrobielle Kontamination und den aktiven Bewuchs ist neben der Auswahl und Anwendung feuchtesorptiver, mikrobiell resistenter Wandbaustoffe und Beschichtungen sowie einer gezielten Beheizung und Luftbewegung, auch die Festlegung von angemessenen Reinigungs- und Desinfektionsmaßnahmen unbedingt zu berücksichtigen. Auf diese Weise wird es möglich sein, auf den landläufig häufig noch üblichen Einsatz von keimtötenden, jedoch auch gesundheitlich beeinträchtigenden wie auch ökologisch bedenklichen Bioziden weitgehend zu verzichten. Im Rahmen dieses Beitrages werden zunächst die Ursachen und Auswirkungen mikrobiell-bedingter Schadensprozesse in Museen, Bibliotheken, Archiven und Depots dargelegt; dabei wird im Besonderen auch auf das aktuell immer stärker auftretende Phänomen von Schimmelpilzbildung in Orgeln eingegangen werden. Die verschiedenen Variablen, die das Klima und damit die mikrobiellen Wachstumsbedingungen in entsprechenden Räumlichkeiten bestimmen können werden anhand von Praxisbeispielen erläutert und aus ihnen ableitend, praxisnahe Hinweise für eine grundlegende Beseitigung und nachhaltige Vermeidung der mikrobiellen Schadensprozesse in historischen Sammlungen aufgezeigt.

Schlagwörter: Klimabedingungen, Baustoffe, Staub , Hygiene, Schimmelpilze, Bakterien.

1 Einführung

Mikrobielle Schadensprozesse gefährden in verschiedenster Art und Weise den Erhalt historischer Kunstobjekte und Kulturgüter; darüber hinaus erzeugen mikrobielle Keimbelastungen in Museen, Bibliotheken, Archiven und Depots häufig allzu unreflektiert Angst vor vermeintlich gesundheitlichen Gefährdungen. Leider erfahren derartige Schadensfälle allzu häufig keine systematische, interdisziplinäre Ursachenerfassung und werden in der Regel entweder mit unangemessen hohem Aufwand oder einfach mit desinfizierenden oder keimtötenden Maßnahmen behandelt. Dabei ist gerade eine interdisziplinäre Gesamtsicht bei derartigen Problemfällen notwendig, um das konservatorische Gefährdungspotenzial zu erkennen, angemessene Gegenmaßnahmen zu ergreifen und gezielte baukonstruktive wie bauklimatische Verbesserungen umzusetzen und damit nachhaltige Instandhaltungsstrategien sicherzustellen.

2 Mikroorganismen an Kulturgütern

Je nach den gegebenen Expositions- und Klimabedingungen finden sich auf historischen Kunstobjekten verschiedenste Mikroorganismen (Abbildung 1). Bei hohem Feuchteangebot übernehmen insbesondere auf nährstoffarmen, mineralischen Werkstoffen photosynthetische Algen bzw. Cyanobakterien die Primärbesiedlung und bilden mit ihrer Biomasse die Grundlage für nachfolgende Mikroorganismen. Während dabei Bakterien und Aktinomyceten ebenfalls von einem hohen Feuchteangebot abhängig sind, können Schimmelpilze über eine weite Bandbreite an Feuchtigkeit (i.e. 65 – 95 % relative Feuchtigkeit) leben. Sowohl Bakterien wie auch Schimmelpilze haben in der Regel allerdings keine besonderen Nährstoffansprüche und können selbst mit geringsten Konzentrationen verschiedener organischer Verbindungen ihr Wachstum auf den Werkstoffoberflächen ausbilden.

Insbesondere die variable Anpassung der Schimmelpilze bei verschiedenen Feuchte- und Nährstoffangeboten zu wachsen macht diese Organismengruppe besonders relevant in Hinblick auf mikrobiell-bedingte Schäden an Kunst- und Kulturgütern wie auch hygienische Belastungen in diesbezüglichen Innenräumen. Entsprechend ihres Auftretens unter verschiedenen Expositionsbedingungen kann man die Schimmelpilze grob in drei Gruppen einteilen: ubiquitäre „Schwärzepilze" (u.a. Alternaria spp, Cladosporium spp), taufeuchtespezifische und potentiell allergene Schimmelpilze (u.a. Penicillium spp, Aspergillus spp) sowie feuchteschadenstypische und hygienisch besonders relevante Spezies (u.a. Chaetomium spp, Stachybotrys spp).

Abbildung 1: Mikroorganismen an Kulturgütern (Fotos: Warscheid)

Die von den benannten Mikroorganismen ausgelösten Schadensprozesse umfassen zunächst den für historische Artefakte besonders bedeutsamen ästhetischen Schaden, den bereits das sichtbare Wachstum der Mikroorganismen an sich auslöst. Durch Biokorrosion, zurückgehend auf die mikrobielle Freisetzung von anorganischen und organischen Säuren, und das sogenannte Biofouling, verursacht durch die Bildung von schleimigen Biofilmen, werden die Werkstoffe historischer Kulturgüter unmittelbar wie auch indirekt geschädigt und verändert. Darüber hinaus können mikrobiell-bedingte Schadensprozesse und die nachfolgende Kontamination der Raumluft mit entsprechenden Keimen auch hygienische Belastungen und gesundheitliche Beeinträchtigungen in geschlossenen und häufig schlecht gelüfteten Sammlungen und Archiven verursachen.

Abbildung 2: Mikrobiell-bedingte Schadensprozesse in geschlossenen und schlecht belüfteten Archiven (Foto: Warscheid)

3 Mikrobielle Wachstumsfaktoren

Das Wachstum von Mikroorganismen auf Werkstoffoberflächen ist grundlegend von der Verfügbarkeit von Feuchtigkeit abhängig. Dabei können die jeweiligen Feuchtequellen verschiedenen Ursprungs sein:

- Baurest- bzw. Materialfeuchte

- Kondensationsfeuchte an Wärmebrücken

- erhöhte Raumluftfeuchte durch mangelnden Luftaustausch

- Sorptionsfeuchte verschiedener Baustoffe und Beschichtungen

- Havarie- und Wasserschäden

- jeweiliges Makroklima des betreffenden Objektbereiches.

Eine Definition von verlässlichen Feuchtewerten für mikrobielles Wachstum ist häufig schwierig zu geben, da sowohl die Anpassungsfähigkeit der verschiedenen Mikroorganismen, die Ungleichheit der Feuchteverteilung im Raum bedingt durch Luftbewegung und Sorptionsfeuchte wie auch das unterschiedliche Nährstoffangebot auf den vermeintlich mikrobiell gefährdeten Werkstoffoberflächen lokale Nischen für die Ansiedlung der Mikroorganismen und deren Wachstum bieten können.

In diesem Zusammenhang spielt wiederum insbesondere die Ausbildung von mikrobiellen Biofilmen als schützende Mikronische auf Werkstoffoberflächen eine entscheidende und häufig leider vernachlässigte Rolle. Mit der strukturellen Ausbildung der dazu notwendigen extrazellulären Substanzen, die als Feuchtespeicher, Temperaturpuffer und Regulatoren osmotischer und pH-relevanter Einflüsse dienen, verbessern die Mikroorganismen ihre jeweiligen Lebensbedingungen. Die mikrobiellen Biofilme übernehmen darüber hinaus eine Ionenaustauscherfunktion und können so die eingebetteten Mikroorganismen vor bioziden Behandlungen und oberflächenaktiven Detergention schützen. Durch die mikrobiellen Schleimbeläge werden zudem die Oberflächeneigenschaften der Werkstoffe verändert und so die biogenen wie auch abiogenen Schadensprozesse beeinflusst und katalytisch verstärkt.

Die mikrobiell-bedingten Schadensprozesse können darüber hinaus durch feuchtesorptive und nährstoffhaltige Staubablagerungen verstärkt werden (Abbildung 3), insbesondere, wenn im Rahmen konservatorischer Behandlungen von Kunst- und Kulturgütern thermoplastische, „klebrige" Beschichtungen (z.B. Wachse, ätherische Öle) zum Einsatz kommen.

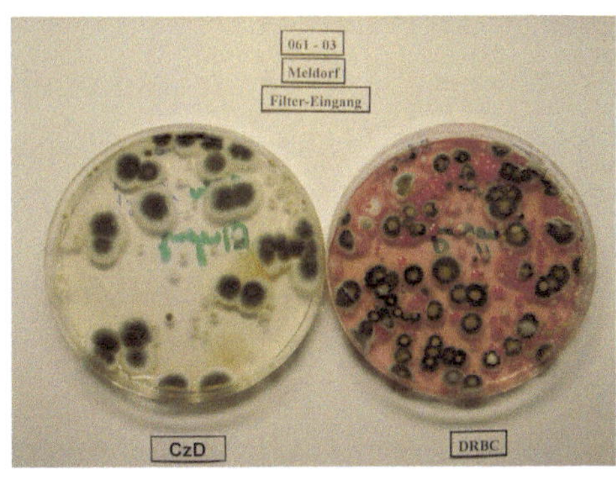

Abbildung 3: links: Staubablagerungen als Nährboden für mikrobiell-bedingte Schadensprozesse. Rechts: Mikroorganismen in einer Petrischale (Fotos: Warscheid)

Bei den historischen Kunst- und Kulturgütern selbst, kann der mikrobielle Wachstumsfaktor „Nährstoffe" kaum ausgeschaltet werden. In Museen, Bibliotheken, Archiven und Depots können

- Papier und Pappe

- Baumwolle, Leinen, Jute und Hanf

- Leime und Kleber

- Leder, Seide und Pergament

- Kunstfasern (Viskose) und

- Photomaterialien (Cellulosetriactat)

eine optimale und unvermeidbare Nährstoffgrundlage für Mikroorganismen bilden, die nur durch nachhaltige Kontrolle des Raumklimas (i.e. Feuchtigkeit, Luftbewegung) vor dem mikrobiellen Angriff geschützt werden können.

Liegen aufgrund baukonstruktiver und bauphysikalischer Bedingungen erhöhte Feuchteangebote in Archiven und Depots vor, können die dortigen Wandoberflächen bei entsprechenden feuchtebindenden Eigenschaften das Wachstum von Mikroorganismen kontrollieren helfen. Hydrophobe Werkstoffoberflächen sind aufgrund ihrer erhöhten Oberflächenspannung zwar nur eingeschränkt benetzbar, können aber aufgrund der mangelhaften Feuchtebindung das mikrobielle Wachstum nur bedingt einschränken. Eine erhöhte Rauigkeit und Porosität vergrößert dagegen die innere Oberfläche der jeweiligen Wandbaustoffe und ermöglicht mit der so erhöhten Sorptionskapazität eine nachhaltige Bindung der Feuchtigkeit, die auf diese Weise den Mikroorganismen vorenthalten wird. Durch die massebedingte Wärmeaufnahme und -speicherung mineralischer Putze wird darüber hinaus eine nachhaltige Trockenhaltung der Wandoberflächen ermöglicht, die insbesondere im Falle von alkalischen Putzen und Beschichtungssystem einen zusätzlichen Schutz vor mikrobiellen Schadensprozessen bieten.

4 Klassische Gebäude und moderne Bauweisen

Während in klassischen Gebäuden bedingt durch das Alter wie auch verschiedene Umnutzungen (konstruktiv wie auch bauphysikalisch) verschiedene Feuchteschäden vorliegen können, zeigen auch moderne Bauweisen (vgl. Abbildung 4) durch die Verwendung gering feuchtesorptiver Baustoffe und Beschichtungen (u.a. Glas, Metall, Beton) bei unzureichender Auslegung von Lüftungs- und Klimaanlagen häufig taufeuchtebedingt mikrobielle Schäden und Belastungen.

Sowohl bei der Restaurierung alter Bausubstanz wie auch bei der Konzeption moderner Gebäude wird, insbesondere im Zuge energetischer Sanierungen, die Funktion von Wandoberflächen als potentielle Feuchtespeicher häufig unterschätzt. Während organische Beschichtungen, Dispersionsfarbe oder auch Gipsputze die Gefährdung von Innenräumen durch mikrobiell-bedingte Schadensprozesse häufig erhöhen, kann durch die Verwendung feuchtesorptiver und alkalischer Baustoffe und Beschichtungen auch bei ungünstigen Klimabedingungen das Wachstum von Mikroorganismen erheblich eingeschränkt werden.

Abbildung 4: Pflanzenphysiologisches Institut der FU Berlin. Die Vorhangfassade aus Stahlprofilen und Glaselementen ist ein Beispiel für ein Gebäude mit gering feuchtesorptiven Baustoffen (Quelle: Institut für Baukonstruktion).

Auch die Möglichkeit des Einsatzes klimastabilisierter Belüftungssysteme zur Regulierung zeitweise anfallender Feuchtebelastungen wird in vielen Bauvorhaben unzureichend gewürdigt. So können erhöhte Feuchtebelastungen im Raum durch regelmäßige Luftbewegung sowie geregelten Austausch mit der Außenluft bei richtiger Dimensionierung eine moderate Austrocknung der Werkstoffoberflächen und damit eine Einschränkung mikrobieller Schadensprozesse sicherstellen.

Durch Kombination von feuchtesorptiven Werkstoffoberflächen und regelmäßiger Luftbewegung und Luftaustausch kann bereits eine ausreichende Klimastabilisierung in Museen,

Bibliotheken, Archiven und Depots ermöglicht werden, ohne dabei einen größeren technischen Aufwand betreiben zu müssen.

5 Interdisziplinäre Anamnese und Analyse

Am Anfang einer jeden Problembehandlung zum Schutz von historischen Kunst- und Kulturgütern vor mikrobiellen Schadensprozessen, insbesondere in Hinblick auf bauliche wie energetische Maßnahmen, steht die umfassende interdisziplinäre Anamnese und Analyse der jeweils gegebenen Schadensituation.

Im Rahmen der Objektanamnese wird über das Archivmaterial, die konstruktiven wie bauphysikalischen Bedingungen, die gegebenen Werkstoffe, die Nutzungsweise und vorhandenen Schäden die Bauschadensituation erfasst und das Sanierungsziel definiert.

Die bauphysikalischen Betrachtungen von Temperatur und Feuchte beinhalten eine Erfassung des Feuchteeintrags und möglichen Feuchteschutzes, des Raumklimas und der Lüftung bzw. Heizung unter Einbeziehung der jeweiligen Sorptionsisotherme der gegebenen Baustoffe und Beschichtungen im Raum.

Mikrobiologische Analysen sollten sich durch einfache Methoden (i.e. Mikroskopie und ATP-Hygieneprüfung) im Wesentlichen auf die Erfassung möglicher mikrobiell-bedingter Schadenspotentiale und vermeintlich gesundheitlicher Beeinträchtigungen sowie die Sicherstellung eines abschließenden Sanierungserfolges konzentrieren.

Medizinische Aussagen und Bewertungen sollten dabei nie ohne Absprache und Kooperation mit einem erfahrenen Umweltmediziner geschehen.

6 Erhaltungsmaßnahmen und Pflege

Als wirksamste Maßnahmen gegen mikrobiell-bedingte Schäden in Museen, Bibliotheken, Archiven und Depots gelten

- Staubvermeidung
- regelmäßige Reinigung von Archivalien mit HEPA-Saugern
- Trennung und (noch besser) Vermeidung von organischen Baustoffen
- feuchtesorptive Wandbeschichtungen
- Klimakontrolle und Ventilation
- falls nicht vermeidbar, minimaler Biozideinsatz.

Im Rahmen der Sammlungspflege und präventiven Konservierung gilt es dabei in Anlehnung an den „Sinnerschen Reinigungszyklus" (i.e. Wechselspiel zwischen Chemie, Mechanik, Temperatur und Zeit) eine Risikobewertung von Staub und Luftschadstoffe (i.e. Staubvermeidung, Haustechnik, Werkstoffe und Besucher) sowie der Gebäudereinigung (i.e. Reinigungsmethoden, Reinigungsintervalle und Reinigungsprodukte) vorzunehmen und die sich daraus ergebende Strategie unter allen Objektverantwortlichen interdisziplinär zu kommunizieren.

7 Schlussbetrachtungen

Zur Vermeidung mikrobieller Schadensprozess an Kunst- und Kulturgütern in Museen, Bibliotheken, Archiven und Depots im Zuge baulicher und energetischer Maßnahmen ist eine interdisziplinäre Risikoanalyse unabdingbar – Nachdenken bevor man handelt! Dazu gehören insbesondere eine

- differenzierte Betrachtung und Bewertung der verschiedenartigen Expositionsbedingungen und vermeintlich förderlichen Faktoren für mikrobielle Schadensprozesse

- die Bauklimakontrolle und Erhaltung einer nachhaltigen Gleichgewichtsituation vs. Biozideinsatz

- die Installation intelligenter Belüftungs- und Entfeuchtungssyteme

- Einsatz feuchtesorptiver und mikrobiell resistenter Baustoffe und Beschichtungen.

Energetische Probleme und akustische Verfahren

Prof. Dr. Peter Holstein[1], Dr. Armin Raabe[2], Dipl.-Des. Nicki Bader[1], Andreas Tharandt[1], Dr. Manuela Barth[1,2], Dipl.-Phys. Hans-Joachim Münch[1]

[1] SONOTEC Ultraschallsensorik Halle GmbH, Nauendorfer Str. 2, 06112 Halle
[2] Universität Leipzig, Institut für Meteorologie, Stephanstr. 3, 04103 Leipzig

Kurzer Überblick

Im Beitrag werden einige Möglichkeiten vorgestellt, die akustische Verfahren für energetische Fragestellungen im Bereich denkmalgeschützter Gebäude, Räume, Wände usw. eröffnen. Im Mittelpunkt stehen akustische Verfahren, die für Anwendungen im baulichen Bereich geeignet sind – typischerweise sind das Dimensionen mit Ausmaßen wie bei Fenstern und Türen sowie von Räumen oder Hallen. Akustische Verfahren bieten dabei eine Reihe von Anwendungsvorteilen. Sie sind in weiten Grenzen an die jeweilige Aufgabenstellung anpassbar und skalierbar. Es werden zwei Varianten von Sende-Empfangs-Experimenten beschrieben, die direkt für energetisch orientierte bauphysikalische Fragestellungen relevant sind. Die Verfahren sind so ausgelegt, dass sie oberhalb des hörbaren Frequenzbereiches (ca. 10-100 kHz) arbeiten. Dies ist sowohl für die physikalische Auflösung als auch für die Akzeptanz bei Nutzern bedeutsam. Die Anwendungsbreite richtet sich dabei von Bewertungen der Dichtheit bis zur eingriffsfreien tomografischen Abbildungen von Lufttemperatur und -strömung.

Schlagwörter: Dichtheit, Akustik, Ultraschall, Tomografie

1 Einführung

Die technische Dichtheit ist oft mit energetischen Fragestellungen verbunden. Ein industriell bedeutsames Beispiel ist das Suchen und Beseitigen von Druckluftlecks. Die energetischen Verluste sind erheblich. Einschätzungen zufolge kann dem Drucklufteinsatz ein direkter jährlicher Verbrauch von über 120 TWh (> 90 Millionen Tonnen CO_2) in der EU und über 760 TWh (> 570 Millionen Tonnen CO_2) weltweit zugeordnet werden [1], [2]. Besonders alarmierend ist, dass ca. 30 % der in Druckluftsystemen genutzten teuren Energieform „Druckluft" aufgrund von Leckagen verschwendet werden. Ähnliche Zahlen liegen den Autoren für die energetischen Betrachtungen für Gebäude nicht vor. Qualitative Beschreibungen und der Aufwand, der mit angepassten Verfahren wie dem Blower-Door-Test [3] betrieben wird, lassen jedoch ein ähnlich ungünstiges Verhältnis erwarten. Druckluft ist für den Nachweis mit Ultraschallprüftechnik aufgrund der strömungsakustischen Phänomene prädestiniert. Für den Nachweis von Lecks gibt es deshalb seit einigen Jahrzehnten entsprechende Prüftechnik. Diese ist einfach und robust. In vielen Fällen ist diese auch zielführend einsetzbar. Eine Kritik der Verfahrensprinzipien kann an dieser Stelle nicht vorgenommen werden [4], [5]. Es sei insbesondere auf neue Entwicklungen der Gerätetechnik verwiesen, mit der verbesserte und neue Verfahren zum Nachweis der Dichtheit und von energetischen Verlusten zum Einsatz kommen [5]. Wenn kein Druckgradient vorliegt, gibt es natürlich auch keine Strömungsgeräusche. Es gibt aber Problemstellungen, wo das Auffinden undichter Stellen trotzdem sehr wichtig ist. Beispiele sind Luken und Deckel im Transportwesen, im militärischen Bereich, Abdichtungen von Reinsträumen und oder von Gehäusen im industriellen Bereich (Fahrzeugkabinen, Getriebegehäuse usw.).

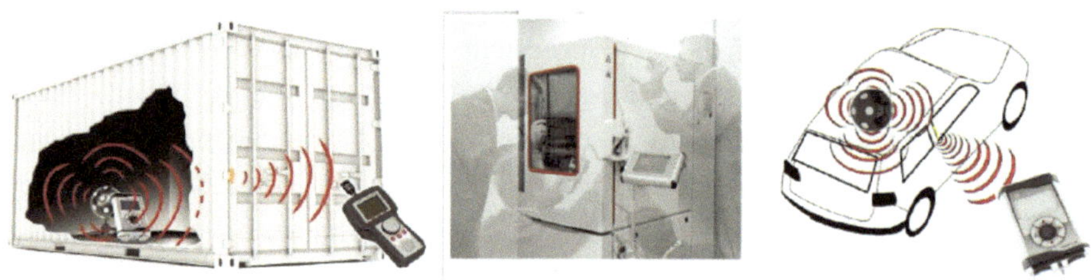

Abbildung 1: Prinzipdarstellung möglicher Anwendungen der aktiven Ultraschallmethode in der Industrie, Schallsender und Empfänger befinden sich hinter oder vor der zu untersuchenden Dichtung.

Die luft- und energetische Dichtheit von Gebäuden und Gebäudeelementen wird vor allem mittels IR-Thermo-Kameratechnik und zunehmend mit zugehöriger Bildverarbeitung bewertet. Dieses Verfahren hat den Nachteil, dass ein Temperaturgradient benötigt wird. Es lassen sich viele Situationen denken, wo keine energierelevanten Temperaturunterschiede vorhanden sind und trotzdem entsprechende Untersuchungen gemacht werden müssen.

Als weiteres Verfahren zur Bewertung der Luftdichtheit ist ein auf Druckdifferenzen beruhendes Messverfahren im Einsatz (Blower-Door-Verfahren (ISO 9972:1996/EN 13829)) [3], [6], [7]. Im betreffenden Volumen wird mittels Unterdruck eine Strömung erzeugt, die sich mit diversen Mitteln nachweisen lässt. Der Raum bzw. das Gebäude muss dabei abgedichtet sein. Der damit verbundene relativ große Aufwand dient dazu, etwa 50 Pa Unterdruck zu erzeugen. Einige prinzipielle Nachteile sind mit dem Verfahren verbunden. Es ist oft schwierig, eine perfekte Abdichtung zu erreichen. Bei großen Volumina ist es schwierig, den notwendigen Unterdruck zur Verfügung zu stellen. Es ist offensichtlich, dass nur geschlossene Räume untersucht werden können.

Ultraschallverfahren sind hingegen – neben der Unabhängigkeit von der Existenz eines Temperaturgradienten – nicht an geschlossene Volumina gebunden. Mit einem aktiven Ultraschallsender können auch vorgefertigte Elemente wie Türen und Fenster, die in Wandelemente eingebaut sind, geprüft werden. Ziel ist es, die Verfahren im Handling so zu vereinfachen, dass diese auch von Nichtfachleuten schnell und sicher durchgeführt sowie ausgewertet werden können.

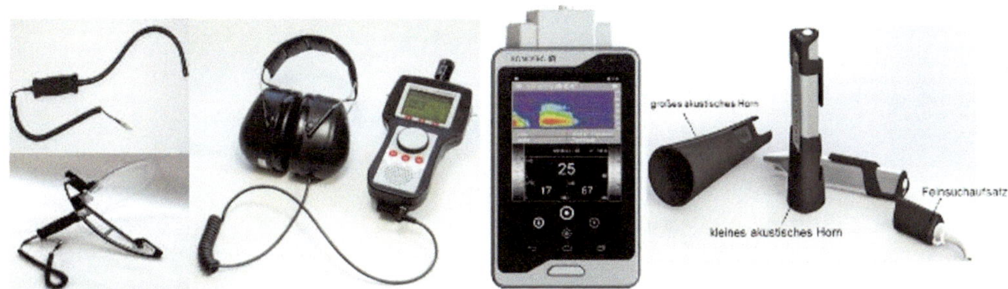

Abbildung 2: Equipment zur Lecksuche und Dichtheitsbewertung; links: Analoge Prüftechnik mit Schmalbandverfahren und Zubehör; rechts: Digitales Prüfgerät mit ausgewähltem Zubehör für Dichtheitsanwendungen. Die Softwarearchitektur erlaubt die Integration spezialisierter Programme und Abläufe für die Dichtheitsprüfung. Ein wichtiges Feature für den Einsatz ist eine geeignete Transformation in den hörbaren Frequenzbereich.

Andererseits müssen Räume auch in historischen Gebäuden klimatisiert werden. Das ist häufig mit einem hohen Energieaufwand verbunden. Das Ziel einer gleichmäßigen Klimatisierung lässt sich dabei mit einfachen Temperatur- und Feuchtemessstellen nicht überprüfen. Hier bietet sich die Analyse der Schallausbreitungsverhältnisse im Raum an, aus denen sich die Verteilung der Temperatur im Raum ableiten lässt. Das wäre die Basis für eine effektive Klimatisierung unter minimalem Energieaufwand. Mit tomografischen Verfahren auf der Basis der Messung der Laufzeit von Schallsignalen ist man prinzipiell in der Lage, räumlich aufgelöste Informationen über die Temperaturverteilung und sogar über die Strömungsverhältnisse in Räumen zu erhalten. Das Verfahren stammt aus dem Bereich der Meteorologie [8], [9] und beruht auf der Abhängigkeit der Schallgeschwindigkeit von Temperatur und Strömung entlang des Ausbreitungsweges und wird hier für die Aufzeichnung von Temperatur- und Strömungsverhältnissen in einem Raum angewendet. Ziel ist es, Informationen für die klimatischen Bedingungen in einem Raum zu erhalten. Dies ist insbesondere für raumklimatische Bewertungen und Klimaregelungen interessant. Beispiel sind die tomografische Erfassung von Temperatur und Strömung für energetische Regelungen in einem Rechenzentrum im laufenden Betrieb [10], die Erfassung von Strömungsverhältnissen in Windkanälen und Gewächshäusern bis hin zur simultanen Abbildung von geringen Temperaturunterschieden und Strömungsfeldern für in der Grundlagenforschung verwendete Kammerexperimente [11], [12]. Die Autoren arbeiten selbst z.T. in einem dem Denkmalschutz unterliegenden Gebäude, so dass neben der Verfügbarkeit geeigneter Untersuchungsobjekte auch die entsprechende Motivation für die Thematik vorhanden ist.

Die Methodik und mögliche Einsatzgebiete der Verfahren lassen sich bzgl. des Anwendungsnutzens der Verfahren anhand der folgenden Abbildung verdeutlichen. Sowohl für flächenbezogene Fragestellungen (außen und innen) als auch für räumlich energetische Fragestellungen wurden die Methoden verifiziert.

Abbildung 3: Institut für Meteorologie der Universität Leipzig. Das denkmalgeschützte Gebäude (1861) ist ein Nebengebäude der ehemaligen Universitätssternwarte in Leipzig. Für die Messungen wurden Fenster in der ersten Etage ausgewählt. Die Tür befand sich im Turm (Zugang zur höchsten Dachfläche); links: energetische Undichtheiten an Positionen in den Außenwänden. Es ist kein Temperaturgradient erforderlich. rechts: Temperatur und Strömungsverteilungen können mit einer Laufzeit-Tomografie-Methode gemessen werden.

2 Theoretische und experimentelle Grundlagen

2.1 Verfahren mit aktiven Ultraschallsender-Dichtheit

In der Praxis wird meist eine Ultraschallquelle mit ausreichender Leistung und einer Sendefrequenz (meist um 40 kHz) in einem Bereich außerhalb der Betriebsgeräusche verwendet. Die Methode ist aber nur scheinbar einfach. Dies ist dann zu berücksichtigen, wenn quantifizierbare Aussagen gemacht werden sollen. Wichtige Voraussetzungen für quantifizierbare Aussagen sind eine hinreichende Qualität und Leistung der Schallfelder sowie das Verständnis der physikalischen Phänomene [5]. Schall tritt an Leckagen nach außen (Transmission) und wird durch unterschiedliche physikalische Prozesse beeinflusst. Transmission erfolgt direkt durch kleine Öffnungen in der Wand aber auch als Flankenübertragung (Weiterleitung über Körperschallbrücken und schließende Abstrahlung als Sekundärschall). Beugung bewirkt eine Änderung der Ausbreitungsrichtung einer Schallwelle beim Durchgang durch ein Hindernis (Loch, Spalt). Die Beugung ist umso größer, je kleiner die Öffnung im Verhältnis zur Wellenlänge des Schalls ist (ungerichtete Abstrahlung). Wird die Öffnung (unter Beibehaltung der Wellenlänge) größer, wird der Beugungseffekt geringer und die Abstrahlung erfolgt gerichteter. Ist die Öffnung deutlich kleiner als die Wellenlänge, entstehen dahinter Kugelwellen (kreisförmige Öffnung) bzw. Zylinderwellen (schlitzförmige Öffnung). Eine Überlagerung der Elementarwellen kann zu gegenseitiger Verstärkung (konstruktive Interferenz) oder gegenseitiger Abschwächung (destruktive Interferenz) oder sogar zur Auslöschung führen. Nähert sich die Längenausdehnung der Öffnung der Größenordnung der Wellenlänge an, so wechseln sich – aufgrund von Interferenzen mit im Dichtungshohlraum reflektierten Wellen – Bereiche mit positivem und negativem Schalldämmmaß ab. Der erste Dämpfungseinbruch liegt in etwa bei der Frequenz, deren Wellenlänge gerade der doppelten Wandstärke entspricht. Weitere Einbrüche folgen bei ganzzahligen Vielfachen dieser Frequenz. Je größer die Wandstärke im Vergleich zum Lochdurchmesser wird, umso ausgeprägter treten die Resonanzen auf. Dabei können auch negative Werte des Schalldämmmaßes erreicht werden. Dies bedeutet, dass durch die Öffnung in diesem Frequenzbereich mehr Schallenergie „gepumpt" wird, als auf diesem Flächenanteil zu erwarten wäre. Ohne Hindernis entsteht ein konstanter spektraler Verlauf. Die Wand ist nicht vollständig schallhart. Tiefe Frequenzen transmittieren, höhere Frequenzen werden effektiv reflektiert. Bei einem einfachen Spalt sind im Fernfeld keine Interferenzerscheinungen zu beobachten. In Wandnähe gibt es Überlagerung von transmittiertem und gebeugtem Signal. Bei einem versetzten bzw. überlappend versetzten Spalt wird die Feldverteilung komplizierter. Es entsteht eine Überlagerung von transmittierten, gebeugten und reflektierten Signalen. Dies wirkt sich als Überlagerung im gesamten Spektralbereich aus. Es gibt dabei Abhängigkeiten vom Einfallswinkel des Schalls, vom Abstand des Sensors zum Spalt sowie der Spaltgeometrie (Spaltweite, Dicke und Form). Die Daten zeigen, dass nur komplexe Bewertungen zielführend für sichere Bewertungen sind. Die folgenden Abbildungen verdeutlichen die prinzipiellen Zusammenhänge zwischen Wellenlänge, Spaltgeometrie und Positionierung der Messgeräte.

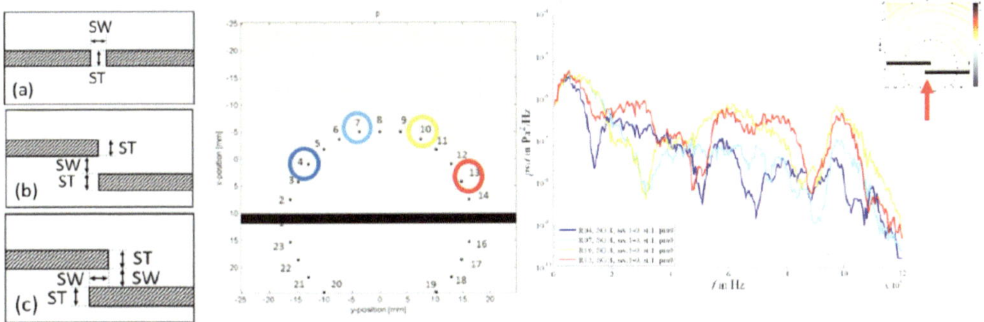

Abbildung 4: links: Verschiedene simulierte Spaltgeometrien: (a) einfacher Spalt, (b) versetzter Spalt, (c) überlappend versetzter Spalt und entsprechenden Größenzuordnungen von Spaltweite (SW) und Spaltdicke (ST). Der Fall (c) dürfte typisch für Türen und Fenster sein; mitte: Positionen der rechts dargestellten Leistungsdichtespektren [4]. In den Experimenten wurde ein Sender mit 40 kHz. verwendet. Die Simulationen (dargestellt ist Fall (c)) zeigen die Sensivät des Verhältnisses von Wellenlänge und undichten Spalten. Leistungsdichtespektren an verschiedenen Empfängerpositionen (Farben entsprechend Markierung in Abbildung 4 mitte) für eine Spaltdicke von 1,85 mm und eine Spaltweite von 1,85 mm. Als akustisches Signal dient weißes Rauschen, das als ebene Welle aus der mit einem roten Pfeil gekennzeichneten Richtung auf den Spalt trifft. Verwendet wurde die MATLAB-Toolbox-k-Wave [11].

2.2 Akustische Messung von Temperatur und Strömung

Im Allgemeinen werden dazu an den Rändern einer zu untersuchenden Fläche Kombinationen aus einem Schallsender und einem Schallempfänger positioniert. Verwendet man N solcher Sende-/Empfangspunkte, dann erhält man N*(N-1) verschiedene Messstrecken, die die zu untersuchende Fläche möglichst optimal abdecken. Die Entfernungen (d) zwischen allen Messstellen sind bekannt. Die Elektronik sendet zu einer definierten Zeit ein Schallsignal aus, das an allen anderen Messstellen nach einer gewissen Zeit aufgezeichnet wird. So erhält man die Laufzeiten der Schallsignale τ, die den entsprechenden Strecken zugeordnet werden. Da sich die Sender-Empfänger-Kombinationen gegenüberstehen, können die Schallaufzeiten auf der jeweiligen Strecke hin (τ_{hin}) und zurück ($\tau_{rück}$) gemessen werden. Daraus ergibt sich der Mittelwert der Schallgeschwindigkeit auf der jeweiligen Messstrecke. Man berechnet die Laplacesche Schallgeschwindigkeit c_L, die ein Maß für die virtuelle akustische Temperatur T_{av} darstellt, welche wiederum näherungsweise mit der Lufttemperatur gleichgesetzt werden kann, nur das sich in ihr in geringem Maße der Feuchtegehalt der Luft (q spezifische Feuchte) widerspiegelt:

$$c_L = \sqrt{\gamma \cdot R \cdot T_{av}} \qquad T_{av} = c_L^2 \cdot (\gamma \cdot R)^{-1} \quad \text{mit} \quad (\gamma = 1.4, \quad R = 287,05 \, J \, kg^{-1} K^{-1}) \qquad (1)$$

Aus der Differenz der Schalllaufzeiten auf jeder Strecke erhält man die dem im Raum möglicherweise existierenden Strömungsfeld zuzuordnende Strömungsgeschwindigkeit entlang dieser Strecken.

$$v = \frac{c_{hin} - c_{rück}}{2} = \frac{d}{2}\left(\frac{1}{\tau_{hin}} - \frac{1}{\tau_{rück}}\right) \qquad (2)$$

Über inverse Berechnungsverfahren (tomografische Verfahren [13]) werden in einem nächsten Schritt aus den vielen Streckeninformationen flächenhafte Verteilungen der Lufttemperatur und der Strömungsgeschwindigkeit berechnet. Als Besonderheit unter den tomografischen Verfahren ist die gleichzeitige Messung einer skalaren (Temperatur) und einer vektoriellen Größe (Strömungsvektor) zu erwähnen. Die Fläche, an deren Rändern die Sender-Empfänger-Kombinationen angeordnet sind, ist virtuell in einzelne Zellen untergliedert. Für jede dieser Zellen wird als Ergebnis eine Raumlufttemperatur bzw. eine Raumluftgeschwindigkeit ausgewiesen. Der hohen Aussagekraft der tomografischen Messungen steht in der Praxis der Installationsaufwand entgegen. Deshalb wurde das Verfahren so modifiziert und weiterentwickelt, dass die Anzahl der Sender und Empfänger drastisch reduziert werden kann. Ziel ist es mit nur einem Sender und Empfänger auszukommen [15]. Der Messaufwand wäre in etwa mit bauakustischen Nachhallmessungen zu vergleichen. Der numerische Aufwand bezieht sich dann auf die Analyse des Nachhalls, der sich aus Schallsignalen zusammensetzt, die vom Sender ausgehend den Empfänger auf vielen verschiedenen Wegen erreichen und so praktisch den Raum in der Umgebung „abtasten". Im Nachhall sind also auch die Information über die Temperatur auf diesen Wegen und der Einfluss der Strömung enthalten. Die Laufzeit eines akustischen Signals entlang eines Weges l lässt sich mit Hilfe des räumlich variablen Schallgeschwindigkeitsfeldes (bzw. dessen Kehrwerten, den Langsamkeiten s) schreiben als

$$\tau = \int_l \frac{1}{c(r)} dl = \int_l s(r) dl \qquad (3)$$

Wird nun ein Untersuchungsgebiet entlang verschiedener Wege durchschallt, lassen sich räumliche Verteilungen der „Langsamkeiten" und hieraus die akustische virtuelle Temperatur zum Zeitpunkt der Messung ableiten. Hierfür werden tomographische Rekonstruktionstechniken eingesetzt. Im Folgenden soll nur ein kurzer Überblick gegeben werden, ausführliche Informationen zum hier verwendeten Verfahren der akustischen Laufzeittomographie sind z.B. in Holstein [9], Barth [8], [12] und für dreidimensionale Anwendungen in Barth und Raabe [11] gegeben. Für die vorgestellten Analysen fand ein iteratives algebraisches Verfahren, die simultane iterative Rekonstruktionstechnik (SIRT), Verwendung [11]. Voraussetzung für die Anwendung eines solchen Verfahrens ist die Untergliederung des Messgebietes in diskrete Teilgebiete, in denen die gesuchte Größe jeweils als konstant angenommen wird. Für ein Gebiet aus J Zellen kann die Laufzeit des i-ten Schallstrahles in der Form

$$\tau_i = \sum_{j=1}^{J} s_j \cdot l_{ij} \tag{4}$$

angegeben werden, wobei s_j die Langsamkeit in der j-ten Zelle und l_{ij} die Länge des i-Schallstrahls in der j-ten Zelle darstellen.

Mit Hilfe des SIRT-Algorithmus wird eine Lösung für die Verteilung der Langsamkeiten s_{ij} bei bekannten Schallstrahlabschnitten und gemessenen Schalllaufzeiten in einem iterativen Prozess bestimmt. Im Ergebnis erhält man eine Verteilung der Langsamkeiten, die sich entsprechend des oben angegebenen Zusammenhangs in eine Verteilung der akustisch virtuellen Temperatur überführen lässt. Durch Wiederholung der Messungen über eine Beobachtungszeit hinweg, kann man z.B. die Entwicklung der Raumlufttemperaturverteilung beobachten.

3 Anwendungsbeispiele

3.1 Dichtheit

Am Beispiel der Dichtheit von Fenstern und Türen des Denkmal geschützten Gebäudes der ehemaligen Sternwarte wird das Verfahren beispielhaft demonstriert (Abbildung 5 und 6). Bei der Dichtheitsprüfung sind hier Sender und Empfänger jeweils geeignet vor und hinter dem Untersuchungsobjekt platziert. Gesendet wurde mit 40 kHz. Die Arbeitsfrequenz kann den Erfordernissen angepasst werden. Die Zeit-Frequenz-Darstellungen (Spektrogramme) illustrieren die Rohdatenaufnahme und gleichzeitig die Leistungsfähigkeit des Verfahrens. Akustische Störungen könn(t)en durchaus einen relevanten Einfluss haben. Mit dem neuen breitbandigem Verfahren können diese jedoch geeignet gefiltert werden.

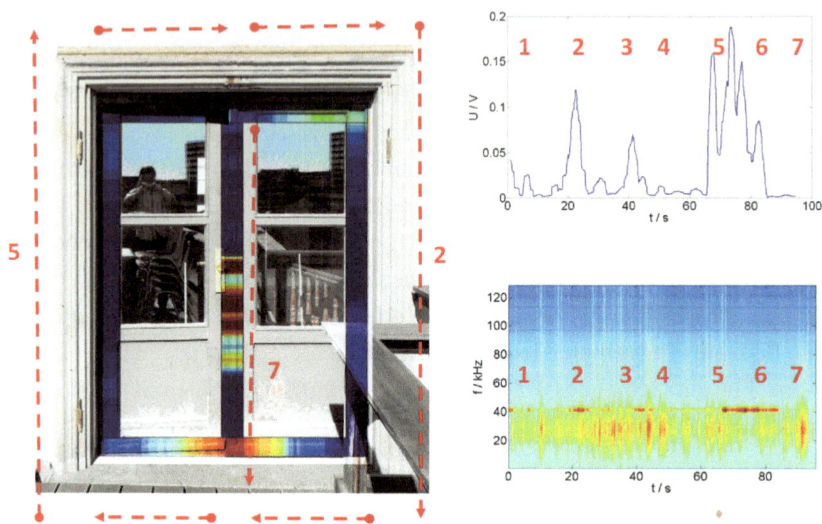

Abbildung 5: Dichtheitsprüfung einer Tür im Turm der alten Sternwarte. Die Prüfreihenfolge ist mit den Zahlen angedeutet.

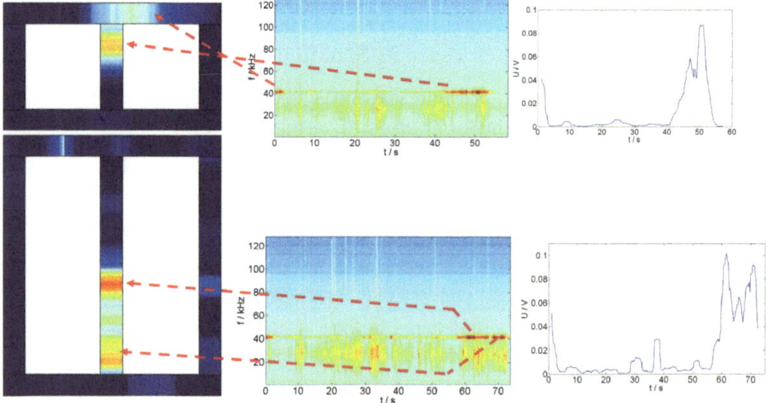

Abbildung 6: „undichtes" Fenster – mitte oben: obere Flügel (Fenster); mitte unten: Fenster unterer Flügel. Akustische Rohdaten (in Zeit-Frequenz-Darstellung). Die Koordinatenzuordnung erfolgt (gegenwärtig) über eine gleichförmige Zeit-Distanz-Transformation. Das Messsignal muss man sich als „abgerollten" Messpfad vorstellen. Die Daten zeigen, dass Störfrequenzen durchaus vorkommen. Dies kann aber mit dem neuentwickelten breitbandigen Messverfahren berücksichtigt und korrigiert werden. Nach entsprechenden Filterungen im Zeit- und Frequenzbereich erhält man den Intensitätsverlauf (rechts), der ein Maß für die Dichtheit darstellt.

Die tomografischen Messungen der Temperaturverteilungen wurden mit nur einem Sender und Empfänger realisiert (Abbildung 7-9). Die Spiegelschallquellen liefern dabei die notwendigen Schallwege für den tomographischen Algorithmus. Der Raum wurde mit Heizquellen gezielt manipuliert. Im hier gezeigten Experiment wird eine Aufheizphase eines Raumes verfolgt, was zu einer inhomogenen Temperaturverteilung im Raum führt.

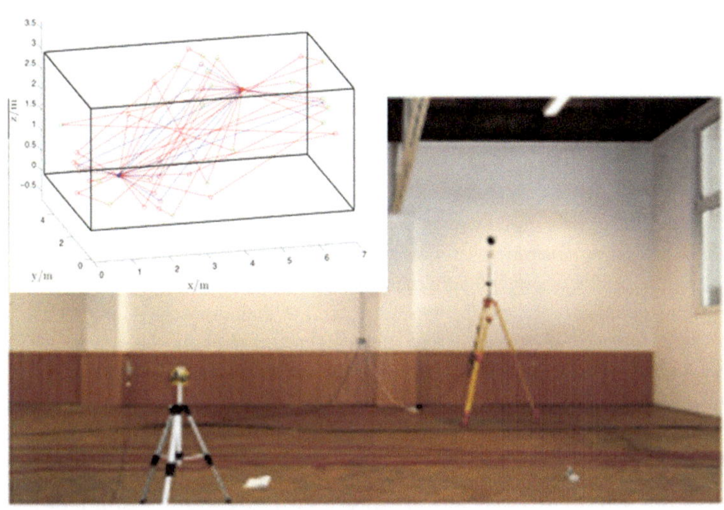

Abbildung 7: Messanordnung in Turnhalle mit nur einem Sender und einem Empfänger. Durch Reflexionen entstehen viele sekundäre Quellen (Spiegelquellmodell). Entsprechende Algorithmen wählen die Schallpfade aus, die für den Tomografie-Algorithmus verwendet werden können.

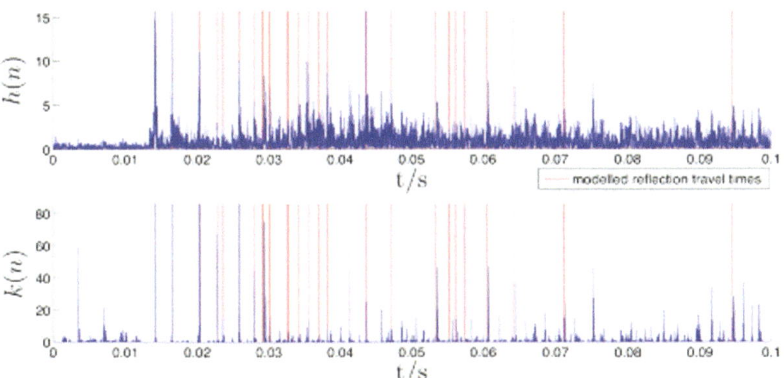

Abbildung 8: Reflektogramm der nachhallenden Schallsignale und Signalaufbereitung mittels Kurtosis-Analyse (Bleisteiner, 2014); blau: gemessene Eintreffzeit der Schallreflexionen; rot: berechnete Eintreffzeit der Reflektionen nach dem Spiegelquellenmodell.

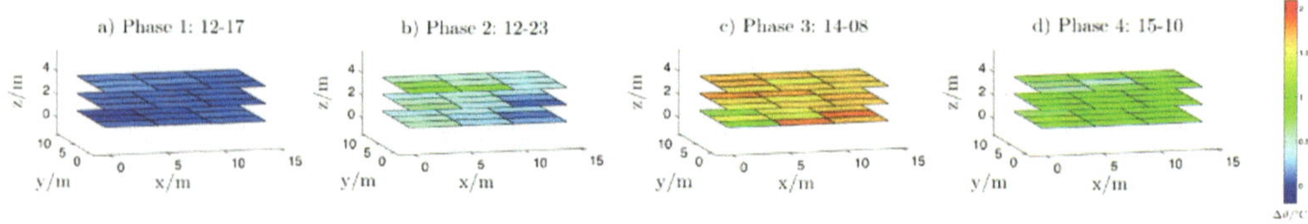

Abbildung 9: Aufzeichnung eines Raumlufttemperaturfeldes und tomografische Rekonstruktion unter Verwendung von Schallreflexionen bis zur 2.Ordnung. Über die Identifizierung der Schallreflexionen im Reflektogramm können die Laufzeiten der Schallsignale den zugehörigen Laufwegen ermittelt werden. Auf Basis dieser Information erfolgt die tomografische Rekonstruktion des Raumlufttemperaturfeldes. Der tomografische Algorithmus zerlegt den Raum in 3x3x3=27 Einzelbereiche, für die jeweils eine Raumlufttemperatur ausgewiesen wird. Ein Strömungsfeld wäre erst dann gleichzeitig beobachtbar, wenn die Schallausbreitung zusätzlich reziprok erfasst werden würde.

4 Zusammenfassung

Akustische Methoden sind für wichtige energiebezogene praktische Fragestellungen einsetzbar, die eine Reduzierung des Energieaufwandes im Blick haben müssen. Die Verfahren sind an viele Fragestellungen anpassbar. Für die Dichtheitsprüfung wurde erstmalig eine neue digitale Prüftechnik eingesetzt. Messung und Datenaufbereitung ermöglichen ein effektives Mapping von Ursachen für Energieverluste relevanter Bereiche. Eine Reduktion des experimentellen und personellen Aufwandes, wie am Beispiel der Tomografie dargestellt, macht die Methoden praxistauglich. Beispielsweise konnte die Zahl der üblicherweise eingesetzten Sender- und Empfänger-Paare auf ein Paar reduziert werden, was den Aufwand für eine Installation im Raum und die Kosten erheblich reduziert. Es konnte auch gezeigt werden, dass das Hinterfragen der physikalischen Grundlagen die Möglichkeiten der Verfahren erweitert. Ein weiterer wichtiger Aspekt für die Anwendung ist die Übersetzung der Verfahren in moderne Gerätetechnik, die auch Auswertungsverfahren integrieren kann.

5 Danksagung

Die Arbeiten wurden teilweise im Rahmen des Projekts UMKlaD gefördert (BMBF, KMU-innovativ, Fördernummer: 01IS15051A). Herrn A. Weise danken wir für die kritische Durchsicht des Manuskripts.

6 Literatur

[1] ENERSIZE LTD: *CAS EE – Making Enhancement Happen.* 2011.

http://www.enersize.com/ en/about-enersize/publications-new.html (letzter Zugriff am 29.07.2016)

[2] Ratgen, P.; Blaustein, E.: *Compressed Air Systems in the European Union – Energy, Emissions, Savings Potential and Policy Actions.* Stuttgart: LOG_X Verlag GmbH, 2001.

[3]   Weidner, L. T.: *BlowerDoor Luftdichtheitsprüfung*. http://www.bauthermografie-luftdichtheit.de/38303.html (letzter Zugriff am 29.07.2016).

[4]   Holstein, P.; Klepel, A.; Gillner, K.; Münch, H.-J.: *Einsatzmöglichkeiten von Ultraschall bei der Einsparung von Energie*. Proceedings DACH-Tagung. Salzburg: 2015.

[5]   Holstein, P.; Barth, M.; Probst, C.: *Acoustic methods for leak detection and tightness testing*. Proceedings19. World Conference of Nondestructive Testing. München: 2016.

[6]   http://www.energiewelt.de/web/cms/de/1543382/energieberatung/bauen-und-sanieren/blowerdoor-test/ (letzter Zugriff am 29.07.2016).

[7]   https://de.wikipedia.org/wiki/Differenzdruck-Messverfahren (letzter Zugriff am 29.07.2016)

[8]   Barth, M.; Raabe, A.: *Akustische Tomographie zur gleichzeitigen Bestimmung von Temperatur- und Strömungsfeldern in Innenräumen*. Wissenschaftliche Mitteilungen Universität Leipzig, Institut für Meteorologie, 37, 2006, S. 71-80.

[9]   Holstein, P.; Raabe, A.; Müller, R.; Barth, M.; Mackenzie, D.; Starke, E.: *Acoustic tomography on the basis of travel-time measurement*. Measurement Science and Technology 15, 2004, S. 1420-1428.

[10]   Raabe, A.; Barth, M.; Holstein, P.: *Akustische Tomografie und Raumklimatisierung*. Journal Scientific Reports: Journal of g the University of Applied Sciences Mittweida, Nr. 5, 2014, S. 42-43.

[11]   Treeby, B. E.; Cox, B.T.: *k-Wave: MATLAB toolbox for the simulation and reconstruction of photoacoustic wave-fields*. Journal of Biomedical Optics, 15 (2), 021314, 2010.

[12]   Barth, M.; Raabe, A.; Arnold, A.; Resagk, C.; Du Puits, R.: *Flow field detection using acoustic travel time tomography*. Meteorologische Zeitschrift, Vol. 16, No. 4, 2007, S. 443-450.

[13]   Barth, M.; Raabe, A.: *Acoustic tomographic imaging of temperature and flow fields in air*. Measurement Science and Technology 22, 2011, S. 1-13.

[14]   Barth, M.: *Akustische Tomographie zur zeitgleichen Erfassung von Temperatur- und Strömungsfeldern*. Dissertation, Universität Leipzig, 2009.

[15]   Bleisteiner, M.; Barth, M.; Raabe, A.; Holstein, P.: *Tomografische Rekonstruktion der Raumtemperaturverteilung aus einer Raumimpulsantwort*. Wissenschaftliche Mitteilungen Universität Leipzig, Institut für Meteorologie, 53, 2015, S. 99-112.

Förderung einer nachhaltigen Entwicklung – Das neue Förderprogramm der Deutschen Bundesstiftung Umwelt im Bereich „Denkmal und Energie"

Dr. Paul Bellendorf[1], Dipl.-Ing. Architektin AKNW Sabine Djahanschah[1]

[1] Deutsche Bundesstiftung Umwelt, An der Bornau 2, 49090 Osnabrück

Kurzer Überblick

Die Deutsche Bundesstiftung Umwelt (DBU) hat auf die Verabschiedung der Sustainable Development Goals durch die Generaldirektion der Vereinten Nationen sowie auf das Modell der planetaren Grenzen reagiert und zum 01.01.2016 neue Förderleitlinien vorgelegt. Mit den Förderthemen „Klima- und ressourcenschonendes Bauen", „Energie- und ressourcenschonende Quartiersentwicklung und -erneuerung" sowie „Bewahrung und Sicherung national wertvoller Kulturgüter vor schädlichen Umwelteinflüssen" hat die DBU damit Möglichkeiten zur Förderung von umweltentlastenden Innovationen sowie deren modellhaften Anwendung im Bereich „Denkmal und Energie" geschaffen.

Schlagwörter: Ziele für nachhaltige Entwicklung/Sustainable Development Goals (SDG), Planetare Grenzen, Förderleitlinien, Bauen, Quartier, Kulturgut

1 Einführung

Das Handeln des Menschen hinterlässt Spuren in der Umwelt. Durch die Emission von schadhaften Agenzien, allen voran CO_2, und dem immensen Flächenverbrauch, z. B. durch Rohstoffabbau oder Flächenversiegelung, sorgt der Mensch dafür, dass das System Erde an seine Belastungsgrenzen stößt, die planetaren Grenzen werden überschritten. Dies hat zur Folge, dass sich das Klima wandelt, dass Landschaften veröden und Tier- und Pflanzenarten aussterben. Ohne Veränderungen im Denken und vor allem im Handeln wird die Menschheit so auf Dauer nicht weiterleben können. Es bedarf daher neuer Lösungsansätze, um die großen gesellschaftlichen Herausforderungen zu meistern. Dazu zählen der Klimawandel, der Verlust biologischer Vielfalt, die veränderten Stoffflüsse von Stickstoff und Phosphor und unser Umgang mit begrenzten Ressourcen.

2 Sustainable Development Goals

Im September 2015 hat die Generalversammlung der Vereinten Nationen 17 Ziele für nachhaltige Entwicklung (engl. Sustainable Development Goals, kurz SDGs) beschlossen. Diese verbinden Umweltziele mit wirtschaftlichen und sozialen Zielen und sollen in allen Ländern der Erde bis ins Jahr 2030 umgesetzt sein.

Denkmal und Energie 2017. Herausgegeben von Bernhard Weller, Sebastian Horn.

Die 17 Oberziele (Tabelle 1), untergliedern sich dabei wiederum in 169 Unterziele, sodass eine umfangreiche Liste von Herausforderungen entstanden ist, die Auswirkungen auf nahezu alle Bereiche des menschlichen Handelns haben.

Eine Reihe von Ziele und Unterziele haben konkrete Auswirkung auf den Bereich „Energie und Denkmal". Zu erwähnen wären z.B. [1]:

- 7.3: „Bis 2030 die weltweite Steigerungsrate der Energieeffizienz verdoppeln."

- 11.4: „Die Anstrengungen zum Schutz und zur Wahrung des Weltkultur- und – naturerbes verstärken."

- 11.6: „Bis 2030 die von den Städten ausgehende Umweltbelastung pro Kopf senken, unter anderem mit besonderer Aufmerksamkeit auf der Luftqualität und der kommunalen und sonstigen Abfallbehandlung."

- 12.2: „Bis 2030 die nachhaltige Bewirtschaftung und effiziente Nutzung der natürlichen Ressourcen erreichen:"

- 12.5: „Bis 2030 das Abfallaufkommen durch Vermeidung, Verminderung, Wiederverwertung und Wiederverwendung deutlich verringern."

- 15.5: „Umgehende und bedeutende Maßnahmen ergreifen, um die Verschlechterung der natürlichen Lebensräume zu verringern, dem Verlust der biologischen Vielfalt ein Ende zu setzen und bis 2020 die bedrohten Arten zu schützen und ihr Aussterben zu verhindern."

Gemäß den Zielen nachhaltiger Entwicklung soll also bis ins Jahr 2030 nicht nur der Erhalt des Kulturerbes und damit einhergehend auch des Denkmals forciert werden (11.4), sondern es soll gleichzeitig auch die Energieeffizienz verdoppelt werden (7.3). Dies würde zu einem reduzierten Energiebedarf führen, was sich wiederum positiv auf die pro Kopf ausgehende Umweltbelastung durch reduzierte Emissionen auswirken würde (11.6). Dabei ist auf eine effiziente Nutzung der natürlichen Ressourcen zu achten (12.2). Dem Verlust der biologischen Vielfalt muss Einhalt geboten werden (15.5), was unter anderem auch mit einer Reduzierung des Flächenverbrauchs einhergehen muss. Darüber hinaus braucht es vor allem Lösungen, welche den Einsatz von recyceltem Material erlauben und welche am Ende ihres Produktlebenszeitraums wieder dem Rohstoffkreislauf zugeführt werden können (12.5).

Tabelle 1: Ziele für eine nachhaltige Entwicklung [2]

Ziel	Kurztitel	Langtitel
01	Keine Armut	Armut in jeder Form und überall beenden
02	Keine Hungersnot	Den Hunger beenden, Ernährungssicherheit, eine bessere Ernährung erreichen und eine nachhaltige Landwirtschaft fördern.
03	Gute Gesundheitsversorgung	Ein gesundes Leben für alle Menschen jeden Alters gewährleisten und ihr Wohlergehen fördern.
04	Hochwertige Bildung	Inklusive, gerechte und hochwertige Bildung gewährleisten und Möglichkeiten des lebenslangen Lernens für alle fördern.
05	Gleichberechtigung der Geschlechter	Geschlechtergerechtigkeit und Selbstbestimmung für alle Frauen und Mädchen erreichen.
06	Sauberes Wasser und sanitäre Einrichtungen	Verfügbarkeit und nachhaltige Bewirtschaftung von Wasser und Sanitärversorgung für alle gewährleisten.
07	Erneuerbare Energien	Zugang zu bezahlbarer, verlässlicher, nachhaltiger und zeitgemäßer Energie für alle sichern.
08	Gute Arbeitsplätze und wirtschaftliches Wachstum	Dauerhaftes, inklusives und nachhaltiges Wirtschaftswachstum, produktive Vollbeschäftigung und menschenwürdige Arbeit für alle fördern.
09	Innovation und Infrastruktur	Eine belastbare Infrastruktur aufbauen, inklusive und nachhaltige Industrialisierung fördern und Innovationen unterstützen.
10	Reduzierte Ungleichheiten	Ungleichheit innerhalb von und zwischen Staaten verringern.
11	Nachhaltige Städte und Gemeinden	Städte und Siedlungen inklusiv, sicher, widerstandsfähig und nachhaltig machen.
12	Verantwortungsvoller Konsum	Für nachhaltige Konsum- und Produktionsmuster sorgen.
13	Maßnahmen zum Klimaschutz	Umgehend Maßnahmen zur Bekämpfung des Klimawandels und seiner Auswirkungen ergreifen.
14	Leben unter dem Wasser	Ozeane, Meere und Meeresressourcen im Sinne einer nachhaltigen Entwicklung erhalten und nachhaltig nutzen.

Ziel	Kurztitel	Langtitel
15	Leben an Land	Landökosysteme schützen, wiederherstellen und ihre nachhaltige Nutzung fördern, Wälder nachhaltig bewirtschaften, Wüstenbildung bekämpfen, Bodenverschlechterung stoppen und umkehren und den Biodiversitätsverlust stoppen.
16	Frieden und Gerechtigkeit	Friedliche und inklusive Gesellschaften im Sinne einer nachhaltigen Entwicklung fördern, allen Menschen Zugang zur Justiz ermöglichen und effektive, rechenschaftspflichtige und inklusive Institutionen auf allen Ebenen aufbauen.
17	Partnerschaften, um die Ziele zu erreichen.	Umsetzungsmittel stärken und die globale Partnerschaft für nachhaltige Entwicklung wiederbeleben.

3 Planetare Grenzen

Neben den SDGs muss auch das Modell der planetaren Grenzen (engl. planetary boundaries) Auswirkungen auf unser zukünftiges Handeln und Wirken haben. Ein international zusammengesetztes Team aus Forschern, zu denen auch der Träger des Deutschen Umweltpreises der Deutschen Bundesstiftung Umwelt, der schwedische Resilienzforscher Johan Rockström, zählte, hat neun unterschiedliche Prozesse und ihre Belastungsgrenzen definiert [3]:

- Klimawandel,
- Biodiversitätsverlust und Artensterben,
- biogeochemische Stoffflüsse (Stickstoff und Phosphor),
- Versauerung der Ozeane,
- Süßwassernutzung,
- Landnutzungsänderungen,
- Abbau der stratosphärischen Ozonschicht,
- Atmosphärische Aerosole,
- Eintrag neuer Stoffe, wie Chemikalien, radioaktive Materialien, Nanomaterialien, Mikroplastik.

Ein Überschreiten dieser Grenzen würde das Leben auf Erden nachhaltig verändern, da dadurch irreversible Umweltveränderungen bewirkt werden würden. Nachdem die planetaren Grenzen erstmals 2009 vorgestellt wurden, geht man heute davon aus, dass für vier von neun diese bereits überschritten wurden :beim Klimawandel, beim Verlust an Biodiversität, beim Eintrag von Stickstoff und Phosphor in die Biosphäre und bei der Landnutzungsänderung [4].

4 Bedeutung für „Denkmal und Energie"

Um die Ziele für nachhaltige Entwicklung und die planetaren Grenzen im Bereich „Denkmal und Energie" zu erreichen, braucht es nicht nur eine deutlich gesteigerte Anzahl an energetischen Sanierungen, sondern es müssen vor allem auch neue Methoden, Produkte und Verfahren entwickelt werden, die die oben genannten Anforderungen erfüllen. Dies ist eine Herausforderung, der sich sowohl die Forschung, die Produzenten, aber auch die Konsumenten in den nächsten Jahren unbedingt stellen müssen. Aber es braucht auch politische Rahmenbedingungen, die dies einfordern. Die Bundesregierung hat auf den Klimawandel bereits reagiert und die Energiewende eingeleitet. Das Energiekonzept aus dem Jahr 2010 sieht vor, dass bis zum Jahr 2020 die Emission von Treibhausgasen in Deutschland im Vergleich zum Jahr 1990 um 40 % und bis zum Jahr 2080 um 80 – 95 % reduziert werden soll [5]. Um dies zu erreichen, bedarf es insbesondere auch im Baubereich neuer und innovativer Konzepte im Bereich der Planung, des Bauens, des Betriebs und in der Sanierung von Einzelgebäuden, Gebäudeensembles und Stadtquartieren. Aktuell stammen z.B. ca. 30 % der Treibhausgasemissionen aus der Nutzung von Gebäuden [6]. 5 % des weltweiten CO_2 stammt aus der Zementproduktion [7]. Der Bau, die Sanierung und der Betrieb von Gebäuden haben also einen essentiellen Beitrag an der (globalen) CO_2-Emission.

Ähnliche politische Rahmenbedingungen bräuchte es z.B. auch beim Einsatz von Recycelten im Baubereich. Durch einen vermehrten Einsatz von wiederverwendeten Materialien könnte eine Verringerung der Landnutzung und des Flächenverbrauchs erreicht werden. Durch die Baubranche werden bis heute große Mengen an Ressourcen, wie Sand, Kies etc., benötigt, welche nur durch den massiven Eingriff in die Natur gewonnen werden können. Durch die Bindung der Rohstoffe in den Gebäuden werden sie darüber hinaus lange Zeit der Kreislaufwirtschaft entzogen. Die Anpassung entsprechender Normen in Verbindung mit einer gesetzlichen Vorschrift zum Einsatz von nachhaltigen, überwiegend nachwachsenden Rohstoffen, wie z.B. Holz, könnte ein wichtiger Schritt in Richtung Erfüllung der Ziele nachhaltiger Entwicklung und zum Einhalten der planetaren Grenzen sein.

5 Die neuen Förderleitlinien der DBU

Die Deutsche Bundesstiftung Umwelt (DBU) hat auf die Verabschiedung der SDGs und auf das Modell der planetaren Grenzen reagiert und zum 01.01.2016 neue Förderleitlinien vorgelegt [8]. U.a. mit den Förderthemen

- Klima- und ressourcenschonendes Bauen,

- Energie- und ressourcenschonende Quartiersentwicklung und –erneuerung sowie

- Bewahrung und Sicherung national wertvoller Kulturgüter vor schädlichen Umwelteinflüssen

sollen Modellvorhaben unterstützt werden, welche zum einen im Sinne der SDGs den Prozess für nachhaltige Entwicklung vorantreiben und zum anderen einen Beitrag dazu leisten, die planetaren Grenzen einzuhalten.

Zeitgleich mit den neuen Förderleitlinien wurde bei der DBU eine neue Arbeitsweise installiert. Projektanträge werden von interdisziplinär zusammengesetzten Projektgruppen diskutiert, um der thematischen Breite der neuen Themen gerecht zu werden und um das Potenzial der eingereichten Skizzen bestmöglich beurteilen zu können.

In der Projektgruppe „Bauen und Kulturgüterschutz" wurden die für das Thema „Denkmal und Energie" relevanten Förderthemen gebündelt, welche im Folgenden im Detail wiedergegeben werden. Hierbei ist zu beachten, dass die Förderthemen jährlich auf den Prüfstand gestellt werden, um auf aktuelle Ereignisse und Erkenntnisse reagieren zu können. Die aktuell gültige Fassung finden Sie unter www.dbu.de.

5.1 Klima- und ressourcenschonendes Bauen (Förderthema 5)

Um das Ziel des energie- und ressourceneffizienten Bauens für einen klimaneutralen und gesundheitsfreundlichen Gebäudebestand bis 2050 zu erreichen, sind vielfältige und vernetzte Strategien im Bauwesen erforderlich. Neben der modellhaften Erschließung des Potenzials energetisch optimierter Gebäudebestände und umweltverträglicher städtebaulicher Verdichtung sollen im Neubau als primärer Innovationstreiber zukunftsfähige Konzepte und technologische Ansätze entwickelt und erprobt werden. Da der verstärkte Einsatz von Holz als nachwachsender Rohstoff einen Hebel zur Verbesserung der Ressourceneffizienz darstellen kann, soll auch die Erschließung großer Gebäudevolumina für den Holzbau berücksichtigt werden.

Die Förderung fokussiert insbesondere eine ganzheitliche Optimierung innerhalb einer integralen Planungsphase und die zielgruppenspezifische Ergebnisverbreitung. Die vielfältigen Aspekte nachhaltigen Bauens sollen in Modellvorhaben bei hoher Gestaltqualität möglichst umfassend einbezogen, umgesetzt, evaluiert, dokumentiert und in innovativen Bildungsmaßnahmen kommuniziert werden.

Förderfähig sind:

- Die modellhafte Konzeptentwicklung, Umsetzung, Evaluation und Dokumentation energie-, ressourcenoptimierter und gesunder Alt- und Neubauten unter Berücksichtigung des gesamten Lebenszyklus;

- Die exemplarische Entwicklung und Umsetzung zum Beispiel von Konzepten zur Verbesserung der Innenraumluftqualität, zur passiven Klimatisierung, zu Plusenergie- und CO_2-neutralen Gebäuden und Quartieren, zur Minimierung von grauer Energie, Emissionen und Immissionen, zur Suffizienz sowie deren Evaluation und Dokumentation;

- Die Weiterentwicklung, beispielhafte Umsetzung und Dokumentation des Holzbaus in größeren Gebäudevolumina;

- Die Optimierung von Konzepten, Systemen und Konstruktionen im Holzbau sowie die Erhöhung der Akzeptanz von Holzbauten;

- Die Weiterentwicklung von Planungsmethodik, Prozessqualität und Instrumenten als Optimierungsstrategie zur nachhaltigen und gesundheitsfreundlichen Planung, Bau und Betrieb von Quartieren und Gebäuden sowie deren zielgruppenspezifische Verbreitung;

- innovative Methoden und Konzepte für Bildung, Kommunikation, Beteiligung und Qualifizierung insbesondere von öffentlichen und privaten Bauherren, Planungsbüros, Genehmigungsbehörden, bauschaffenden Berufen, Kindern und Jugendlichen sowie Nutzerinnen und Nutzern [8].

5.2 Energie- und ressourcenschonende Quartiersentwicklung und –erneuerung (Förderthema 6)

Maßnahmen zur Reduzierung des Ressourcenverbrauchs, zum schonenden Umgang mit den natürlichen Ressourcen, zum Klimaschutz und zur Klimaanpassung sind regelmäßig effizienter, wenn ihre Verortung und Vernetzung im Quartier sowie die vorhandenen physisch-technischen, naturräumlichen, sozialen, ökonomischen und baukulturellen Gegebenheiten und Erfordernisse berücksichtigt werden. Der Fokus auf das gesamte Quartier ermöglicht neben einer räumlich zusammenhängenden Entwicklung die Nutzung von Synergien und die Entwicklung effektiver, gut eingebundener Gesamtlösungen, die dazu beitragen, kontraproduktive Insellösungen zu vermeiden. Ansätze der energetischen Quartierserneuerung mit hocheffizienten KWK-Anlagen, Nahwärmenetzen, baulich integrierten Anlagen zur Erzeugung, Speicherung und Nutzung erneuerbarer Energien sollen genauso entwickelt und erprobt werden wie die ressourcenschonende Modernisierung der leitungsgebundenen Infrastruktur und deren Einbindung in ein kohärentes, auch das urbane Grün umfassende Gesamtkonzept (Grüne Infrastruktur). Dabei ist die Bevölkerung einzubinden.

Förderfähig sind:

- die modellhafte Entwicklung und Umsetzung von innovativen Konzepten für eine energie- und ressourceneffiziente Quartiersentwicklung und -erneuerung unter Berücksichtigung sozialer Auswirkungen;

- der ressourcenschonende Umbau der Ver- und Entsorgungsinfrastruktur unter Nutzung wechselseitiger Synergien unterschiedlicher Infrastrukturbereiche;

- die Dokumentation und Evaluation entsprechend umgesetzter Konzepte und Maßnahmen;

- Konzepte und Strategien zur Weiterentwicklung der administrativen, institutionellen und sozialen Voraussetzungen für die Entwicklung von innovativen Konzepten für eine energetische und ressourcenschonende Quartierserneuerung;

- die Weiterentwicklung von Planungsmethodik, Prozessqualität und Instrumenten für eine energie- und ressourcenschonende Quartiersentwicklung;

- neue Ansätze zur Beteiligung der Quartiersbevölkerung an einer energie- und ressourcenschonenden Quartiersentwicklung;

- innovative Methoden und Konzepte für Bildung, Kommunikation und Qualifizierung [8].

5.3 Bewahrung und Sicherung national wertvoller Kulturgüter vor schädlichen Umwelteinflüssen (Förderthema 13)

Anthropogene Einflüsse auf die Umwelt schädigen nicht nur die Natur, sondern auch national wertvolle Kulturgüter. Der Umfang und die Art ihrer Schädigung haben sich in den letzten Jahren gewandelt. Hierzu zählen die Veränderung der anthropogenen Emissionen ebenso wie die Auswirkungen des Klimawandels und der Umgang mit den ehemals zum Schutz eingebrachten Chemikalien. Im Sinne eines nachhaltigen Kulturgüterschutzes müssen zum Erhalt neue Strategien, Methoden, Verfahren oder Produkte entwickelt, modellhaft angewendet und kommuniziert werden.

Modellprojekte im Förderthema verfolgen in der Regel einen interdisziplinären Ansatz insbesondere unter der Beteiligung von mittelständischen Unternehmen und der anwendungsorientierten Forschung.

Förderfähig sind:

- Entwicklung und modellhafte Anwendung neuer Methoden, Verfahren und Produkte zum Schutz national wertvoller Kulturgüter vor den Folgen anthropogener Immissionen;

- Erarbeitung von Strategien und Konzepten zur Sicherung und Bewahrung national wertvoller Kulturgüter und historischer Kulturlandschaften vor den Auswirkungen des anthropogenen Klimawandels;

- Entwicklung und Erprobung von Verfahren, Methoden und Produkten zum Umgang mit schädigenden Altrestaurierungen;

- Weiterqualifizierungsangebote im Bereich des nachhaltigen Schutzes von Kulturgütern und historischen Kulturlandschaften;

- innovative Maßnahmen zur Lösung von Konflikten im Schnittbereich von Denkmal-, Natur- und Kulturlandschaftsschutz insbesondere bezogen auf urbane Räume und energetische Nutzungsansprüche [8].

6 Zusammenfassung

Die drei vorgestellten Förderthemen stehen im engen Zusammenhang mit den Zielen nachhaltiger Entwicklung, dem Modell der planetaren Grenzen und mit dem Thema „Denkmal und Energie". Die DBU möchte mit den neuen Förderleitlinien die Entwicklung von neuen, innovativen, umweltfreundlichen Methoden und Verfahren u.a. im Bereich des Bauens, der Quartiersentwicklung und des Kulturgüterschutzes vorantreiben. Die Umsetzbarkeit der Innovationen soll durch Modellvorhaben gezeigt werden. Diese sollen als „Leuchtturm"-Projekte Vorbild sein und andere zur Nachahmung ermuntern. Für eine Verbreitung der Ergebnisse ist eine zielgruppenspezifische Kommunikation der Projektergebnisse unerlässlich.

Über die Förderleitlinien hinaus möchte die DBU mit eigenen Veranstaltungen, wie der Woche der Umwelt, der Sommerakademie oder dem Umweltpreissymposium sowie durch Veranstaltungen zusammen mit ihren Projektpartnern, wie z.B. mit der Reihe „Denkmal und Energie", zusätzlich einen interdisziplinären Fachdiskurs anstoßen, um gemeinsam die anstehenden Probleme zu diskutieren, Lösungsansätze zu erarbeiten und in der Praxis umzusetzen.

7 Literatur

[1]   Martens, J.; Obenland, W.: *Die 2030-Agenda – Globale Zukunftsziele für nachhaltige Entwicklung.* Bonn/Osnabrück: 2016.

[2]   Bundesministerium für wirtschaftliche Zusammenarbeit und Entwicklung (BMZ): *Agenda 2030 – 17 globale Ziele für nachhaltige Entwicklung.* http://www.bmz.de/de/ministerium/ziele/ziele/2030_agenda/17_ziele/index.html (letzter Zugriff am 23.07.2016)

[3] Rockström, J.; Steffen, W.; Noone, K.; Persson, A.; Stuart Chapin, F.; Lambin, E. F.; Lenton, T. M.; Scheffer, M.; Folke, C.; Schellnhuber, H. J.; Nykvist, B.; de Wit, C. A.; Hughes, T.; van der Leeuw, S.; Rodhe, H.; Sörlin, S.; Snyder, P. K.; Costanza, R.; Svedin, U.; Falkenmark, M.; Karlberg, L.; Corell, R. W.; Fabry, V. J.; Hansen, J.; Walker, B.; Liverman, D.; Richardson, K.; Crutzen, P.; Foley, J. A.: *A safe operating space for humanity.* In: Nature. Vol. 461, 2009, S. 472-475.

[4] Steffen, W.; Richardson, K.; Rockström, J.; Cornell, S. E.; Fetzer, I.; Bennett, E. M.; Biggs, R.; Carpenter, S. R.; de Vries, W.; de Wit, C. A.; Folke, C.; Gerten, D.; Heinke, J.; Mace, G. M.; Persson, L. M.; Ramanathan, V.; Reyers, B.; Sörlin, S.: *Planetary boundaries: Guiding human development on a changing planet.* In: Science. Vol. 347, no. 6223, 2015.

[5] Bundesregierung: *Energiekonzept für eine umweltschonende, zuverlässige und bezahlbare Energieversorgung,* Beschluss des Bundeskabinetts vom 28. September 2010, https://www.bundesregierung.de/ContentArchiv/DE/Archiv17/_Anlagen/2012/02/energiekonzept-final.pdf (letzter Zugriff am 25.07.2016)

[6] Bundesministerium für Wirtschaft und Energie (BMWi): *Sanierungsbedarf im Gebäudebestand. Ein Beitrag zur Energieeffizienzstrategie Gebäude,* https://www.bmwi.de/BMWi/Redaktion/PDF/E/sanierungsbedarf-im-gebaeudebestand (letzter Zugriff am 25.07.2016)

[7] Mahasenan, N.; Smith, S.; Himphreys, K.: *The cement industry and global climate change: current and potential future cement industry CO_2 emissions.* In: Greenhouse Gas Control Technologies – 6th International Conference, Vol. 2, 2002, S. 995-1000.

[8] Deutsche Bundesstiftung Umwelt (DBU): *Förderleitlinien.* Osnabrück: 2016.

Betrachtung von Baudenkmalen in der Quartiersebene

Dipl.-Ing. Dennis Thorwarth[1], Maartje van Roosmalen M.Sc.[1]

[1] Technische Universität Dresden, Institut für Baukonstruktion, August-Bebel-Str. 30, 01219 Dresden

Kurzer Überblick

Die Klimaschutzziele der Bundesregierung sind bis zum Jahr 2050 einen nahezu klimaneutralen Gebäudebestand und die Deckung des Energiebedarfs durch erneuerbare Energien zu erreichen. [1] Dabei nehmen Nichtwohngebäude einen besonderen Stellenwert ein, da sie mit einem Anteil von ca. 35 % des Endenergieverbrauchs in Deutschland großes Potential zur Energieeinsparung bieten [2]. Jedoch wird allein die Sanierung einzelner Gebäude nicht ausreichen, um die vorgegebenen Ziele der Bundesregierung umzusetzen [3]. Sinnvoll wäre es an dieser Stelle deshalb, sich von der Einzelmaßnahme zu lösen und auf das Quartierskonzept überzugehen. Verstärkt rücken hierbei ganze Stadtteile bzw. Quartiere in den Vordergrund. Betrachtet werden in diesem Zusammenhang neue Ansätze zur Steigerung der Energieeffizienz durch eine quartiersübergreifende Energieversorgung (Vernetzung mehrerer Gebäude).

Dieser Beitrag soll eine Einführung zum aktuellen Forschungsprojekt CAMPER geben, in welchem auch Baudenkmale in die Betrachtung von Sanierungsmaßnahmen auf Quartiersebene einbezogen werden. Neben einer kurzen Beschreibung zu den Inhalten des Projektes erfolgt am Beispiel eines kleinen Gebäudekomplexes eine energetische Betrachtung mit Sanierungsvorschlägen. Dabei wird vor allem auf die Berechnung mit verschiedenen Programmen und deren Eignung zur Quartiersabbildung eingegangen.

Schlagwörter: Campus, Quartier, Denkmal, Sanierung, Energie

1 CAMPER – CAMPus EnergieverbrauchsReduktion

Das Projekt „CAMPER" ist ein Forschungsprojekt an der TU Dresden, das seit Oktober 2015 mit einer Projektlaufzeit von drei Jahren bearbeitet wird. Ziel des Vorhabens ist die Erarbeitung eines Energieentwicklungsplans für den Campus der TU Dresden mit kurz-, mittel- und langfristigen Prognosen und Maßnahmen zur Energieverbrauchsreduktion bzw. Schaffung neuer Optimierungsansätze. Themenschwerpunkte wie die energetische Ertüchtigung der Gebäude, Optimierung der Energieströme, Integration regenerativer Energiequellen und nutzungsoptimierter Betrieb der Gebäude- und Anlagentechnik sind nur einige Aspekte, die zu berücksichtigen/betrachten sind. Ebenso tragen die Entwicklung und Ausdehnung des Campus, lokale Klimaänderungen sowie Denkmalschutzanforderungen, aufgrund der Vielzahl an Baudenkmäler auf dem Campus, einen wesentlichen Beitrag zur Identifizierung von Energiekonzepten bei, um eine weitest gehende Vernetzung der Gebäude auf dem Campus in Bezug auf die Energieversorgung zu schaffen [4].

2 Ausgangssituation – Campus TU Dresden

2.1 Allgemein

Die Technische Universität Dresden (TU Dresden), gegründet 1828, ist mit ca. 150 Hochschulgebäuden, 36.000 Studierenden und 7.800 Mitarbeitern eine der ältesten und größten Universitäten Deutschlands und gehört seit 2012 zu den elf Exzellenzuniversitäten Deutschlands [5]. Die TU Dresden, bedingt durch die historische Entwicklung, verteilt sich auf mehrere Standorte in und um Dresden. Im Rahmen des Projektes „CAMPER" liegt der Fokus der Betrachtung auf dem Hauptcampus (vgl. Abbildung).

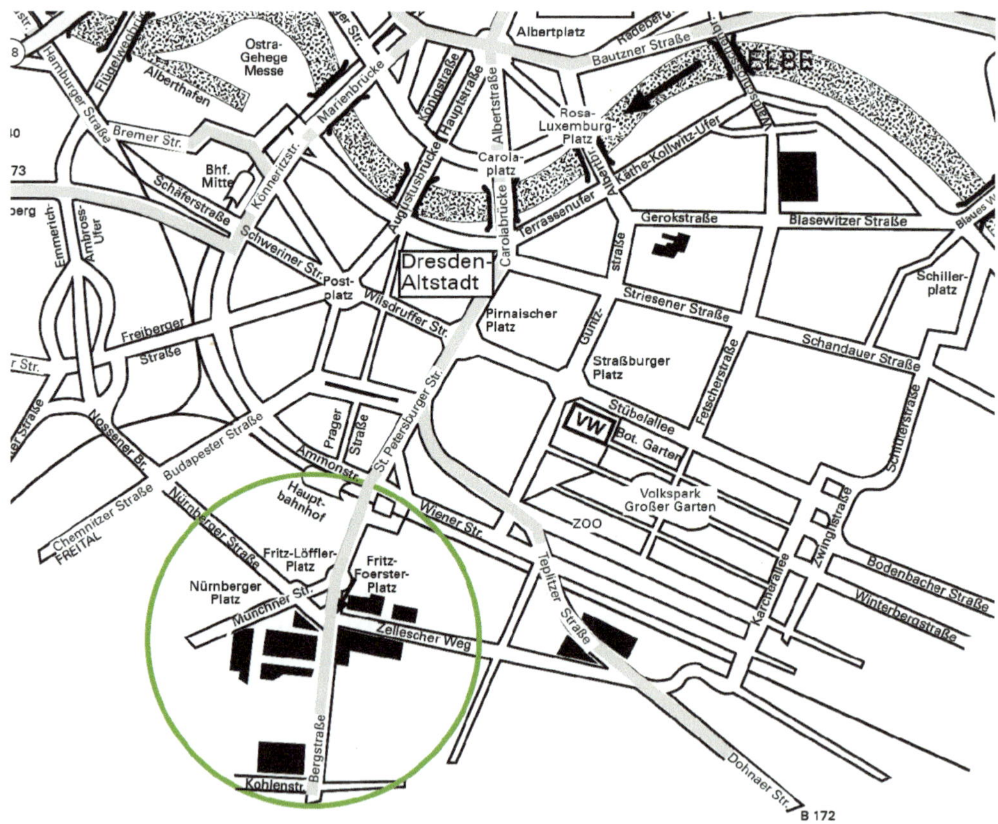

Abbildung 1: Ausschnitt Übersichtsplan Dresden, einschließlich Lage des Hauptcampus (grün) [6]

2.2 Gebäudezustand

Der Hauptcampus, welcher im südwestlichen Bereich Dresdens liegt, ist eine der ersten städtischen Hochschul-Campusanlagen Deutschlands und weist durch die weit zurückliegende Gründung und des sich stetig vergrößernden Campus einen sehr heterogenen Gebäudebestand auf, der sich sowohl in der Bausubstanz als auch in der Anlagentechnik bemerkbar macht. Von sehr alten, teilweise unsanierten und unter Denkmalschutz stehenden Gebäuden (vgl. Abbildung 2, links) bis hin zu Neubauten, die dem aktuellen Stand der Technik entsprechen (vgl. Abbildung 2, rechts).

Abbildung 2: links: Zeuner-Bau; rechts: Andreas-Pfitzmann-Bau (Foto: Thorwarth)

Eine einheitliche Aussage zum Zustand der Bausubstanz kann demnach nicht ohne weiteres getroffen werden. Für die Erarbeitung eines Energieentwicklungsplans mit Maßnahmen zur Energieverbrauchsreduktion bedarf es damit einer detaillierten Erfassung des Gebäudebestands, sowohl der Gebäudehülle als auch der Anlagentechnik und der jeweiligen Art der Nutzung. Durch die unterschiedliche Dauer der Beanspruchung und Nutzung der Gebäude gibt es beispielsweise Gebäude mit Fehlstellen und Rissen in der Fassade (vgl. Abbildung 3, links) oder Gebäude, dessen Fensterrahmen durch die ständig einwirkenden Witterungseinflüsse zum großen Teil ihre Lebensdauer erreicht haben und erneuert werden müssten (vgl. Abbildung 3, rechts). Eine Möglichkeit zur detaillierten Erfassung der Gebäude eines Quartiers ist die Einteilung des Gebäudebestandes in Baualtersklassen.

Abbildung 3: links: Putzabplatzung; rechts: marode Fensterrahmen (Fotos: Thorwarth)

2.3 Baualtersklassen

„Die Baualtersklassen orientieren sich an historischen Einschnitten, den Zeitpunkten statistischer Erhebungen und den Veränderungen der wärmetechnisch relevanten Bauvorschriften" [7]. Werden die Bestandgebäude nach ihrem Entstehungsjahr in Baualtersklassen eingeteilt, lassen sich mehrere Eigenschaften daraus ableiten. Zum einem wird die Entwicklung sowie die räumliche Verteilung des Campus sichtbar. Zum anderen können anhand der Baualtersklassen Rückschlüsse auf die verwendeten Materialien, Baukonstruktionen oder Anlagentechniken gezogen werden, die den Heizwärmebedarf deutlich beeinflussen. Die Einteilung der Baualtersklassen (vgl. Tabelle 1) erfolgt in Anlehnung an Böhmer [8], wobei zwei Anpassungen vorgenommen wurden. Die Baualtersklasse IV wurde auf 1990 (statt 1994) begrenzt, aufgrund der in der DDR vorherrschenden Norm – Technischen Normen, Gütervorschriften und Lieferbedienungen (TGL) – die der westdeutschen DIN-Normen ähnlich waren [9]. Zudem wurde die Baualtersklasse V (1991 bis 2016) aufgrund der geringen Anzahl an Gebäuden und für die vereinfachte Darstellung, grob verallgemeinert. Im Detail gibt es eine feinere Unterteilung, beispielsweise durch die Verschärfungen der Energieeinsparverordnung (EnEV).

Tabelle 1: Gebäudealtersklassen vom Hauptcampus

Baualtersklasse	Nr.	Gebäudeanzahl	Historische Eingliederung
1918 und früher	I	12	Ende des 1. Weltkriegs (WK)
1919 bis 1948	II	7	Weimarer Republik bis Ende 2. WKs
1949 bis 1978	III	15	Gründung Deutsche Demokratische Republik (DDR), Nachkriegszeit, Wiederaufbau
1979 bis 1990	IV	5	Typisierung von Gebäuden in der DDR
1991 bis 2016	V	10	Wiedervereinigung bis heute

Deutlich erkennbar ist, dass die meisten Hochschulgebäude in der Zeit der Aufbaujahre und demzufolge noch vor der Einführung des bautechnischen Wärmeschutzes (TGL 35424) entstanden sind. Daraus lässt sich schlussfolgern, dass ein eher geringer Teil nach energetischen Standards ausgeführt wurde, wobei berücksichtigt werden muss, dass einzelne Gebäude nicht mehr ihrem ursprünglichen Zustand entsprechen oder anderweitig genutzt werden, da bereits Sanierungen stattgefunden haben.

Anhand der farblichen Markierung der einzelnen Baualtersklassen im Lageplan (vgl. Abbildung 4) zeigen sich die Anfänge der TU Dresden. Im Laufe der Jahre erstreckt sich der Campus erst in östliche Richtung, entlang der Hauptverkehrswege, anschließend kommt es zu einer Erweiterung im Süden.

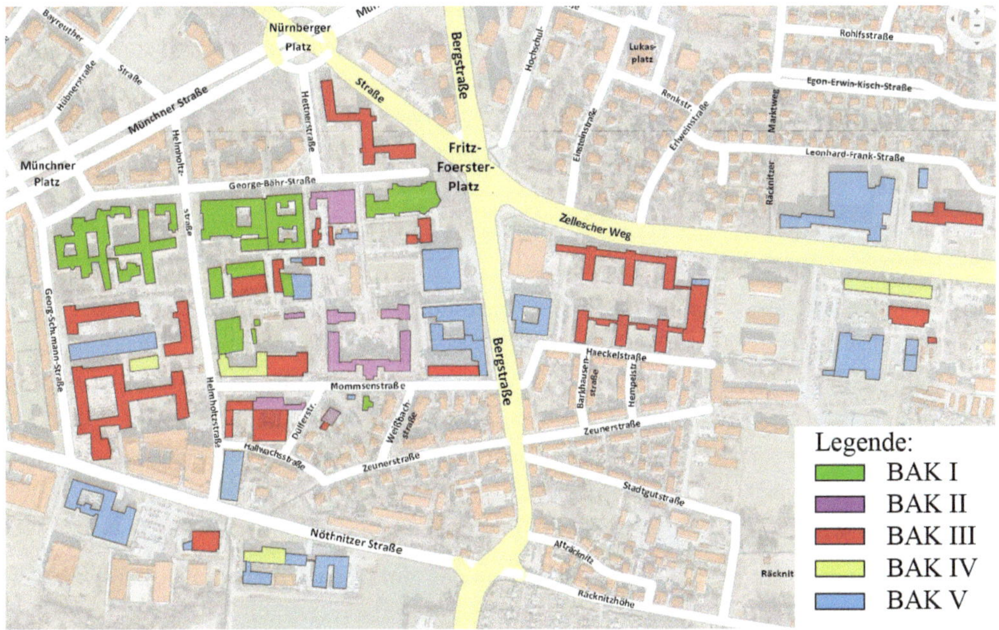

Abbildung 4: Bauliche Entwicklung der Nichtwohngebäude auf dem Hauptcampus [10]

2.4 Denkmalschutz

Der frühen Gründung der TU Dresden geschuldet, stehen unter der Vielzahl an Gebäuden auf dem Hauptcampus 26 Gebäude unter Denkmalschutz. Demnach unterliegt die Hälfte aller betrachteten Gebäude auf dem Hauptcampus dem Bestandsschutz. Welche Art von Denkmal vorliegt, muss noch unterschieden werden. Zu unterscheiden ist, zwischen einem Einzeldenkmal, einer Nebenanlage zu einem Einzeldenkmal, einem Gartendenkmal oder einem komplett unter Denkmalschutz stehenden Gebäude.

3 Energetische Betrachtung auf Quartiersebene

3.1 Allgemein

Für eine energetische Betrachtung von Gebäuden auf Quartiersebene gibt es unterschiedliche Möglichkeiten und Ansätze. Zum einen die statische Bedarfsermittlung nach dem Bilanzverfahren DIN V 18599 und zum anderen die dynamisch thermische Gebäudesimulation. Je nach Programmumfang und Detailtiefe variieren das Aufwand-Nutzen-Verhältnis sowie die Ergebnisdarstellung.

Um eine vergleichbare Betrachtung vom Campus der TU Dresden in Bezug auf den Energiebedarf zu ermöglichen, werden verschiedene Bilanzierungsprogramme mit unterschiedlichem Detaillierungsgrad verwendet, um anhand einer energetischen Betrachtung eines Gebäudekomplexes festzustellen, wo Abweichungen entstehen oder Probleme auftreten. Die beiden ausgewählten Programme (Energiekonzeptberater und ZUB Helena) wurden ausgewählt, weil sie ihre Berechnungen auf Grundlage der DIN V 18599 durchführen und somit ihre Ergebnisse einander verglichen werden können.

3.2 Bilanzierung nach DIN V 18599

3.2.1 Energiekonzeptberater

Das Fraunhofer-Institut für Bauphysik entwickelte im Rahmen der Förderinitiative „Forschung für die energieeffiziente Stadt" (EnEff: Stadt) eine Bilanzierungssoftware, um eine erste überschlägige Berechnung von möglichen Varianten der baulichen Qualität und der Versorgungsstrategien für mehrere Gebäude durchzuführen. Dementsprechend ist das Ziel eine einfache Anwendbarkeit sowie eine nicht zu grobe Detailtiefe bei der Informationsabfrage, aber eine verlässliche Potentialabschätzung von unterschiedlichen Maßnahmen in Gebäude- und Energieversorgungsbereich. Die Grundlage bildet die DIN V 18599.

Der Vorteil vom Energiekonzeptberater liegt in der einfachen und schnellen Bedienbarkeit, was durch eine definierte Auswahl an Vorgaben über entsprechende Auswahlmöglichkeiten gewährleistet wird. Im Programm gibt es bereits für die Wärmedurchgangskoeffizienten (U-Werte) vorgegebene Werte, die je nach Typgebäude (Büro, Schule, etc.) und Baualtersklasse variieren. Diese Werte basieren auf statistischen Untersuchungen vom BMVBS und können im Nachhinein verändert werden.

Mit der Festlegung des Typgebäudes ergibt sich gleichzeitig das Problem, dass bereits einige Daten zur Gebäudegeometrie wie Nettovolumen, Gebäudeausrichtung, Außenwandfläche, Fensterflächenanteil etc. festgesetzt werden und nur anhand der Nettogrundfläche skaliert werden können. Auch hier beziehen sich die Werte der Typgebäude, die im Hintergrund in die Berechnung einfließen auf statistische Mittel, die im Rahmen der IEA ECBCS Annex 51 (Forschungsprogramm der internationalen Energieagentur) erhoben wurden. Daraus ergeben sich weitere Nachteile, u.a. die Eingabemöglichkeit bauteilspezifischer

Kennwerte. In dem Programm können verschiedene Bauteile nur über gesamte Parameter (z.B. U-Wert) abgebildet werden, was in der Realität nur sehr selten vorkommt. Beispielsweise kann der Aufbau der Außenwand je Stockwerk variieren (Stahlbeton, Holz, etc.). Oftmals muss deshalb ein Durchschnitts-U-Wert für die betroffene Konstruktion verwendet werden. Auswirkung hat die Einschränkung auch auf die Sanierungskonzepte. So können verschiedene Dämmsysteme je Fassadenseite nicht separat betrachtet werden. Hauptsächlich handelt es sich um eine textbasierte Eingabe, weshalb eine visuelle Überprüfung nicht möglich ist.

3.2.2 ZUB Helena

Das Programm liefert eine umfassende energetische Bewertung von Wohn- und Nichtwohngebäuden. Die Berechnung für Verbrauchs- und Bedarfsausweise erfolgt auf Grundlage der DIN V 4108/4701 (Wohngebäude) oder der DIN V 18599 (Wohn- und Nichtwohngebäude). Zudem können EnEV-Nachweise, Energieausweise und Wirtschaftlichkeitsberechnungen erstellt werden.

Die Software bietet gegenüber dem Energiekonzeptberater eine detailliertere Erfassung vom Gebäude, ist jedoch auch aufwändiger zu bedienen und benötigt mehr Bestandsdaten. Die Software stellt neben einer zusätzlichen Zeichensoftware (E-CAD) eine einfache Gebäudeerfassung zur Verfügung, in der Kubatur, Bauteilparameter (U-Wert) sowie Dachform näher bestimmt und ausgewählt werden können. Die Anlagentechnik wird ebenfalls mit einem Assistenten ins Programm eingegeben. Weitere spezifische Nutzerangaben sind im Nachhinein möglich und änderbar. Ein weiterer Vorteil gegenüber dem Energiekonzeptberater ist die Einbindung eigener Klimadaten. Jedoch umfasst der Klimadatensatz neben der Außenluft nur die Strahlungsdaten und das auch nur monatsweise für verschiedene Himmelsrichtungen.

3.3 Dynamisch thermische Gebäudesimulation

Bei der dynamisch thermischen Gebäudesimulation wird ein möglichst realitätsnahes Modell des zu untersuchenden Gebäudes (Büro-, Wohn- oder Gewerbebauten) abgebildet, das Geometrie und bauphysikalische Eigenschaften aller relevanten Bauteile möglichst exakt beschreibt. Durch die Verwendung solcher Simulationsprogramme ist es möglich, äußere und innere Parameter (z.B. Außentemperatur, Sonneneinstrahlung, Bewölkung, Verschattung etc.) in ihrem zeitlichen Verlauf (z.B. Stundenrhythmus) zu berücksichtigen. Durch die realitätsnahe Abbildung (dynamisches Verhalten des Gebäudes) können entsprechende Aussagen über das thermische Verhalten des Gebäudes sowie über Energie- und Stoffströme der im Gebäude befindlichen Anlagentechnik getroffen werden. Ebenfalls können physikalische Vorgänge, z.B. Transmissionswärmeverluste und Speichervormögen realistischer als bei der DIN V 18599 abgebildet werden.

Mit der Drucklegung dieses Beitrags gab es noch keine Ergebnisse aus der Gebäudesimulation. Zukünftige Schritte berücksichtigen einerseits die gleichen Maßnahmen, die bereits mit den anderen beiden Programmen im Kapitel 0 untersucht wurden, um diese am Ende miteinander zu vergleichen. Andererseits sollen weiterführende Sanierungskonzepte, die bisher keine Berücksichtigung fanden, untersucht werden.

3.4 Vorstellung Gebäudekomplex

Für die Anwendung der Bilanzierungsprogramme und Erarbeitung eines gebäudeübergreifenden Energiekonzeptes wurde ein Gebäudekomplex ausgewählt, der bereits konstruktiv oder energetisch miteinander verbunden ist und der gleichen Baualtersklasse zuzuordnen ist. Deshalb wurde der Gebäudekomplex des Willers-Bau, des Physikgebäudes und des Trefftz-Baus betrachtet (vgl. Abbildung 5).

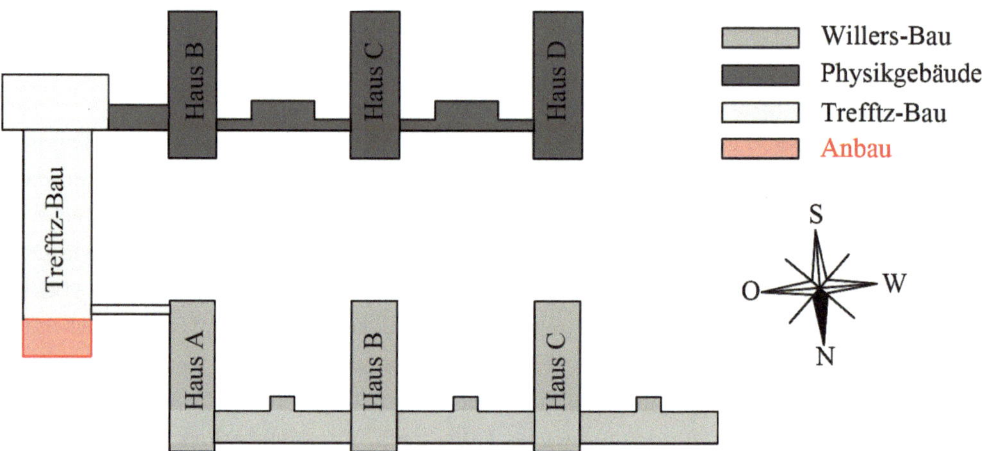

Abbildung 5: Ansicht Gebäudekomplex Willers-Bau, Physikgebäude und Trefftz-Bau

Besonders der Willers-Bau und das Physikgebäude ähneln sich sehr in ihrer Bauweise und Bauform. Das spiegelt sich auch in dem Nettovolumen und der Nutzfläche wieder (vgl. Tabelle 2). Die Werte dafür sind aus dem Berechnungsprogramm ZUB Helena entnommen. Dabei ist ein wesentlicher Unterschied in der Anzahl der Raumverteilung zu erkennen.

Tabelle 2: Gebäudedaten Willers-Bau, Physikgebäude, Trefftz-Bau

Gebäude	Willers-Bau	Physikgebäude	Trefftz-Bau
Nettovolumen [m³]	38.815,26	34.572,39	24.053,47
$A_{Nettogrundfläche}$ **[m²]**	10.909,01	10.147,21	7.177,23
Räume			
Büroräume	200	84	11
Übungs-/Hörsäle	21	26	2
Technikräume	8	20	31
Sonstige Räume (Lager-/Kellerräume, Werkstatt, Labor)	24	86	11

3.4.1 Willers-Bau

Der denkmalgeschützte Willers-Bau wurde Anfang der 50er Jahre (1950/55) gebaut. Die drei Gebäudeflügel (Haus A, B, C) werden jeweils durch Verbindungsgänge miteinander erschlossen. Es handelt sich um ein dreigeschossiges Massivgebäude (Ziegelmauerwerk), welches teilweise unterkellert ist.

Die Flügel weisen einen rechteckigen Grundriss auf und verlaufen giebelseitig in Nord-Süd-Richtung. Die Aufteilung der Räume und deren Nutzung sind in den oberen Geschossen weitestgehend gleich. Im rot markierten Bereich (vgl. Abbildung6) befinden sich Büro- und Besprechungsräume. Im blauen Bereich gibt es Seminarräume sowie Hörsäle. Bei den Verbindungsgängen, welche die Flügel miteinander verbinden, liegen im Norden, gelblich dargestellt, die Verkehrsflächen und im Süden, grünlich dargestellt, Lehrräume. Das Kellergeschoss wird hauptsächlich als Abstelllager genutzt. Seit Errichtung des Gebäudes wurden keine offensichtlichen Sanierungen, bis auf den Austausch vereinzelter Fenster, an der Gebäudehülle durchgehführt.

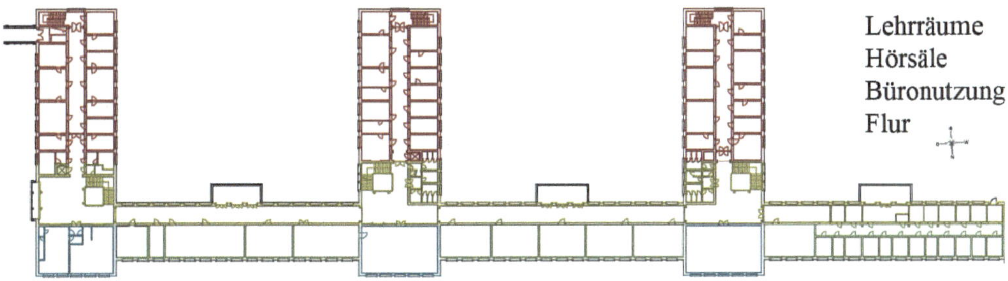

Abbildung 6: Ansicht Willers-Bau – Grundriss – 1.OG – Raumnutzung. In Anlehnung an [11]

3.4.2 Physikgebäude

Die Grundsteinlegung vom denkmalgeschützten Physikgebäude war 1950, welches sich wie der Willers-Bau in Flügel und Verbindungsgänge gliedert (vgl. Abbildung 7).

Die Anordnung der Flügel und der Verbindungsgänge gleichen dem Grundriss vom Willers-Bau. Die Aufteilung der Räume und deren Nutzung ähneln sich. Im rot markierten Bereich befinden sich Büro- und Besprechungsräume. Im blauen Bereich gibt es Seminarräume und Hörsäle. Eine gleiche Nutzungsaufteilung lässt sich auch bei den rechteckigen Verbindungsgängen, die die Flügel miteinander verbinden, feststellen. Im Norden, grünlich dargestellt, sind die Lehrräume und im Süden, gelblich, ist der Flur angelegt. Es handelt sich um ein viergeschossiges massives Gebäude, welches teilweise unterkellert ist. Infolge von Sanierungsmaßnahmen (2007-2015) wurden u.a. die Bodenplatte erneuert, die Fenster ausgetauscht (durch 2-fache Isolierverglasung mit Holzrahmen) und zusätzlich ein außenliegender Sonnenschutz an den Fenstern in Ost-, Süd- und Westrichtung angebracht, der manuell bedient werden kann.

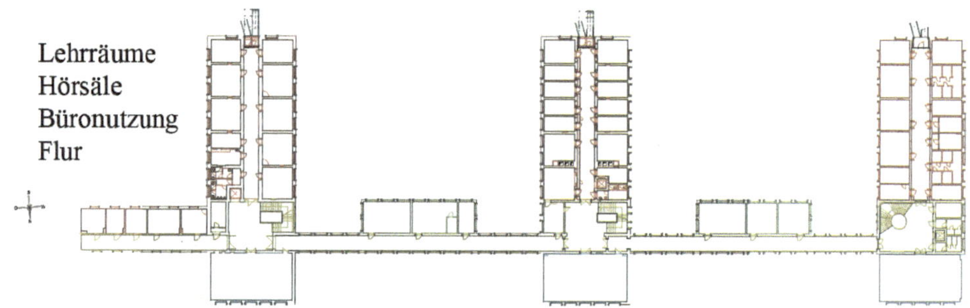

Abbildung 7: Ansicht Physikgebäude – Grundriss – 1.OG – Raumnutzung. In Anlehnung an [11]

3.4.3 Trefftz-Bau

Der Trefftz-Bau ist ein Hörsaalgebäude, welches zwei Jahre nach der Grundsteinlegung vom Willers-Bau (1952) als dreigeschossiges Gebäude in Massivbauweise errichtet wurde und teilweise unterkellert ist.

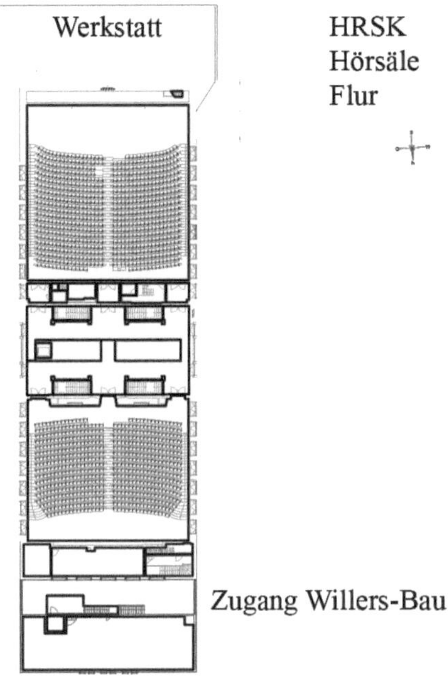

Abbildung 8: Ansicht Trefftz-Bau – Grundriss – 1.OG – Raumnutzung. In Anlehnung an [11]

Der Zugang zum Gebäude erfolgt über die seitlichen Eingänge auf der Ost- und Westseite. Das zentral gelegene Foyer (Erschließungsbau) (vgl. Abbildung 8) spendet durch seine Glasfassaden hohe Tageslichtmengen. Vom Foyer aus sind die zwei großen Hörsäle erreichbar. Weitere Büro- und Werkstatträume liegen in den unteren Etagen. Technikräume sind im Kellergeschoss. Im Dachraum befindet sich die raumlufttechnische Anlage. Der Übergang zum Willers-Bau ist über das erste Geschoss auf der Ostseite erreichbar. Das Werkstattgebäude auf der Südseite stellt die Verbindung zum Physikgebäude dar. Im Rahmen früherer Modernisierungen (2005) bekamen die Hörsäle eine gedämmte Akustikdecke. 2006 erfolgte ein Anbau für das Universitätsrechenzentrum an der nördlichen Fassade vom Trefftz-Bau, in dem der Hochleistungs-Rechner-Speicher-Komplex untergebracht wurde.

4 Untersuchung

4.1 Methodik

In einem ersten Schritt werden die vorgestellten Gebäude in den Berechnungsprogrammen abgebildet, um den Ausgangszustand wiederzugeben. Nach dem der Ausgangszustand im Hinblick auf den Gebäudeenergiebedarf untersucht wurde, sollen aufbauend zur Reduzierung des Energiebedarfes verschiedene Sanierungsmöglichkeiten berechnet werden.

Weiterhin soll eine Aussage getroffen werden, inwiefern die Programme sich für die Abbildung mehrerer Gebäude zur Berechnung des Energiebedarfs und der Sanierungsmaßnahmen eignen und wo sie an ihre Grenzen stoßen.

4.2 Ergebnisse – Ausgangszustand

Wie schon im Kapitel 3 erwähnt, gibt es zum derzeitigen Standpunkt nur Ergebnisse aus den Programmen ZUB Helena und Energiekonzeptberater. Für die zu untersuchenden Gebäude wurde jeweils der Heizwärme- und Kühlbedarf ermittelt. Die nachfolgenden Abbildungen (vgl. Abbildung 9 und Abbildung 10) zeigen die Ergebnisse vom Ausgangszustand. Zuerst werden die Ergebnisse aus ZUB Helena präsentiert, anschließend die Werte aus dem Energiekonzeptberater. Da im Willers-Bau keine Kühltechnik verbaut ist, gibt es demnzufolge keinen Kühlbedarf.

Die Graphen für den Heizwärmebedarf zeigen in beiden Programmen einen gleichen Verlauf. Das Physikgebäude hat trotz ähnlicher Kubatur zum Willers-Bau einen geringeren Heizwärmebedarf. Diese Abweichungen entstehen durch bereits durchgeführte Sanierungen. Dahingegen zeigt sich beim Kühlbedarf, dass enorme Abweichungen zwischen den Programmen zu verzeichnen sind. ZUB Helena berechnet für das Physikgebäude einen wesentlich höheren Kühlbedarf als der Energiekonzeptberater. Im Energiekonzeptberater hat der Trefftz-Bau einen höheren Kühlbedarf. Die Ursache liegt in der vereinfachten Eingabemöglichkeit von Daten im Energiekonzeptberater. Die Kühlanlage wird nur anteilig je gekühlter Fläche in Prozent berücksichtigt. Wird die gekühlte Fläche vom Physikgebäude und Trefftz-Bau ins Verhältnis gesetzt, zeigen sich folgende Werte (vgl. Tabelle 3).

Tabelle 3: Anteil gekühlter Fläche vom Physikgebäude und Trefftz-Bau

Gebäude	Nettofläche	gekühlte Fläche	Anteil gekühlter Fläche
Physikgebäude	10.147 m²	~2065 m²	20,36 %
Trefftz-Bau	7.177 m²	~ 2020 m²	28,23 %

Hinzu kommt, dass eine detaillierte Eingabe der Gebäudegeometrie nicht vorgenommen werden kann, da mit Festlegung des Gebäudetyps das Programm (Energiekonzeptberater) auf die hinterlegten statistischen Mittel zugreift, um den Energiebedarf zu berechnen. Daraus folgt, dass das abgebildete Gebäude nicht der Realität entspricht und nur näherungsweise durch die Nettofläche skaliert wird. Allgemein liegen die Werte vom Energiekonzeptberater stets unter den Werten von ZUB Helena.

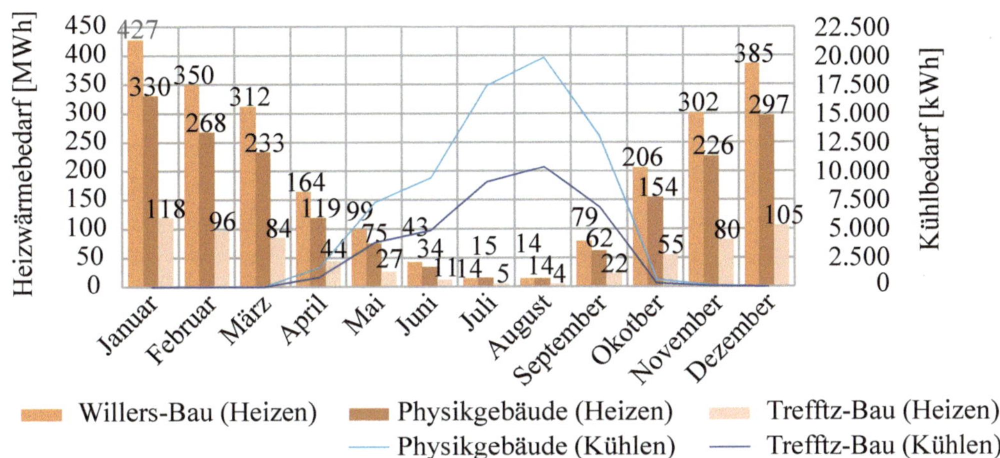

Abbildung 9: monatlicher Heiz- und Kühlenergiebedarf (Ergebnisse ZUB Helena)

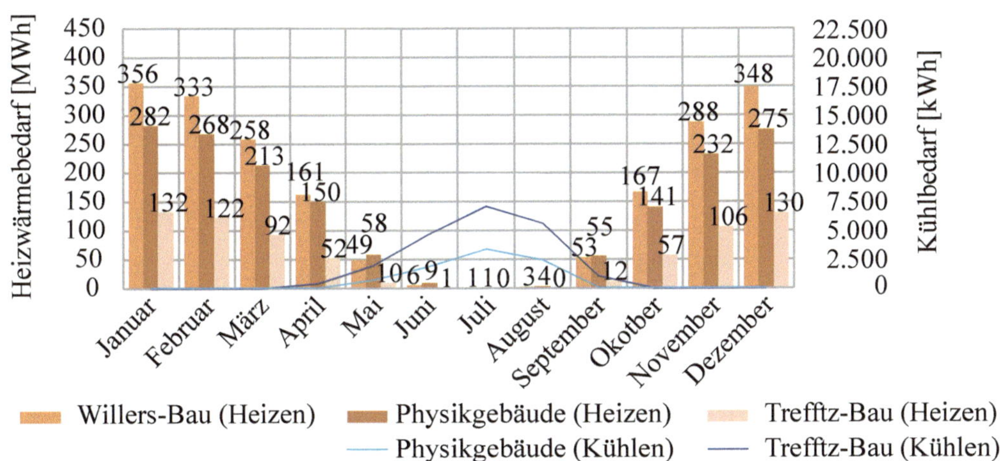

Abbildung 10: monatlicher Heiz- und Kühlenergiebedarf (Ergebnisse Energiekonzeptberater)

4.3 Vergleich der Bilanzierungsprogramme

Die nachfolgende Tabelle beinhaltet nochmals alle Werte der dargestellten Ergebnisse und deren prozentuale Abweichung voneinander. Dabei wurde festgelegt, dass die Ergebnisse von der Berechnungssoftware ZUB Helena dem Ausgangswert von 100 % entsprechen.

Tabelle 4: prozentuale Abweichung des Energiekonzeptberaters von ZUB Helena

Kategorie	Willers-Bau	Physikgebäude	Trefftz-Bau
Heizwärmebedarf	16 %	8 %	-9 %
Kühlbedarf	-	88 %	42 %

4.4 Ergebnisse – Sanierungsmaßnahmen

Zusätzlich zur energetischen Betrachtung des Ausgangszustands wurden weitere Untersuchungen zu verschiedenen Sanierungsmaßnahmen vorgenommen, um zum einen die Umsetzung im Programm und zum anderen die Ergebnisse wieder miteinander zu vergleichen. Für eine bessere Vergleichbarkeit wurde der prozentuale Verbesserungsanteil, der durch die Sanierungsmaßnahme erzielt werden kann, berechnet. In diesem Beitrag werden in den nachfolgenden Grafiken (vgl. Abbildung 11 und Abbildung 12) nur die Ergebnisse vom Heizwärmebedarf einzelner Sanierungsmaßnahmen aus den beiden Berechnungsprogrammen gezeigt, beginnend mit den Ergebnissen aus ZUB Helena.

Die Tatsache, dass einige Wertepaare in den Diagrammen fehlen ist dem geschuldet, dass beispielsweise für das Physikgebäude keine Maßnahme zur Dämmung der Bodenplatte untersucht wurde, weil diese bereits saniert ist. Das gleiche gilt für die obere Geschossdecke im Trefftz-Bau. Jede abgeschlossene Sanierung wurde im Ausgangszustand mitberücksichtigt. Im Energiekonzeptberater konnte durch die bereits erwähnte Einschränkung in der U-Werteingabe kein Wert für die Bodenplatte eingegeben werden.

Wieder gibt es Abweichungen zwischen den Ergebnissen. Ursache ist die bereits unterschiedliche Ausgangssituation (siehe Kapitel 4.2 und Kapitel 4.3). Trotzdem zeigt sich, dass die Energieeinsparungen für die meisten Sanierungsmaßnahmen beim Energiekonzeptberater im Allgemeinen wesentlich höher ausfallen.

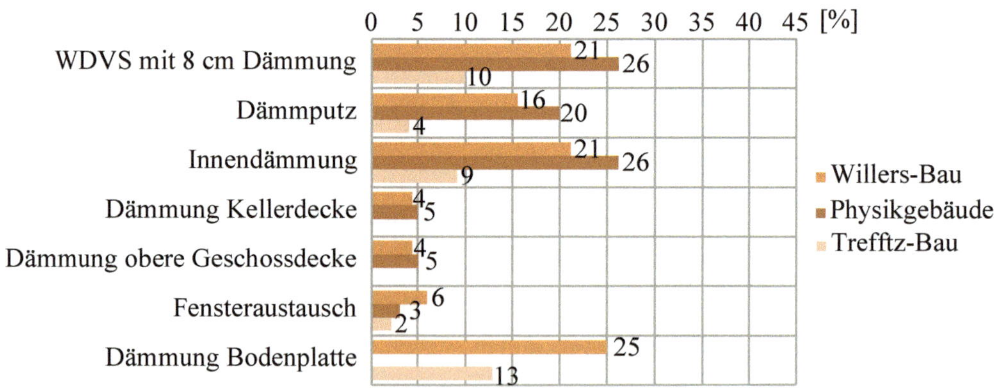

Abbildung 11: Vergleich der prozentualen Energieeinsparung der Sanierungsmaßnahmen zum Ausgangszustand (Ergebnisse ZUB Helena)

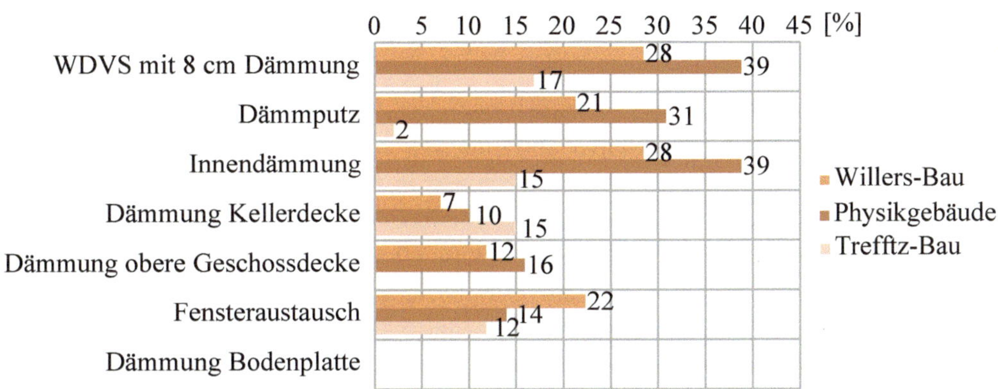

Abbildung 12: Vergleich der prozentualen Energieeinsparung der Sanierungsmaßnahmen zum Ausgangszustand (Ergebnisse Energiekonzeptberater)

5 Zusammenfassung und Ausblick

Das Vorhaben, den Gebäudebestand der TU Dresden ganzheitlich zu erfassen, zeigt schon am kleinen Beispiel des Gebäudekomplexes, dass einige Probleme für die energetische Betrachtung vorliegen. Mit dem Energiekonzeptberater können zwar ganze Quartiere abgebildet und untersucht werden, aber seitens der wenigen Eingabemöglichkeiten ist das Programm für eine detaillierte Betrachtung von Sanierungskonzepten eher ungeeignet. Ein weiterer wichtiger Aspekt, im Hinblick auf die Klimaveränderung ist, dass es keine Möglichkeit zur Integration standortspezifischer Randbedingungen gibt. Darin begründen sich wahrscheinlich auch die Abweichungen in den Ergebnissen zwischen den Programmen.

Im Gegensatz zum Energiekonzeptberater zeigte das Programm ZUB Helena eine weitaus bessere Übereinstimmung, was die Modellierung der Gebäude anbelangt. Hier besteht schon eher die Möglichkeit tiefgehende Betrachtungen von Quartierskonzepten vorzunehmen. Aber wie sich im Laufe der Bearbeitung herausstellte, gab es Probleme bei der Modellierung/Simulation mehrerer Gebäude. Es kam zu mehrfachen Programmabstürzen sowie langen Rechenzeiten, sodass die Gebäude am Ende einzeln betrachtet werden mussten und dadurch keine übergreifenden Maßnahmen untersucht werden konnten. Auch die Auswahl an Maßnahmen ist sehr einfach gehalten. Thermoaktive Bauteile, Photovoltaiksysteme in der Fassade, Indachsysteme oder Kapillarrohrsysteme sind nur einige Beispiele an Maßnahmen, die nicht vorhanden sind, weshalb beide Programme dem Zweck einer detaillierteren Ausarbeitung von Sanierungskonzepten nicht standhalten. Der Übergang zu einer dynamisch thermischen Gebäudesimulation, wo im Gegensatz zur statischen Variante die „… stundenweise Berechnung der Raumreaktion (Last oder Temperatur) unter Berücksichtigung aller Einflüsse (Aktionen), wie Außenklima, Innelasten, Verkehrs- und Betriebszeiten, sowie der thermischen Rückkopplung mit der Anlagentechnik und den Nutzungsvorgaben (Betriebsweise und Regelstrategie)" [12] mit einfließen, als notwendig erscheint, um eine Verzahnung der Gebäude und die Auswirkungen durch Kombination an Maßnahmen auf das Quartier zu untersuchen.

Ein interessanter Ansatz ist der Austausch von Energieströmen zwischen den Gebäuden, um beispielsweise Überschüsse durch Abwärme oder Photovoltaik an anderer Stelle weiter zu nutzen. Einer von vielen Quartiersgedanken liegt in der gemeinsamen Nutzung regenerativer Quellen, in Form von Photovoltaik-, Solarthermie- oder Geothermie-Anlagen. Für Denkmäler sind bauliche Veränderungen/Eingriffe oft aufwendiger, im Gegensatz zu Neubauten. Gerade in der Planung können bei Neubauten Energiekonzepte mit eingebunden und an die Umgebung (Bestandsgebäude) angepasst werden. Beispielsweise wären Prüfhallen, die eine große Dachfläche besitzen, ein guter Standort für die Installation von Photovoltaik- bzw. Solarthermie-Anlagen. Die gewonnene Energie kann selbst genutzt oder an umliegende Gebäude abgegeben werden, die nicht für die Installation von Photovoltaik-Modulen geeignet sind.

Der Campus der TU Dresden bietet auf Grund seiner Größe, dem unterschiedlichen Baualter der Bestandsgebäude, der Vielzahl an Baudenkmälern und der beträchtlichen Anzahl an Hochschulangehörigen eine gute Ausgangslage für die Untersuchung und Umsetzung möglicher innovativer Energiekonzepte.

Nach Aussagen von anderen Autoren [13] besitzen Stadtquartiere große Potentiale zur Entwicklung und Umsetzung von Maßnahmen für Gebäude, im Vergleich zu Einzelobjekten. Darüber hinaus sind sie der Auffassung, dass gerade im Gebäudebestand Quartierslösungen, insbesondere wirtschaftliche Sanierungskonzepte, den Primärenergiebedarf deutlich reduzieren können.

6 Danksagung

Diese Arbeit entstand im Rahmen des Forschungsprojektes „CAMPER–CAMPus EnergieverbrauchsReduktion – Auf dem Weg zum Energieeffizienz-Campus der TU Dresden", gefördert mit Mitteln des Bundesministeriums für Wirtschaft und Energie (Förderkennzeichen: 03ET1319A). Die Autoren bedanken sich für die Unterstützung der weiteren Projektpartner an der TU Dresden: Institut für Energietechnik, Institut für Bauklimatik und Lehrstuhl für Baubetriebliche Umweltökonomie, sowie dem Dezernat Technik der TU Dresden als auch dem Staatsbetrieb Sächsisches Immobilien- und Baumanagement (SIB).

7 Literatur

[1]   Umweltbundesamt (Hrsg.): *Klimaschutzplan 2050 der Bundesregierung Diskussionsbeitrag des Umweltbundesamtes*. Dessau-Roßlau: Umweltbundesamt, 2016, S. 33.

[2]   Deutsche Energie-Agentur GmbH (dena) (Hrsg.): *Der dena-Gebäudereport 2015. Statistiken und Analysen zur Energieeffizienz im Gebäudebestand*. Berlin: Elbe Druckerei Wittenberg, 2014.

[3]   Erhorn-Kluttig, H.; Jank, R.; Schrempf, L.; Dütz, A.: *Energetische Quartiersplanung: Methoden – Technologien – Praxisbeispiele.* Stuttgart: Fraunhofer IRB Verlag, 2011.

[4]   Vorhabenbeschreibung zum Forschungsprojekt CAMPER - CAMPusEngieverbrauchsReduktion. Dresden, 2015.

[5]   https://tu-dresden.de/tu-dresden/profil/zahlen-und-fakten (letzter Zugriff am 12.09.2016)

[6]   https://tu-dresden.de/tu-dresden/campus/ressourcen/dateien/plaene/ddss14.pdf?lang =de (letzter Zugriff am 12.09.2016)

[7]   Institut Wohnen und Umwelt GmbH (Hrsg.): *Deutsche Gebäudetypologie Systematik und Datensätze.*

http://www.iwu.de/fileadmin/user_upload/dateien/energie/klima_altbau/Gebaeudetyp ologie_Deutschland.pdf (letzter Zugriff am 15.09.2016)

[8]   Böhmer, H.; Fanslau-Görlitz, D.; Zedler, J.: *U-Werte alter Bauteile: Arbeitsunterlagen zur Rationalisierung wärmeschutztechnischer Berechnungen bei der Modernisierung.* Stuttgart: Fraunhofer IRB Verlag, 2010.

[9]   Neef, F.; Müller, M.: *Bauphysik – Einflussgröße der Wertermittlung.*

http://www.expret-service.de/publik/warm_art.1htm (letzter Zugriff am 14.09.2016)

[10] Landeshauptstadt Dresden, Amt für Geodaten und Kataster (Hrsg.): *Themenstadtplan Dresden.*

https://stadtplan.dresden.de/%28S%28g3akm4ly1tlxffexkh1oe4cd%29%29/spdd.aspx (letzter Zugriff am 05.10.2016)

[11] https://navigator.tu-dresden.de/ (letzter Zugriff am 21.09.2016)

[12] VDI 6020:2016-09: *Anforderungen an thermisch-energetische Rechenverfahren zur Gebäude- und Anlagensimulation.* Entwurf von 2016

[13] Wrobel, P.; Schnier, M.; Schill, C.; Kanngießer, A.; Beier, C.: *Planungshilfsmittel: Praxiserfahrung aus der energetischen Quartiersplanung.* Stuttgart: Fraunhofer IRB Verlag, 2016.

Untersuchung zur Effizienz von alternativen Sanierungskonzepten für 1950er-Jahre Siedlungswohnbauten

Dipl.-Ing. Klara Bauer[1], Jun. Prof. Dr.-Ing. Angèle Tersluisen[1], Dipl.-Ing. Nadine Lebong[1], Dr.-Ing. Kamyar Nasrollahi[1]

[1] TU Kaiserslautern, Fachbereich Architektur, Fachgebiet Hauskybernetik, Pfaffenbergstraße 95, 67663 Kaiserslautern

Kurzer Überblick

Energetische Gebäudesanierungen haben u.a. das Ziel, den Energiebedarf zu senken. Dieses Ziel wird in der Regel durch die Reduktion der Wärmeverluste erreicht. Die EnEV definiert hierfür entsprechende Grenzwerte. Ziel des Forschungsprojektes war es hingegen, den Energiebedarf zu reduzieren, indem die zur Verfügung stehenden Umweltenergien nutzbar gemacht werden. Untersucht wurden drei energiesammelnde Gebäudehülltechnologien: Luftkollektor, Massivabsorber und Photovoltaik, deren Effizienz innerhalb von elf Sanierungskonzepten energetisch, ökonomisch sowie soziologisch bewertet wurden. Die Spanne der Konzepte reicht von rein konstruktiven Low-Tech-Konzepten mit einer passiven Luftkollektor-Gebäudehülle und Kastenfenstern hin zu High-Tech-Konzepten mit PV-Gebäudehülle und Wärmepumpe. Die Bewertung erfolgte im Vergleich zur Sanierung nach Stand der Technik. Als Referenzgebäude diente ein 1950er-Jahre-Siedlungsbau, der auf Grund der materialsparenden Bauweise Sanierungsbedarf aufweist.

Schlagwörter: Luftkollektor, Massivabsorber, 50er-Jahre, Sanierung nach EnEV

1 Analyse von 1950er-Jahre-Siedlungsgebäuden

1950er Jahre Nachkriegsbauten charakterisieren sich typischerweise durch einfache Bauweisen, die durch die Materialknappheit während der Bauzeit bedingt sind. Viele der 1950er-Jahre-Siedlungsbauten weisen heute einen Sanierungsstau auf – hohe U-Werte der Außenwände, Fenster und Dachkonstruktionen sind noch oft vorzufinden. Häufig sind noch immer Einzelraumöfen in den Wohnungen vorhanden.

In diesem Forschungsprojekt wurden als Referenz der 1950er Jahre zwei baualterstypische Gebäuderiegel der Gemeinnützigen Baugenossenschaft Speyer (GBS Speyer) bzgl. Baukonstruktion und Architektur genau analysiert und bewertet.

Denkmal und Energie 2017. Herausgegeben von Bernhard Weller, Sebastian Horn.

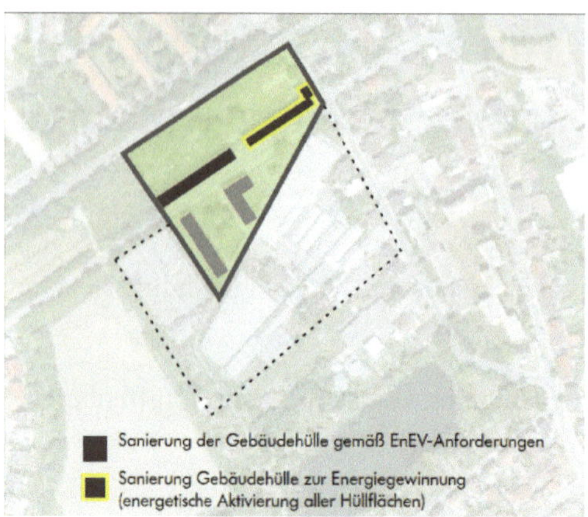

Abbildung 1: Lageplan der Referenzgebäuderiegel

Die betrachteten Gebäuderiegel befinden sich in Speyer, sie sind ost-west ausgerichtet und setzen sich aus jeweils 24 baugleichen Wohneinheiten zusammen. Der westliche der beiden Gebäuderiegel wurde als Referenz genutzt und nach herkömmlichen EnEV-Standard saniert. Der westliche Riegel wurde mit einer energiegewinnenden Gebäudehülle belegt.

Die Wohnungen sind überwiegend mit Gasetagenheizungen ausgestattet, in einigen Wohnungen sind jedoch noch Einzelraumöfen verbaut. Die Gebäuderiegel sind überwiegend unsaniert, die Fenster sind jeweils bei Mieterwechsel ausgetauscht worden und haben demnach je nach Sanierungsstandard unterschiedliche energetische Kennwerte. Außerdem ist die oberste Geschossdecke zum unbeheizten Dach mit einer 12 cm dicken Styroporschicht gedämmt.

Der Dachraum und der Keller sind unbeheizt, sodass die thermische Hülle des Gebäudes aus Kellerdecke, oberster Geschoßdecke und den an die Außenluft grenzenden Wänden der Wohnräume besteht. Die Außenwand im Erdgeschoß weist einen U-Wert von 0,96 W/(m²·K) auf, in den beiden Obergeschossen hat die Außenwand, durch die Verjüngung des Querschnitts einen U-Wert von 1,03 W/(m²·K). Die Kellerdecke ist mit einem U-Wert von 1,21 W/(m²·K) ungedämmt. Die gedämmte oberste Geschossdecke weist einen U-Wert von 0,22 W/(m²·K) auf. Die Fenster weisen durchschnittlich einen U-Wert von 1,4 W/(m²·K), einen g-Wert von 0,59 und einen Rahmenanteil von 35 % auf.

Mit diesen Werten ergibt sich für die Jahressimulation mit TRNSYS [1] des unsanierten Bestands ein Nutzenergiebedarf von 116,75 kWh/(m²·a) und bei einem Jahresnutzungsgrad des vorhandenen Heizsystems von 90 % [2] ein Endenergiebedarf von 129,72 kWh/(m²·a).

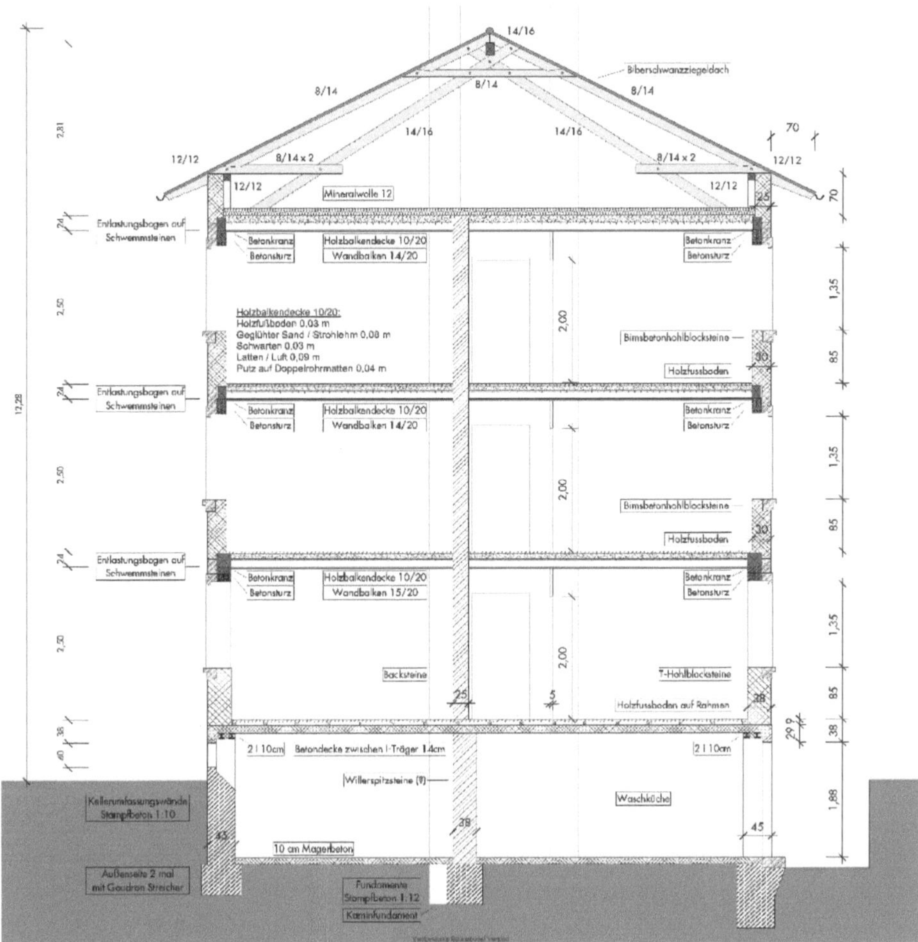

Abbildung 2: Querschnitt: Darstellung der Gebäudekonstruktion des 50er Jahre Referenzgebäuderiegels

2 Grundlagen

Die EnEV 2016 [3] gibt Grenzwerte zur energetischen Sanierung vor. Zum einen gilt der Grenzwert des spezifischen Transmissionswärmetransferkoeffizienten (H'_T), dieser darf nicht über dem errechneten Wert des Referenzgebäudes nach EnEV liegen, maximal darf dieser aber 0,4 W/(m²·K) betragen Der Transmissionswärmetransferkoeffizient beschreibt, wie viel Energie durchschnittlich durch Transmission über ein Quadratmeter thermische Hüllfläche bei einem Kelvin Temperaturdifferenz zwischen Innen- und Außentemperatur verloren geht. Dieser Wert beschreibt demnach die reinen Verluste des Gebäudes über seine thermische Hülle. Wärmedämmung und Isolierverglasungen reduzieren den Transmissionswärmetransferkoeffizient.

Zum anderen gibt die EnEV einen Maximalwert für den Primärenergiebedarf vor. Der Primärenergiebedarf beschreibt den Energiebedarf von der Herstellung bzw. Gewinnung der Energiequelle über den Transport und den Verbrauch. Somit werden effiziente Heizungsanlagen und regenerative Energieträger positiv berücksichtigt. Demnach wird hier über das Heizsystem eine aktive Nutzung von Umweltenergien positiv bilanziert, beispielsweise durch Wärmepumpen, die Umweltwärme nutzen, durch Solarkollektoren zur aktiven Unterstützung der Brauch- und Heizwassererwärmung oder durch Photovoltaikanlagen, die beispielsweise über eine Wärmepumpe an das Heizsystem gekoppelt ist. Auch die passive Nutzung von Umweltenergien, wie beispielsweise durch transparente Wärmedämmung und solare Luftkollektoren zur Minimierung der verbrauchten Energie, werden durch die Reduzierung des Nutzenergiebedarfs rechnerisch im Primärenergiebedarf berücksichtigt. Dennoch muss zusätzlich der Grenzwert des Transmissionswärmetransferkoeffizient eingehalten werden, sodass passive Konzepte häufig nicht umgesetzt werden können, obwohl gerade in südlichen Gebieten von Deutschland ausreichend Solarenergie zur Verfügung steht um eine erhebliche Verbesserung der energetischen Zustandes eines Gebäudes zu gewährleisten.

2.1 Nutzung von Umweltenergie

Unter dem Begriff Umweltenergie wird die Energie zusammengefasst, die von der Umwelt kostenlos zur Verfügung steht. Darunter fallen vorrangig Umweltwärme, Solarenergie und Windenergie. Um diese Energie nutzen zu können stehen verschiedene technische Mittel zur Verfügung. Die bekanntesten Mittel um Umweltenergie auf Gebäudeebene zu nutzen sind, aus der Sicht des Gebäudes, aktive Konzepte. Die Nutzung dieser Energien ist aktiv steuerbar und demnach auch ein- und ausschaltbar. Wie zum Beispiel über eine Wärmepumpe: Wird hier keine Energie benötigt, wird die Wärmepumpe ausgeschaltet und die zur Verfügung stehende Umweltwärme nicht mehr genutzt. Passive Konzepte können nicht aktiv gesteuert werden, sie funktionieren ohne zusätzliche Hilfsenergie. Ein Beispiel dafür aus dieser Forschungsarbeit ist ein Luftkollektorsystem.

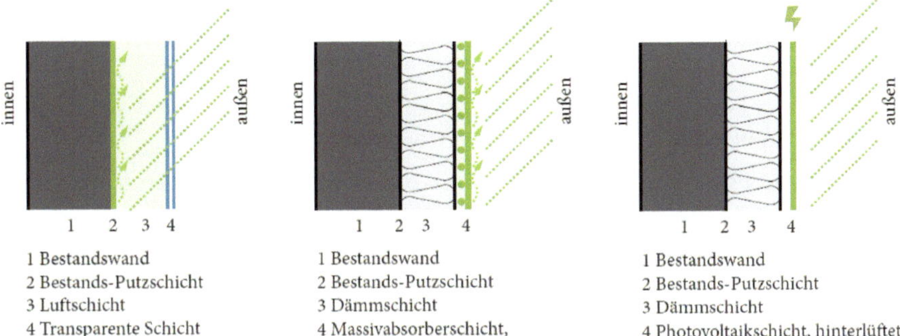

Abbildung 3: Funktion und Aufbau drei verschiedener energiesammelnder Gebäudehülltechnologien. links: Luftkollektor; mitte: Massivabsorber; rechts: Photovoltaikfassade

Es wurden drei energiegewinnende Gebäudehülltechnologien (Luftkollektor, Massivabsorber und Photovoltaik) untersucht, die entweder passiv den Nutzenergiebedarf des Gebäudes senken oder aktiv, durch die Kopplung an das Heizsystem (Wärmepumpe, Speicher, Luftheizsystem), die Menge des aufzubringenden Heizmediums mindern.

2.2 Funktionsprinzip Luftkollektor

Luftkollektoren werden als additives System an der Fassade eines Gebäudes montiert, dadurch entsteht ein typischer Kollektoraufbau: Transparente Schicht – Luftschicht – opake Schicht. Wobei als opake Schicht die Oberfläche der Fassade genutzt wird und demnach lediglich eine transparente/transluzente Abdeckung (Polycarbonat, Glas) montiert wird.

„Luftkollektoren mit transparenter oder transluszenter Deckschicht nutzen den Glashauseffekt. Solarstrahlung transmittiert dabei durch die transparente Schicht und wird an der Oberfläche der opaken Schicht absorbiert. Durch die Absorption erwärmt sich die Luft im Luftspalt, was zur Folge geringere Wärmeverluste aus dem Innenraum zum Luftspalt hin bedeutet. Da die transparente Schicht weniger durchlässig für Wärmestrahlen ist, und gleichermaßen der Luftspalt durch die transparente Schicht vor den Außenbedingungen geschützt wird, wird die Wärmeenergie im Luftspalt gehalten“ [4] und gelangt über Konduktion durch die opake Schicht in den Innenraum des Gebäudes.

2.3 Funktionsprinzip Massivabsorber

Massivabsorber sind Massivbetonplatten, in denen Rohrregister eingegossen sind. Sie werden auf der gedämmten Außenwand angebracht, da die Platten kaum einen Beitrag zum Wärmeschutz leisten. Die Kapillarrohre sind mit einer Pumpe verbunden, die ein Fluid, meist Sole, um Frost vorzubeugen, durch die Rohrregister pumpt. Solarstrahlung wird an der Oberfläche des Massivabsorbers absorbiert und an das Fluid in den Rohren weitergegeben. Die gesammelte Wärmeenergie des Fluids kann nun zur Effizienzsteigerung an eine Wärmepumpe oder über einen Wärmetauscher an einen Speicher abgegeben werden.

2.4 Funktionsprinzip Photovoltaikfassade

Eine energiesammelnde Photovoltaikanlage wird mit einem dahinterliegenden Luftspalt auf die gedämmte Bestandswand installiert. Die Hinterlüftung ist bei einer Photovoltaikfassade sinnvoll um geringe Systemtemperaturen und damit eine effizientere Funktion zu gewährleisten. Photovoltaikanlagen wandeln Solarenergie durch Halbleitertechnologie in Strom um. Dieser kann dem Gebäude zur herkömmlichen Nutzung von Haushaltssttrom oder einem Heizsystem mit Strom als Heizmedium zugeführt werden. Bei alten Anlagen lohnt es sich wegen der hohen Einspeisevergütung primär ins öffentliche Netz einzuspeisen, bei zeitgemäßen Anlagen steht die Eigenstromnutzung im Vordergrund.

3 Erstellung von energetischen Sanierungskonzepten

Zusammen mit den drei zuvor beschriebenen energiesammelnden Gebäudehülltechnologien werden insgesamt elf Sanierungskonzepte in unterschiedlichen Ausführungen entwickelt (vgl. Abbildung 4). Des Weiteren wurde als Referenz ein Sanierungskonzept mit Dämmung nach den Anforderungen der EnEV 2016 untersucht.

Konzept Ia ist ein rein passiver Luftkollektor. Durch Absorption der einfallenden solaren Strahlung wird Wärme an den Raum abgegeben. Dabei wirkt er energiegewinnend und verlustreduzierend. Die bestehende Gasetagenheizung bleibt bestehen.

Konzept Ib ist ähnlich wie in Konzept Ia beschrieben ein passives Kollektorsystem, mit dem Unterschied, dass in diesem Konzept Kastenfenster zum Einsatz kommen. Kastenfenster sind zwei hintereinander installierte Fenster, die unabhängig voneinander nutzbar sind. Dadurch können unterschiedliche bauphysikalische Eigenschaften realisiert werden. Sind beide Fenster geschlossen, wirkt das System wie eine Doppelglasfassade und hat gute Wärmeschutzeigenschaften. Ist nur ein Fenster geschlossen kann man eine hohe Lichtausbeute für den Raum realisieren. Die bestehende Gasetagenheizung bleibt bestehen.

Konzept Ic ist ein Luftkollektorsystem kombiniert mit, in einer Putzschicht eingebetteten Kapillarrohrmatte, welche wie ein Wärmetauscher wirken. Die im Luftspalt gesammelte Wärme wird auf die Sole in den Kapillaren übertragen. Das warme Fluid wird einer Wärmepumpe als Quellmedium zugeführt. Dadurch lässt sich der Wirkungsgrad der Sole/Wasser-Wärmepumpe steigern. Das Wasser wird in einem Pufferspeicher zwischengespeichert und bei Bedarf als Heizwasser für die installierten Radiatoren verwendet. Der Pufferspeicher wirkt hier als Entkopplung der Wärmepumpe vom

Wärmeübertrager, so kann die Wärmepumpe unabhängig vom Heizbedarf, und somit effizienter arbeiten.

Konzept IIa ist ein Luftkollektorsystem, welches an eine aktive Raumlüftung angeschlossen ist. Sobald die Temperatur in einem Fassadenkollektor über die erforderliche Raumtemperatur steigt, wird diese, mithilfe von Rohrleitungen über einen Ventilator, in die zu heizenden Räume transportiert. Die Lüftung wird als Zusatzheizung genutzt, die bestehende Gasetagenheizung bleibt bestehen.

Konzept IIb wirkt ähnlich wie Konzept Ib. In Konzept IIb wird direkt die erwärmte Luft aus dem Kollektor einer Luft/Wasser-Wärmepumpe zugeführt

In Konzept IIIa wird ein Massivabsorber an der Südfassade installiert. Ähnlich wie in Konzept Ic wird die erwärmte Sole einer Sole/Wasser-Wärmepumpe zugeführt, die dann die benötigte Wärme bereitstellen kann.

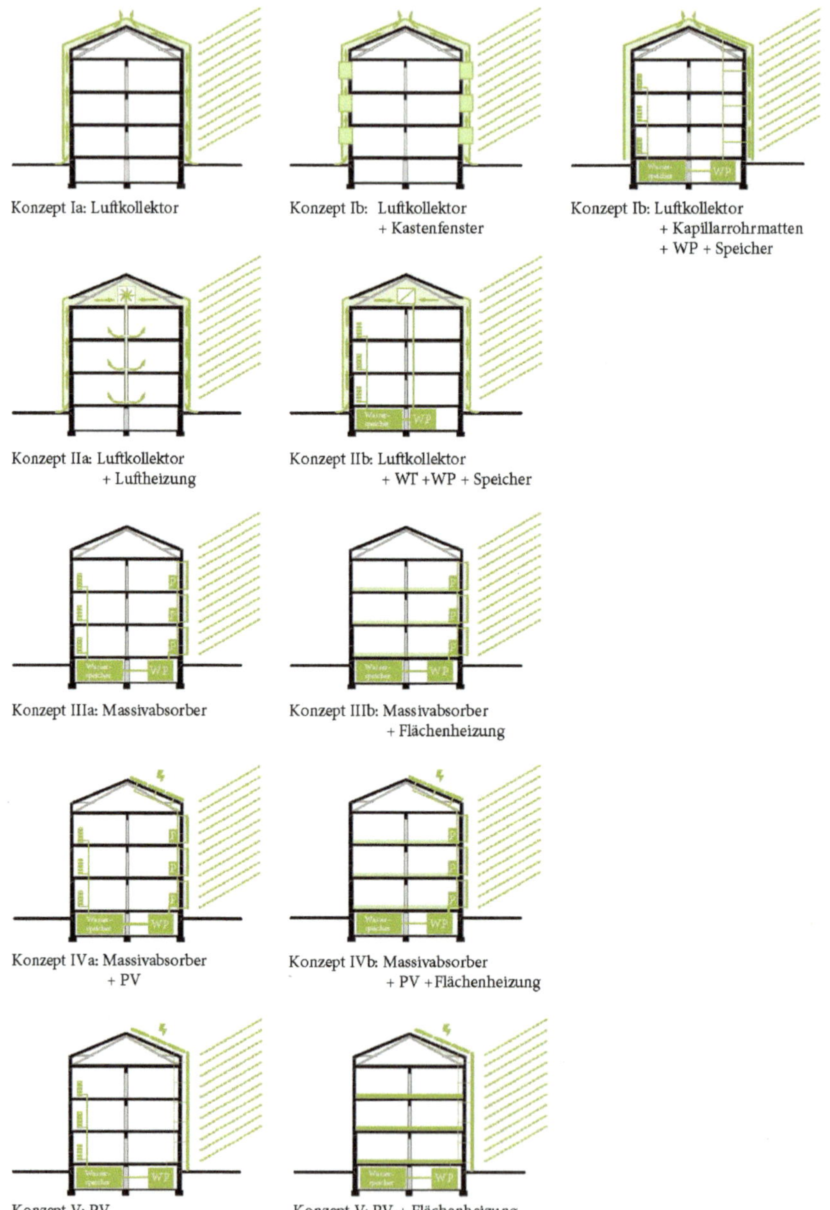

Abbildung 4: Verschiedene Sanierungskonzepte mit energiesammelnden Gebäudehülltechnologien (Bilder: TU
Kaiserslautern, Fachgebiet Hauskybernetik)

Konzept IIIb ist wie Konzept IIIa aufgebaut, nur sind anstatt herkömmlicher Radiatoren Flächenheizungen als additive Fußbodenheizungen unter dem Fußboden verbaut. Diese werden mit einer maximalen Vorlauftemperatur von 45°C betrieben. Die maximale Speichertemperatur, und damit der Temperaturhub des Heizmediums kann so verringert werden und der Wirkungsgrad der Wärmepumpe verbessert sich.

KonzeptIVa ist aufbauend auf Konzept IIIa zusätzlich mit einer Photovoltaikanlage ausgestattet, deren Strom zur Versorgung der Wärmepumpe genutzt wird. Dies trägt zur Reduktion des Primärenergiebedarfs bei.

Konzept IVb ist wie Konzept IVa aufgebaut, nur sind anstatt herkömmlicher Radiatoren Flächenheizungen als additive Fußbodenheizungen verbaut.

Konzept Va stellt nicht, wie in den vorangehenden Konzepten Wärme, sondern Strom durch Photovoltaikmodule auf dem südorientierten Dach und der Außenwand zur Verfügung. Dieser wird einer Luft/Wasser-Wärmepumpe übergeben, die an einen Pufferspeicher angeschlossen ist. Überschüssiger Strom wird in das öffentliche Netz eingespeist.

Kozept Vb ist wie Konzept Va aufgebaut, nur sind anstatt herkömmlicher Radiatoren Flächenheizungen als adaptive Fußbodenheizungen unter dem Fußboden verbaut.

4 Vorstudien

In ausführlichen Vorstudien wurde festgelegt, an welchen Fassaden die energiesammelnden Gebäudehülltechnologien angebracht werden. Hierbei wurde vor allem auf die Effizienz der Systeme hinsichtlich der Fassadenorientierung, aber auch auf architektonische Anforderungen geachtet.

Reine Konduktionsluftkollektoren versorgen passiv die Wohnräume, weswegen hier auch alle an Wohnräume angrenzenden Außenbauteile, also alle Außenwände, als Kollektor ausgeführt werden. Außenbauteile, die einem unbeheizten Raum zugeordnet sind, haben bei passiven Systemen kaum Auswirkung auf den Heizwärmebedarf.

Luftkollektoren, die an das Heizsystem angekoppelt sind, können, vor allem durch die Anbringung an Dachflächen, viel Wärme durch hohe solare Einstrahlung erzeugen. Diese Systeme werden genau wie die PV-Module in Konzept V über die gesamte Gebäudehülle gelegt.

Die nordausgerichtete Fassade wird, in den oben genannten Konzepten, aus architektonischen Gründen mit den jeweiligen Hülltechnologien belegt.

Die Fassadenorientierung hat auf den Massivabsorber, durch seine Trägheit, wenig Einfluss, die Südfassade erzielt dabei die besten Ergebnisse. Deshalb wird exemplarisch in Konzept IVa und IVb die Südfassade mit Massivabsorbern belegt.

Die thermischen Hüllflächen, die nicht thermisch aktiviert, also nicht mit einer energiesammelnden Gebäudehülle belegt wurden, wurden nach der EnEV konventionell gedämmt.

Zu einer der aussagekräftigsten Vorstudien zählt die Simulation über den dynamischen U-Wert, hierbei wird ausgelesen, wieviel Wärme eine Kollektorkonstruktion in ein Gebäude einbringt und wieviel Verluste diese erzielt. Die Werte werden pro Heizperiode, Quadratmeter und Kelvin Temperaturdifferenz zwischen Innen- und Außentemperatur (bzgl. der durchschnittlichen Außentemperatur der Heizperiode) ausgelesen und addiert (Verluste - positiv; Gewinne - negativ). Der dynamische U-Wert beschreibt je Fassadenorientierung, wieviel Wärmeenergie effektiv pro Heizperiode, Quadratmeter und Kelvin Temperaturdifferenz dem Gebäude über Konduktion zu- bzw. abgeführt werden (siehe Tabelle 1).

Tabelle 1: Dynamischer U-Wert der Luftkollektorkonstruktion je Fassadenausrichtung

Fassadendrehung [°] AUSRICHTUNG	0 SÜD	30	60	90 WEST	120	150	180 NORD	210	240	270 OST	300	330
dynamischer U-Wert [W/(m²·K)]	-0.41	-0.14	0.08	0.20	0.25	0.26	0.26	0.22	0.04	-0.25	-0.49	-0.56

In Tabelle 1 ist zu erkennen, dass die Kollektorkonstruktion Richtung Süden mehr Gewinne als Verluste erzielt, aber auch durch Diffusstrahlung in Richtung Norden orientiert einen besseren dynamischen U-Wert als den errechneten statischen U-Wert von 0,42 W/(m²·K) erzielt.

Betrachtet man nun den Transmissionswärmetransferkoeffizient (H'_T) des Gebäudes mit einem Luftkollektorsystem, wobei alle Außenfassaden mit einem Luftkollektor ausgestattet sind, und dessen statischen U-Wert, wird ersichtlich, dass die Konstruktion nach EnEV nicht genehmigungsfähig ist (H'_T=0,33 W/(m²·K)). Der errechnete Wert des EnEV Referenzgebäudes liegt bei 0,26 W/(m²·K) und gibt damit den Grenzwert vor. Verwendet man aber den dynamischen U-Wert zur Berechnung des H'_T-Wertes erreicht man einen Wert von 0,23 W/(m²·K), der unter dem ermittelten Wert des EnEV Referenzgebäudes liegt. Diese Erkenntnis wird auch in Kapitel 5 Auswertung deutlich.

5 Auswertung

Die elf energetischen Konzepte wurden mit dem dynamischen Simulationstool TRNSYS
17 [1] simuliert. Als Referenz wurden zusätzlich das bestehende Gebäude und eine konventionelle Sanierungsvariante nach EnEV 2014 mit Mineralwolldämmung simuliert. Die
Simulation erfolgt über die Heizperiode in der betrachteten Region Speyer mit den TRY-
Datensatz (2010) vom Deutschen Wetterdienst. Um eine Übertragbarkeit auf andere 50er
Jahre Bauten gewährleisten zu können wurde das Modell modular aufgebaut (siehe Abbildung 5) und in 30°-Schritten gedreht.

Neben der Betrachtung der energetischen Performance der insgesamt zwölf Sanierungsvarianten, wurde für das Referenzgebäude in Speyer eine ökonomische Betrachtung bezogen
auf die fixen Erstkosten und den laufenden Nutzungskosten erstellt. Unter Einbezug von
individuellen Förderungen von Bund und Ländern für jedes Sanierungskonzept, konnten
die Lebenszykluskosten und die Amortisationszeit berechnet werden.

Abbildung 5: Modularer Aufbau zur Übertragbarkeit auf vergleichbare 1950er Jahre Bauten (Bild: TU Kaiserslautern, Fachgebiet Hauskybernetik)

5.1 Energetische Gesichtspunkte

Aus den Simulationen der verschiedenen Konzepte wurde der Heizwärmebedarf pro Quadratmeter ausgelesen. Die Energiemenge, die tatsächlich vom Heizsystem aufgebracht werden muss (inklusive Erzeuger- und Verteilungsverluste), wird Endenergie genannt und wird
über den Wirkungsgrad des eingebauten Heizsystems ermittelt. Der Endenergiebedarf wird
als vergleichender Parameter verwendet. Dabei wurde die bestehende Heizungsanlage
(Gasetagenheizung) mit einem mittleren Wirkungsgrad von 90 % [2] angenommen. Der
Endenergiebedarf der Konzepte mit Wärmepumpe ergibt sich über die Jahresarbeitszahl der
selbigen und wird aus der Gebäudesimulation ausgelesen. Zudem wird dem Endenergiebedarf der eigenerzeugte PV-Strom für die Zeiten, in denen er nutzbar ist, abgezogen.

Das Bestandsgebäude hat pro Quadratmeter Wohnfläche einen Endenergiebedarf von
129,72 kWh pro Jahr. Dieser Wert ist die Grundlage zur Berechnung der Endenergieeinsparung der verschiedenen Konzepte.

Die EnEV Standardsanierung schneidet von allen Konzepten am schlechtesten hinsichtlich
des Endenergie- aber auch des Heizwärmebedarfs ab. Die konventionelle Sanierung be-

schränkt sich rein auf die Verminderung der Wärmeverluste, generiert jedoch keine zusätzlichen Gewinne durch Umweltenergien. Die Transmissionswärmeverluste in der EnEV Standardsanierung, also auch der H'_T, sind geringer als in Konzept Ia (vgl. Kapitel°4), dennoch ergibt sich aus dem Konzept Ia ein geringerer Heizwärmebedarf (ca. 22 %) und somit ein geringerer Endenergiebedarf durch Ausnutzung der solaren Strahlung bei unverändertem Heizsystem.

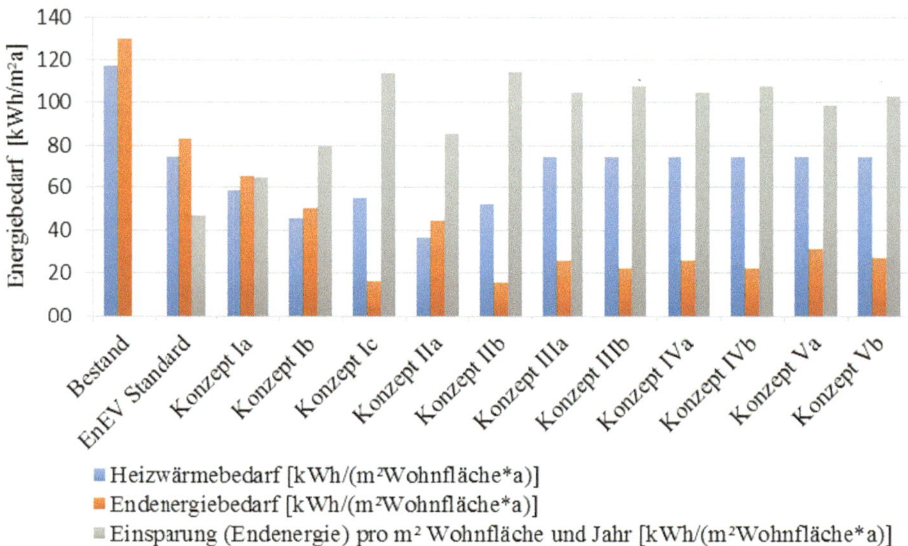

Abbildung 6: Vergleich der zwölf Sanierungsvarianten unter energetischen Gesichtspunkten (Bild: TU Kaiserslautern, Fachgebiete Hauskybernetik und Massivbau)

Betrachtet man rein die Einsparung bzgl. des Endenergiebedarfs erzielen Konzept Ic (Luftkollektor, Kapillarrohrmatten, S/W-WP, Speicher) mit 113,4 kWh/(m²·a) und Konzept IIb (Luftkollektor, A/W-WP, Speicher) mit 114,1 kWh/(m²·a) Einsparung die besten Ergebnisse. In beiden Konzepten wird nicht nur aktiv Umweltenergie dem Heizsystem zugeführt, sie erzielen auch durch die passive Wirkung des Luftkollektors geringere Heizwärme - respektive Endenergiebedarfe.

Konzept IIa hat den geringsten Heizwärmebedarf mit 36,4 kWh/(m²·a). Durch die passive Wirkung des Luftkollektors, die aktive Unterstützung des Heizsystems und durch das Einbringen warmer Kollektorluft in die Wohnräume kann der Heizwärmebedarf um ca. 69 % im Vergleich zum Bestand und um ca. 51 % im Vergleich zur EnEV Referenzsanierung reduziert werden.

Diejenigen Konzepte, deren Endenergiebedarf niedriger liegt als der Heizwärmebedarf, sind mit einer Wärmepumpe ausgestattet. Die beste Jahresarbeitszahl wird in Konzept IIIb und IVb mit 3,33 erzielt. Beide Konzepte sind mit Sole/Wasser-Wärmepumpen und Flächenheizungen ausgestattet.

5.2 Ökonomische Gesichtspunkte

Zur ökonomischen Auswertung wurden die Lebenszykluskosten für einen Zyklus von 50 Jahren herangezogen. Sie beinhalten die Erstkosten (Kosten für die Erstellung der Konzepte abzüglich der anrechenbaren Fördermittel von Bund und Ländern) und die Nutzungskosten (laufende Kosten, wie Energie-, Wartungs- und Instandsetzungskosten).

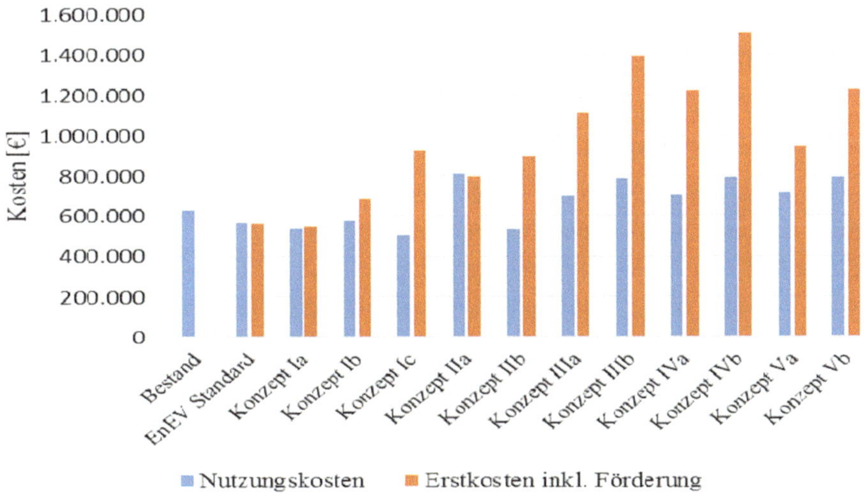

Abbildung 7: Vergleich der zwölf Sanierungsvarianten unter ökonomischen Gesichtspunkten (Bild: TU Kaiserslautern, Fachgebiet Immobilienökonomie)

In Abbildung 7 sind die Erstkosten inklusive Förderungen und die Nutzungskosten für einen Zyklus von 50 Jahren dargestellt. Passive Konzepte (Konzept Ia, Ic und IIb) kommen durch den verminderten Heizwärmebedarf mit weniger Nutzungskosten aus als der EnEV Standartfall. Je mehr Technik ein Gebäude besitzt umso mehr Nutzungskosten sind durch Wartung und Instandsetzung anzusetzen, durch Einbau moderner Heizungsanlagen erhöhen sich auch die Erstkosten von High-Tech Konzepten.

5.3 Soziologische Gesichtspunkte

Durch das Fachgebiet Stadtsoziologie wurden eine qualitative sowie eine quantitative Befragung der Bewohner durchgeführt.

Im Zuge der Installation von Datenloggern für ein projektbegleitendes Monitoring wurden einige Mieter des Gebäudes mündlich bzgl. der derzeitigen Wohnsituation befragt. Ergebnis dieser qualitativen Befragung war, dass alle der befragten Bewohner einer Gebäudesanierung offen gegenüber stehen. Des Weiteren bemängelten einige der Befragten den allgemeinen Renovierungszustand, hohe Nebenkosten, den Zustand der Fenster und der Heizungsanlage.

An einer weiteren, quantitativen Befragung durch Fragebögen (Rücklauf 22/54 Fragebögen) wurden unter anderem Daten zur Wohnzufriedenheit und einer möglichen Modernisierung abgefragt. Ergebnis war, dass die Mehrheit der Befragten mit dem Aussehen des Gebäudes zufrieden bis sehr zufrieden ist. Auf eine mögliche Modernisierung gab es durchaus eine sehr positive Rückmeldung, 21 von 22 halten eine Modernisierung für sinnvoll, wobei 20 von 22 sogar mögliche Unannehmlichkeiten während dem Umbau in Kauf nehmen würden.

5.4 Architektonische Gesichtspunkte und Denkmalschutz

Bei dem vorliegenden Referenzgebäude besteht kein Denkmalschutz. Die meisten Konzepte weisen einen starken Eingriff in die Anmutung der Gebäudehülle auf. Alle Konzepte bis auf Konzept IIb und dem EnEV Sanierungsfall sind reversibel, die Anbringung an denkmalgeschützten Fassaden hängt daher von der Genehmigung der zuständigen Behörde ab. Durch den opaken und modularen Aufbau von Photovoltaik- und Massivabsorberfassade wird das Aussehen des Gebäudes sehr stark verändert und wird somit von den Bewohnern voraussichtlich nicht angenommen. Durch die Luftkollektorhülle, die transluzent ist, kann die alte Fassade durchscheinen. Hierzu wurde eine Visualisierung, zur Darstellung der Südfassade vorgenommen.

Abbildung 8: Visualisierung der Luftkollektorhülle: links: mit außenliegenden Klappläden; rechts: mit innenliegenden Klappläden (Bild: TU Kaiserslautern, Fachgebiet Hauskybernetik)

Im Rahmen der Forschungsarbeit wurde bei allen Konzepten darauf geachtet, die bautypischen Merkmale des ursprünglichen Gebäudes zu erhalten. Die Sanierungsmaßnahmen sollen die Fassade bauphysikalisch ertüchtigen und ein zeitgemäß anmutendes Aussehen geben.

6 Fazit

Die GBS Speyer prüft aktuell die Realisierung einer der Sanierungskonzepte. Als passives Konzept bietet sich sowohl energetisch als auch ökonomisch Konzept Ia (rein passiver Luftkollektor) an, durch die Visualisierungsstudie und dem damit verbundenen Erhalt der baualterstypischen Fensterklappläden und Dachüberständen kann die Charakteristik der 1950er Jahre Wohnbauten erhalten und durch eine zeitgemäße Fassade ergänzt werden.

Der GBS Speyer wurde das Konzept IIb (Luftkollektor, Wärmepumpe, Speicher) empfohlen. Durch den Einbau zeitgemäßer Heiztechnik können Umweltenergien effizient genutzt werden. Energetisch wirkt dieses Konzept sowohl passiv, durch die Senkung des Heizenergiebedarfs als auch aktiv, durch Senkung des Endenergiebedarf durch die Wärmepumpe.

7 Danksagung

Dieser Artikel entstand auf Grundlage des Forschungsprojektes „Untersuchung zur Effizienz kybernetischer Sanierungskonzepte für 1950er-Jahre Siedlungs-Wohnbauten" [5] und wurde gefördert durch das Finanz-, sowie das Wirtschaftsministerium Rheinland-Pfalz. Die Autoren danken der Gemeinnützigen Wohnbaugenossenschaft Speyer und dem Finanz- und Wirtschaftsministerium RLP für die Unterstützung. Außerdem bedanken sich die Autoren beim Fachgebiet Massivbau und Baukonstruktion unter Leitung von Prof. Dr.-Ing. Matthias Pahn, Fachgebiet Immobilienökonomie unter Leitung von Prof. Dr. Björn-Martin Kurzrock und Fachgebiet Stadtsoziologie unter Leitung von Prof. Dr. Annette Spellerberg, für die Zusammenarbeit.

8 Literatur

[1] TRNSYS, Version 17.02.2004: *Transient System Simulation Program*, Solar Energy Engineering Laboratory of Wisconsin-Madison: University of Wisconsin, 2004.

[2] Diefenbach, N.; Loga, T.; Born, R.; Großklos, M.; Herbert, C.: *Energetische Kenngrößen für Heizungsanlagen im Bestand*; Institut Wohnen und Umwelt (IWU), Darmstadt: 2002.

[3] *Energieeinsparverordnung (EnEV)* vom 24. Juli 2007 (BGBI. I S.1519), zuletzt durch Artikel 1a des Gesetzes vom 4. Juli 2013 (BGBI. I S.2197) geändert.

[4]   Tersluisen, A.: *Untersuchung zur rechnerischen Bilanzierung solarer Luftheizsysteme und –konstruktionen,* Kaiserslautern: Fachgebiet Hauskybernetik, Technische Universität Kaiserslautern, 2015.

[5]   Tersluisen, A.: *Untersuchung zur Effizienz kybernetischer Sanierungskonzepte für 1950er-Jahre Siedlungs-Wohnbauten,* Kaiserslautern: Fachgebiet Hauskybernetik, Technische Universität Kaiserslautern, 2016.

PV-Module mit Latentwärmespeicher zum Einsatz in Fassaden der Nachkriegsmoderne

Dipl.-Ing. Sebastian Horn[1], Dipl.-Ing. Julia Seeger[1], Dipl.-Ing. Leonie Scheuring[1]

[1] Technische Universität Dresden, Institut für Baukonstruktion, August-Bebel-Str. 30, 01219 Dresden

Kurzer Überblick

Bei der energetischen Sanierung von Gebäuden der Nachkriegsmoderne spielt neben der Anlagentechnik vor allem die Verbesserung der energetischen Qualität der Gebäudehülle eine entscheidende Rolle. Speziell für die Verringerung von Transmissionswärmeverlusten gibt es hier eine Reihe an Materialien und Konstruktionsvarianten, die zum Teil auch im Denkmalbereich angewendet werden können. Darüber hinaus entsteht die Überlegung, die Gebäudehüllen neben der Energieeinsparung auch zur Energieerzeugung heranzuziehen. Vor allem Glasvorhangfassaden bieten sich hier für die Integration von Photovoltaik (PV)-Modulen an. Bedingt durch die konstruktiven Randbedingungen entstehen dabei jedoch Probleme, welche einen bisherigen Einsatz stark einschränken.

Der Beitrag soll zeigen, welches Potential neu entwickelte PV-Module mit integrierten Latentwärmespeicher bei einem Einsatz in Fassaden haben und wie diese auch auf Gebäude der Nachkriegsmoderne angewandt werden können.

Schlagwörter: Nachkriegsmoderne, PV-Module, Latentwärmespeicher, PCM, Fassadenintegration

1 Notwendigkeit zur Integration von Photovoltaik bei der energetischen Sanierung

Maßnahmen zur energetischen Sanierung von Gebäuden müssen in Deutschland die Anforderungen der Energieeinsparverordnung (EnEV) [1] erfüllen. Diese beschreibt nach einem Referenzgebäudeverfahren, wie hoch der Primärenergiebedarf und die Transmissionswärmeverluste über die Gebäudehülle sein dürfen. Je nachdem, ob es sich bei dem Gebäude um einen Neubau oder eine Sanierung handelt, werden dabei unterschiedliche Anforderungen formuliert, welche für die Zukunft sogar noch verschärft werden. So schreibt die europäische Richtlinie 2010/31/EU zur Gesamtenergieeffizienz von Gebäuden vor, dass spätestens ab 01. Januar 2021 alle Neubauten als Niedrigstenergiegebäude ausgeführt werden müssen. Dies bedeutet einen sehr geringen bis nahezu bei null liegenden Energiebedarf. Die Deckung des restlichen Energiebedarfs soll zudem zu Großteilen aus erneuerbaren Energien erfolgen, welche in unmittelbarer Nähe zum Gebäude erzeugt werden [2]. Auch die Bundesregierung strebt mit dem 2010 verabschiedeten Energiekonzept ehrgeizige Ziele zum Erreichen eines klimaneutralen Gebäudebestandes bis 2050 an [3].

PV-Module können hier entscheidend zur Erfüllung dieser Anforderungen beitragen. So erzeugen sie Strom aus einer erneuerbaren Quelle, welcher mit einem Primärenergiefaktor von $f_p = 0$ den herkömmlichen Strommix mit $f_p = 1,8$ nach den Regeln der EnEV 2016 §5 ersetzen kann. Dies hat einen großen Einfluss auf die Verringerung des Primärenergiebedarfs und somit auch auf die Einhaltung der EnEV [4].

Baudenkmale müssen diese hohen Anforderungen der EnEV nicht zwingend erfüllen, da bestimmte Eingriffe in die Bausubstanz aufgrund des denkmalpflegerischen Wertes bestehender Konstruktionen und Materialien nicht möglich sind. Dennoch sollte aber auch hier versucht werden, den Energiehaushalt von Baudenkmalen zu optimieren, um sowohl die Betriebskosten während der zukünftigen Nutzungsphase als auch die thermische Behaglichkeit für die in dem Gebäude lebenden und arbeitenden Personen zu verbessern. Beide Kriterien sind entscheidend für den Erhalt und die Zukunftsfähigkeit solcher Gebäude.

Auch hier kann die Integration von PV-Modulen einen großen Beitrag zu einer besseren Gesamtenergieeffizienz leisten. So kann ein Teil der bei Baudenkmalen nicht vermeidbaren Energieverluste durch eine vermehrte Energieerzeugung am Gebäude wieder kompensiert werden. Diese Integration ist aus denkmalpflegerischen Gesichtspunkten jedoch nicht bei allen Gebäudetypen möglich.

2 Potential von Fassaden der Nachkriegsmoderne

Die Gebäude der Nachkriegsmoderne entstanden nach dem Zweiten Weltkrieg, welcher weite Teile Deutschlands und Europas in Schutt und Asche gelegt hatte. Sowohl in der BRD als auch in der DDR mussten binnen kurzer Zeit neue Wohnräume, Infrastrukturen und auch Nichtwohngebäude errichtet werden. Dieser Bedarf führte in den 60er und 70er Jahren „zur Entwicklung neuer, industriell gefertigter Bausysteme und Vorfabrikatsverfahren" [5], was einen großen Einfluss auf die architektonische Ästhetik hatte. So waren z.B. einschalige Glasvorhangfassaden in einer Pfosten-Riegel-Bauweise eine häufig anzutreffende Verkleidungsart für Verwaltungsgebäude dieser Zeit [6]. Die Fassadenansichten haben durch die einzelnen Elemente der Vorhangfassade eine strikte Rasterung erfahren. Diese kann sich vertikal durch die Betonung tragender Elemente, horizontal durch die Betonung transparenter Fensterbänder und opaker Brüstungspaneele oder vertikal und horizontal ausprägen (Abbildung 1).

Fassaden dieser Art haben ein großes Potential zur Integration von PV-Modulen, da sie eine große Fläche bieten und der erzeugte PV-Strom aufgrund der Gebäudenutzung als Büro- und Verwaltungsgebäude sehr gut zur Deckung des Eigenbedarfs herangezogen werden kann. Immerhin haben die Gebäude, bedingt durch Ihre Nutzung, vor allem am Tag den höchsten Strombedarf für Heizung, Kühlung und Beleuchtung. Also dann, wenn auch die PV-Module durch die Sonneneinstrahlung die meiste Energie liefern. In den Nachtstunden ist bei Büro- und Verwaltungsgebäuden aufgrund der fehlenden Nutzung nur ein geringer Energiebedarf zu erwarten.

Abbildung 1: Verwaltungsgebäude aus der späten Nachkriegsmoderne in Dresden mit einer einschaligen Glasvorhangfassade, welch eine starke horizontale und vertikale Rasterung aufweist (Foto: May).

Vor allem die opaken Brüstungsbereiche dieser Fassaden eignen sich für die Integration von PV-Modulen. Sie bilden ein durchgehendes horizontal verlaufendes Band mit häufig wiederkehrenden Abmessungen. Die modular aufgebaute Fassadenkonstruktion erlaubt zudem einen einfachen Einbau und einen hohen Vorfertigungsgrad.

Gebäude dieser Zeit werden vermehrt unter Denkmalschutz gestellt, weshalb die energetische Sanierung solcher Fassaden mit einigen Besonderheiten verbunden ist. So gilt zunächst der grundsätzliche denkmalpflegerische Ansatz, die originale Bausubstanz so weit wie möglich zu erhalten. Ist dies in einigen Bereichen nicht möglich, sollten neu einzusetzende Konstruktionen sowohl in ihrer Erscheinung als auch in ihrer Materialität der ursprünglichen Konstruktion entsprechen.

Da die opaken Brüstungsbereiche häufig aus farbigen Gläsern bestehen, eignet sich der Einsatz farbiger PV-Module auf Basis von Dünnschicht-Solarzellen. Diese sind in vielen Farben herstellbar und würden somit sowohl in der Ansicht als auch in der Materialität dem Original entsprechen [7]. Die Vorgaben des Denkmalschutzes wären damit berücksichtigt und eine große Fläche des Gebäudes könnte aktiv zur Verbesserung der Energiebilanz herangezogen werden.

3 Besonderheiten beim Einsatz von PV-Modulen in der Fassade

PV-Module erzeugen Strom aus der Einstrahlung der Sonne. Je mehr Solarstrahlung auf die Module auftrifft, desto mehr Energie kann erzeugt werden. Durch die Wanderung der Sonne von Ost nach West über den Tagesverlauf und die Änderung des Sonnenhöhenwinkels über das Jahr, gelangt jedoch nicht die gesamte vorhandene Sonnenstrahlung auf die PV-Zellen. Verluste entstehen hier vor allem durch Reflexionen an der Moduloberfläche infolge eines spitzen Einstrahlungswinkels. Fassadenflächen mit ihrer vertikalen Ausrichtung haben hier im Vergleich zu geneigten Dachflächen einen Nachteil, da an diesen größere Reflexionsverluste entstehen. So gelangt über das gesamte Jahr z.B. für den Standort Würzburg auf eine nach Süden ausgerichtete Fassadenfläche nur etwa 68 % der Einstrahlung, welche auf eine nach Süden ausgerichtete, 30 ° geneigte Fläche einfallen würde (Abbildung 2) [8].

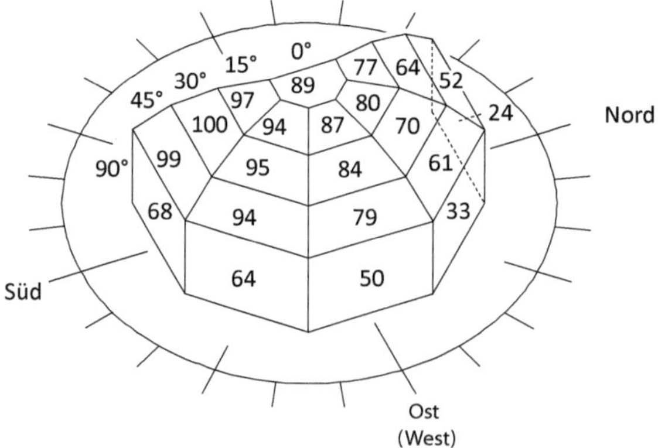

Abbildung 2: Relative jährliche Einstrahlung auf Flächen für den Standort Würzburg – die Fläche mit der optimalen Ausrichtung hat einen Wert von 100 % [8]

Im Vergleich zur Anbringung an Dachflächen können PV-Module an Fassadenflächen demnach weniger Energie erzeugen. Vor allem im Sommer gelangt auf geneigte PV-

Module aufgrund der hochstehenden Sonne mehr Einstrahlung, welche in Elektrizität umgewandelt werden kann. Im Winter können PV-Module an Fassadenflächen dagegen mehr Energie erzeugen als auf geneigten Dachflächen, da die tiefstehende Sonne relativ senkrecht auf die Fassade einstrahlt und es so nur geringe Reflexionsverluste gibt. Dies führt dazu, dass PV-Module an Fassadenflächen über das Jahr gesehen eine homogenere Ertragsamplitude aufweisen, als geneigte PV-Module auf Dachflächen. Dies ist vor allem dann von Vorteil, wenn eine Eigennutzung des PV-Stroms angestrebt wird. Hier ist nicht mehr der maximale Ertrag einer PV-Anlage das entscheidende Kriterium, sondern der Ertrag zu der jeweiligen Zeit mit dem höchsten Energiebedarf. Dieser ist bei Gebäuden hauptsächlich im Winter. Betrachtet man zudem die Tatsache, dass die Eigennutzung von PV-Strom durch die stetig sinkenden Einspeisevergütungen mittlerweile angestrebt wird, bieten Fassadenflächen eine interessante Möglichkeit zum Einsatz von PV-Modulen.

Neben den Reflexionsverlusten sind weitere Besonderheiten, wie Verschattungen oder Modultemperaturen, bei einer Fassadenintegration zu beachten. So sind PV-Module in der Fassade häufiger Teilverschattungen ausgesetzt, z.B. durch Nachbarbebauung oder aus der Fassade herausstehenden Elementen. Teilverschattungen können die Leistungsfähigkeit von PV-Modulen teils stark herabsetzen und im schlimmsten Fall sogar zur Beschädigung dieser führen [9]. Dünnschicht-PV-Module sind hier nicht so anfällig wie kristalline PV-Module [10].

Die Temperatur von PV-Modulen spielt ebenfalls eine wichtige Rolle, da sie einen Einfluss auf den Wirkungsgrad hat. Dieser sinkt mit zunehmender Temperatur. Zwar ist dies bei allen Einsatzgebieten von PV-Modulen der Fall, jedoch entstehen bei der Anordnung in der Fassade höhere Temperaturen, als zum Beispiel bei einer Aufständerung auf einem Flachdach. Das liegt vor allem an der oftmals fehlenden Hinterlüftung und der Anbringung von Wärmedämmung, was einen zusätzlichen Wärmestau am PV-Modul bedeutet. So ergaben z.B. Freifeldmessungen von PV-Modulen in Pfosten-Riegel-Fassaden Maximaltemperaturen von 74 °C an einem Sommertag [11]. Auch an überwiegend sonnigen Tagen im Winter sind Modultemperaturen im Bereich von 40 bis 60 °C erreichbar. Je nach Zelltechnologie und zugehörigem Temperaturkoeffizient bedeutet eine Modultemperatur von 60 °C eine Minderung der Nennleistung von 8,75 bis 21 %. Neben wirtschaftlichen Gründen hat bisher vor allem das Problem der erhöhten Modultemperaturen einen verbreiteten Einsatz von PV-Modulen im Fassadenbereich verhindert.

4 PV-Module mit Latentwärmespeicher

4.1 Prinzipielle Wirkungsweise

Mit dem Ziel die Modultemperaturen möglichst niedrig zu halten und damit den Wirkungsgrad zu steigern, wird eine Kühlung der PV-Module durch rückseitig angebrachte Latentwärmespeichermaterialien angestrebt. Latentwärmespeicher (engl. Phase Change Material, kurz PCM) können fast verlustarm thermische Energie über einen längeren Zeitraum durch die Änderung des Aggregatzustandes, z.B. von fest zu flüssig, speichern. Wenn die Temperatur in der Fassade den Schmelzpunkt des PCM übersteigt, beginnt der Phasenwechsel, das Aufschmelzen des Materials. Während dieses Prozesses wird eine große Menge an Wärmeenergie gebunden, ohne dass sich dabei die Temperatur des PCM erhöht (Abbildung 3). Fällt die Umgebungstemperatur wieder unter den Schmelzpunkt beginnt das Material zu erstarren, wobei die latent gespeicherte Wärmeenergie abgegeben wird. So kann beispielsweise tagsüber die durch die Einstrahlung der Sonne entstehende thermische Energie aus dem PV-Modul entzogen und zeitversetzt in den Nachtstunden wieder an die Umgebung abgegeben werden. Temperaturspitzen in den PV-Zellen können auf diese Weise abgepuffert werden. Die temperaturbedingte Reduzierung des Wirkungsgrads wird damit geringer und der Ertrag des PV-Moduls gesteigert.

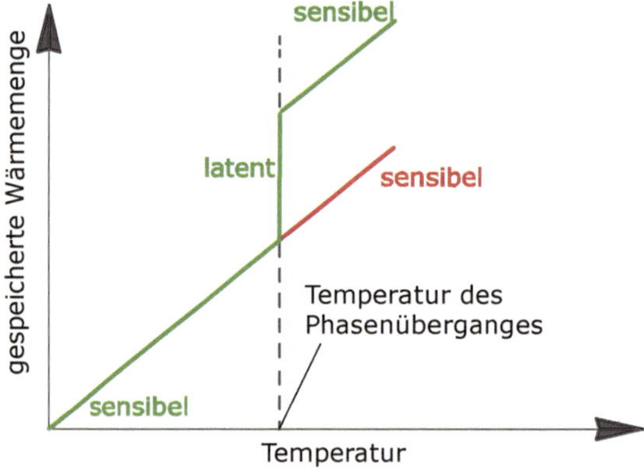

Abbildung 3: Phasenübergang des PCM. Während des Aufschmelzens wird Wärmeenergie latent gespeichert ohne dass sich die Temperatur des Materials weiter erhöht.

Als PCM kommen Salzhydrate oder Paraffine zum Einsatz. Dabei kann der Schmelzpunkt über die chemische Zusammensetzung variiert und so auf die jeweilige Anwendung abgestimmt werden. Im Idealfall erfolgt das Aufschmelzen und damit die Temperaturabpufferung in dem Zeitraum, wenn die größten Einstrahlungswerte des Tages zu verzeichnen sind. Darüber hinaus sollte der Schmelzpunkt des PCM so gewählt werden, dass die Temperaturen während der Nachtstunden ein vollständiges Erstarren des Materials zulassen. Nur so kann der Kreislauf am kommenden Tag erneut beginnen.

4.2 Konstruktionsaufbau

Für den Einsatz in einer Pfosten-Riegel-Konstruktion wurde im Rahmen eines Forschungsprojektes am Institut für Baukonstruktion der TU Dresden ein PV-Fassadenpaneel mit integriertem Latentwärmespeicher entwickelt. Dieses besteht aus einem Dünnschicht-PV-Modul, dessen Rückseite flächig mit PCM gefüllten Kapseln belegt ist (Abbildung 4). Auf diese Weise wird eine gute Wärmeübertragung vom PV-Modul zum PCM sichergestellt. Eine Dämmschicht aus Mineralwolle sorgt für den nötigen Wärmeschutz und zum Innenraum schließt das Paneel mit einer Blechverkleidung ab.

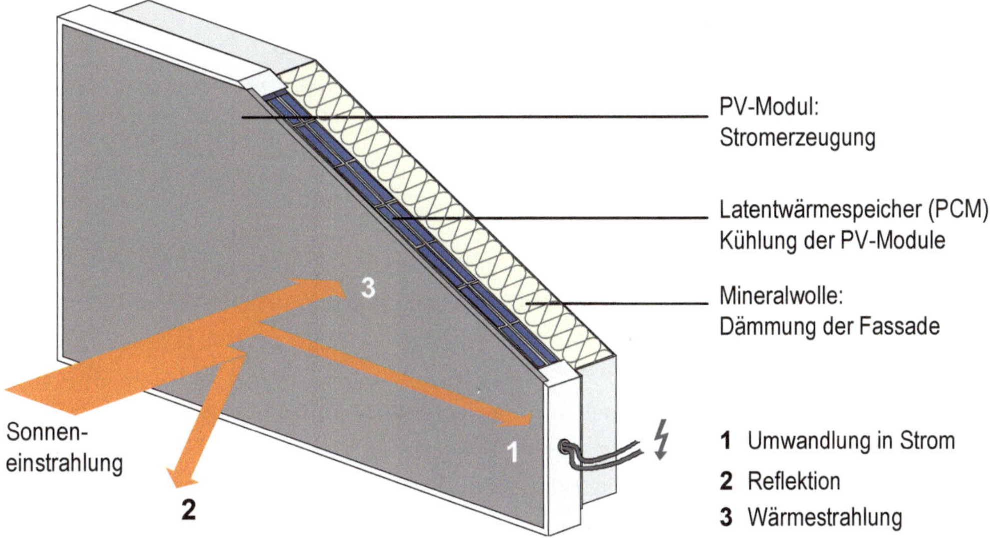

Abbildung 4: Schematischer Aufbau des gedämmten Fassadenpaneels mit integrierter Dünnschicht-PV

Das PV-Fassadenpaneel kann wie ein übliches opakes Fassadenelement in die skelettartige Gitterstruktur einer Pfosten-Riegel-Konstruktion integriert werden. Die Befestigung erfolgt über Anpressleisten, die an den Pfosten- und Riegelprofilen verschraubt werden und so die Paneele gegen Windsogkräfte sichern. Das Eigengewicht der ausfachenden Füllelemente wird über Klotzungen in die horizontalen Riegel eingetragen und an die Pfostenprofile weitergeleitet. Durch die Ausführung als Warmfassade übernimmt das entwickelte Fassadenpaneel neben der Stromerzeugung auch den Witterungs- und Wärmeschutz.

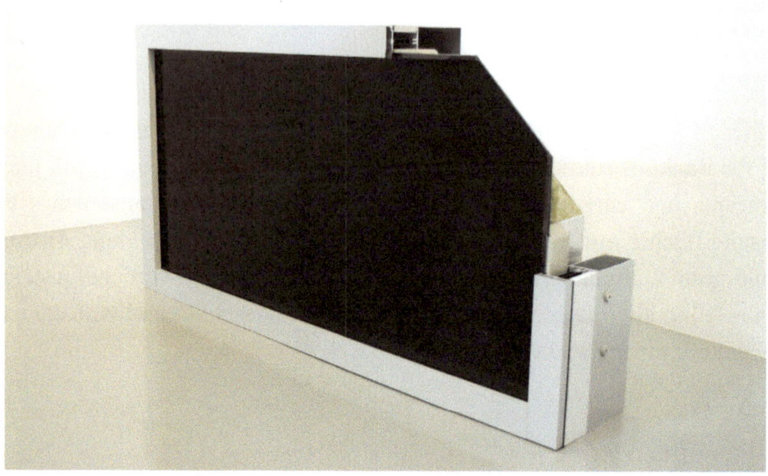

Abbildung 5: Aufgeschnittenes PV-Fassadenpaneel mit rückseitig integriertem PCM in einer Pfosten-Riegel-Konstruktion

5 Integration in Fassaden der Nachkriegsmoderne

5.1 Untersuchungsobjekt

Die in den nachfolgenden Unterkapiteln beschriebene Integration der PV-Module mit Latentwärmespeicher in Fassaden der Nachkriegsmoderne erfolgt am Beispiel des Pflanzenphysiologischen Instituts (PPI) der FU Berlin (Abbildung 6). Dieses Gebäude steht unter Denkmalschutz und ist exemplarisch für eine hohe Zahl an Nichtwohngebäuden aus der Nachkriegszeit. Untersuchungen zu diesem Gebäude wurden bereits in [7], [12] und [13] publiziert. Das Gebäude wurde von 1962 bis 1970 unter Leitung des Architekten Wassili Luckhardt (1889 bis 1972) erbaut.

Abbildung 6: Pflanzenphysiologisches Institut der FU Berlin (Foto: Institut für Baukonstruktion)

Nach über vierzigjähriger Nutzung besteht bei diesem Gebäude ein erhöhter Sanierungsbedarf bzw. Sanierungsdruck. Im Mittelpunkt steht dabei die Verbesserung der energetischen Eigenschaften der Gebäudehülle und der Gebäudetechnik. Gestaltprägend ist bei diesem Gebäude die Vorhangfassade, welche über dem Erdgeschoss angeordnet regelrecht schwebend wirkt.

5.2 Konstruktive Durchbildung

Die Vorhangfassade des PPI ist als Warmfassade ausgebildet und besteht aus thermisch nicht getrennten Stahlprofilen, welche an die horizontal verlaufenden Stahlbetondeckenplatten angeschlossen sind. Im Zuge von Bestandsuntersuchungen zeigte sich, dass die Fassade einige Wärmebrücken infolge der thermisch nicht getrennten Stahlprofile und des ebenfalls thermisch nicht getrennten Anschlusses der Fassade an den Baukörper aufweist. Thermografieaufnahmen zeigen zudem, dass die Wärmedämmung in den opaken Brüstungspaneelen nicht ausreichend ist. Das es in diesem Zustand zu noch keinem allzu großen Tauwasserausfall gekommen ist, liegt hauptsächlich an der niedrigen relativen Luftfeuchtigkeit in den angrenzenden Innenräumen, welche durch Luftundichtigkeiten an den Fensterflügeln entsteht.

Im Zuge der Erarbeitung eines integralen Sanierungskonzeptes wurde der Neubau der Vorhangfassade mit neuen, thermisch getrennten Stahlprofilen vorgeschlagen, welche in ihrer Form dem ursprünglichen Erscheinungsbild ähneln. Weiterhin sollen die Verbundfenster gegen Einfachfenster mit Dreischeiben-Isolierverglasung getauscht werden. Die opaken Brüstungspaneele erhalten eine neue Dämmung [13]. Bereits in vorhergehenden Publikationen wurde die Möglichkeit einer PV-Integration in die opaken Brüstungsbereiche der

Fassade untersucht, jedoch unter anderem auch aufgrund der hohen Modultemperaturen in einer Warmfassade verworfen [7]. Mit dem in Kapitel 4 beschriebenen Paneel mit PV-Modul und Latentwärmespeicher wird der negative Effekt erhöhter Modultemperaturen nun jedoch minimiert. Konstruktiv kann das Paneel in die opaken Bereiche der neuen Vorhangfassade eingebunden werden. Da das PCM von außen nicht sichtbar ist, werden das äußere Erscheinungsbild und die Materialität nicht verändert (Abbildung 7).

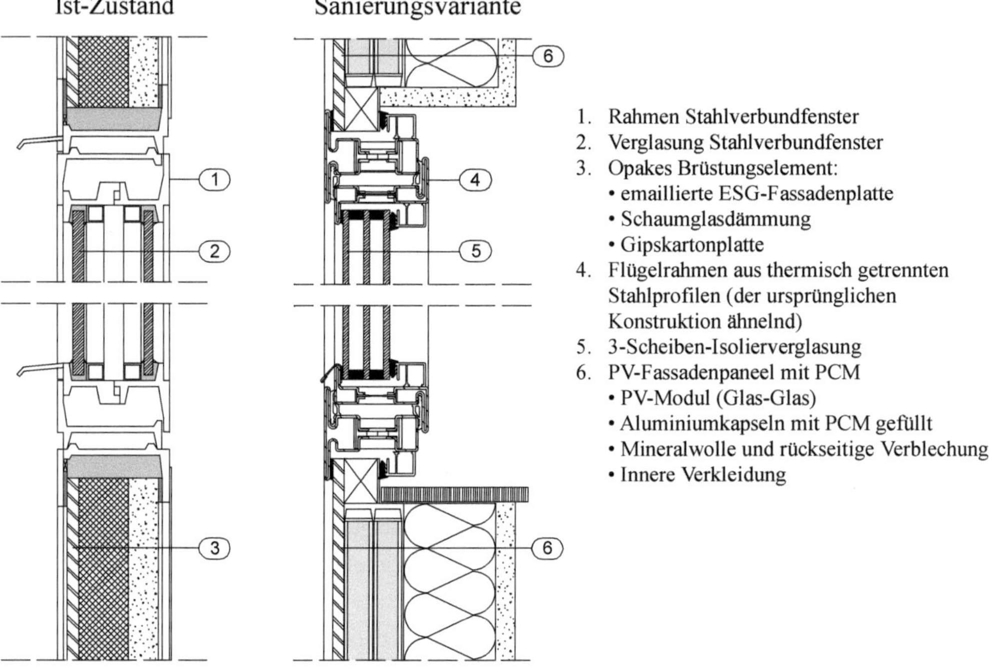

Abbildung 7: Vertikalschnitt durch die Vorhangfassade. Links: Ist-Zustand vor der Sanierung, rechts: Sanierungsvariante mit dem Fassadenpaneel mit PV-Modul und Latentwärmespeicher für eine Temperaturabpufferung.

5.3 Energetischer Nutzen

Im Rahmen eines Forschungsprojektes werden an einem Freibewitterungsteststand PV-Module in Fassadenpaneelen einem Monitoring unterzogen. Zum Einsatz kommen dabei sowohl Paneele mit als auch Paneele ohne PCM-Integration. Ziel ist es, den Effekt der Temperaturabpufferung durch das PCM durch den direkten Vergleich mit Paneelen ohne PCM sichtbar zu machen und den energetischen Nutzen durch geringere Modultemperaturen und einen erhöhten Stromertrag zu quantifizieren.

Dabei zeigt sich, dass hohe Modultemperaturen nicht nur im Sommer, sondern über das gesamte Jahr, also auch in den Wintermonaten, auftreten. Dies liegt darin begründet, dass die Temperaturentwicklung in einem PV-Modul maßgeblich von der Einstrahlung der Sonne beeinflusst wird. Nach den Ausführungen in Kapitel 3 kann auf Fassadenflächen in den Wintermonaten aufgrund des geringen Sonnenhöhenwinkels ein hoher Strahlungseinfall verzeichnet werden. Die Ergebnisse des Monitorings zeigen, dass durch die PCM-Integration die Temperatur im PV-Modul um bis zu 25 K geringer ausfallen kann als bei PV-Modulen ohne PCM-Integration. Je nach Temperaturkoeffizient des verwendeten PV-Moduls kann die Temperaturreduktion um 25 K eine Leistungsverbesserung von 6 bis 9 % bedeuten. Während des Schmelzens des PCMs bleibt die Modultemperatur relativ konstant. Nachts dauert es dagegen länger, bis die Modultemperatur wieder sinkt, da erst die thermische Energie aus dem PCM entladen werden muss (Abbildung 8).

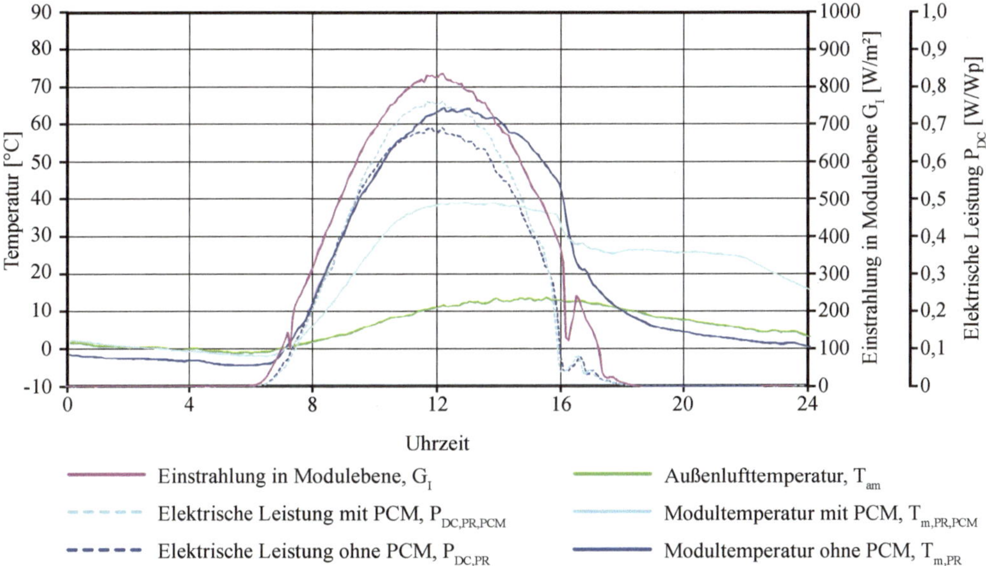

Abbildung 8: Vergleichende Betrachtung von Paneelen mit und ohne PCM in einem Freibewitterungsteststand. Monitoringdaten vom 9. März 2016.

Das angesprochene Monitoring im Freifeld läuft seit März diesen Jahres, weshalb mit diesem Artikel nur eine Bestandsaufnahme und keine abschließende vollumfängliche Beurteilung des energetischen Nutzens gegeben werden kann. Nach aktuellem Stand ist ersichtlich, dass je nach Monat die Leistungssteigerung bei den PV-Modulen mit PCM einen Mehrertrag von 3 bis 5 % gegenüber PV-Modulen ohne PCM bringt. Betrachtet man zusätzliche Anlagenverluste durch Wechselrichter und Verkabelung, liegt der Mehrertrag noch bei 1,1 bis 4,6 %.

Diese Zahlen wirken auf den ersten Blick nicht besonders hoch, bei genauerer Auswertung wird jedoch das Potential der PCM-Integration deutlich. So wurden im bisherigen Monitoring hauptsächlich die Sommermonate untersucht, welche aufgrund der hoch stehenden Sonne und der daraus vermehrt auftretenden Reflexionsverluste generell weniger Stromertrag bedeuten. Hinzu kam, dass besonders in diesem Jahr während der Sommermonate häufig bewölkte Tage vorhanden waren, welche sich ebenfalls negativ auf den Solarertrag auswirken. Bei geringer Einstrahlung und bewölktem Himmel sind die Modultemperaturen nicht so hoch, sodass die Wirkung des PCMs nicht voll zum Tragen kommt.

Im September war hingegen der Sonnenhöchststand im Vergleich zum Juni geringer und zudem gab es auch vermehrt sonnige Tage. Hier wurde ein Mehrertrag bei den PV-Modulen mit PCM von 5,1 % bzw. 4,6 % nach Abzug sonstiger Anlagenverluste gemessen. Für die weiteren Herbstmonate sowie die kommenden Frühjahrsmonate wird ebenfalls ein höherer Mehrertrag wahrscheinlich sein, da diese Monate für PV-Module in der Fassade die ertragreichsten sind.

Weiterhin gilt zu bedenken, dass die in dem Monitoring verwendeten PV-Module mit einem Temperaturkoeffizienten von -0,25 %/K weniger anfällig gegenüber erhöhten Modultemperaturen sind als andere Dünnschicht-PV-Module, welche Temperaturkoeffizienten von bis zu -0,4 %/K aufweisen. Dementsprechend würde sich der Mehrertrag durch eine Temperaturabpufferung hier noch höher einstellen.

6 Zusammenfassung

Der Beitrag verdeutlicht, dass die Kombination von Latentwärmespeichern und PV-Modulen in Warmfassaden zu einer deutlichen Reduzierung der Modultemperaturen führen kann. Bisherige Untersuchungen zeigen, dass je nach verwendetem Dünnschicht-PV-Modul Mehrerträge von 1,1 bis 5,6 % durch die PCM-Integration erzielt werden können. Weitere Untersuchungen über die Herbst- und Wintermonate lassen zudem noch mehr Steigerungspotential erwarten.

Weiterhin ist es möglich, die optimierten PV-Module für die energetische Sanierung denkmalgeschützter Fassaden der Nachkriegsmoderne zu verwenden. Durch die verbesserte thermische Trennung der Fassadenprofile, geringere U-Werte von Fenster- und Brüstungselementen sowie der Energieerzeugung in der Fassade kann die Gesamtenergiebilanz des Baudenkmals entscheidend verbessert werden.

7 Danksagung

Dieser Beitrag entstand im Rahmen des Forschungsprojektes „Integrale Konzeptentwicklung für ein denkmalgeschütztes Laborgebäude der Nachkriegsmoderne unter Berücksich-

tigung des Klimawandels", gefördert mit Mitteln der Deutschen Bundesstiftung Umwelt
(Förderkennzeichen 30554–25) sowie im Rahmen des Forschungsprojektes „Gedämmtes
Dünnschicht-Photovoltaik-Paneel (PV) mit integriertem Latentwärmespeicher (PCM)",
gefördert im Rahmen des Zentralen Innovationsprogramms Mittelstand (ZIM) durch das
Bundesministerium für Wirtschaft und Energie (Förderkennzeichen VP2050212MF4). Die
Autoren bedanken sich bei allen Projektpartnern für die gute Zusammenarbeit.

8 Literatur

[1] EnEV 2016: *Verordnung über energieeinsparenden Wärmeschutz und energieeinspa-
rende Anlagentechnik bei Gebäuden (Energieeinsparordnung – EnEV 2016)*. Fassung
vom 18. November 2013.

[2] 2010/31/EU: *Richtlinie des Europäischen Parlaments und des Rates vom 19. Mai
2010 über die Gesamtenergieeffizienz von Gebäuden*. Amtsblatt der Europäischen
Union, 2010.

[3] Bundesministerium für Wirtschaft und Technologie (BMWi) Öffentlichkeitsarbeit;
Bundesministerium für Umwelt, Naturschutz und Reaktorsicherheit (BMU) Öffentlichkeitsarbeit (Hrsg.): *Energiekonzept für eine umweltschonende, zuverlässige und
bezahlbare Energieversorgung*. München: PRpetuum, 2010.

[4] Roos, M.: *Wirtschaftlichkeit*. In: DAW SE; GWT-TUD GmbH (Hrsg.): Photovoltaik
Fassaden – Leitfaden zur Planung. Netzschkau: LITHODECOR, 2016, S. 151-160.

[5] Gisbertz, O. (Hg.): *Nachkriegsmoderne kontrovers – Positionen der Gegenwart*. Berlin: jovis Verlag, 2012, S. 13.

[6] Weller, B.; Fahrion, M.-S.; Jakubetz, S.: *Denkmal und Energie*. Wiesbaden: Vieweg
+ Teubner, 2012, S. 172.

[7] Horn, S.; Thorwarth, D.: *Baudenkmale und deren Potential zur Nutzung von Photo-
voltaik*. In: Weller, B.; Horn, S. (Hrsg.): Denkmal und Energie 2016 – Potentiale und
Chancen von Baudenkmalen im Rahmen der Energiewende. Wiesbaden: Springer
Vieweg, 2015, S. 93-107.

[8] DAW SE; GWT-TUD GmbH (Hrsg.): *Photovoltaik Fassaden – Leitfaden zur Planung*. Netzschkau: LITHODECOR, 2016, S. 51.

[9] Mertens, K.: *Photovoltaik – Lehrbuch zu Grundlagen, Technologie und Praxis*. München: Carl Hanser Verlag, 2013, S. 151 ff.

[10] Weller, B.; Hemmerle, C.; Jakubetz, S.; Unnewehr, S.: *DETAIL Praxis Photovoltaik –
Technik, Gestaltung, Konstruktion*. München: Institut für internationale Architek-
turdokumentation, 2009, S. 23 f.

[11] Weller, B.; Horn, S.; Thorwarth, D.; Seeger, J.; Fahrion, M.-S.: *Fassadenintegration von Dünnschicht-Photovoltaik-Paneelen mit rückseitigem Latentwärmespeicher.* In: Weller, B.; Tasche, S. (Hrsg.): Glasbau 2016. Berlin: Ernst & Sohn, 2016, S. 265-279.

[12] Horn, S.; Fahrion, M.-S.; Wassili, L.: *Pflanzenphysiologisches Institut FU Berlin – Energetische Sanierung.* In: Weller, B.; Horn, S. (Hrsg.): Denkmal und Energie 2015 – Kreative Ansätze zur Sanierung – Von der Gotik bis zur Moderne. Dresden: Institut für Baukonstruktion, 2014, S. 101-113.

[13] Horn, S.; Fahrion, M.-S.; Weller, B.: *Sanierungskonzepte für ein denkmalgeschütztes Laborgebäude der Nachkriegsmoderne.* In: Weller, B.; Tasche, S. (Hrsg.): Glasbau 2015. Berlin: Ernst & Sohn, 2015, S. 53-65.

Autorenregister

Denkmal und Energie 2017. Herausgegeben von Bernhard Weller, Sebastian Horn.
© 2016 Springer Fachmedien Wiesbaden GmbH. Published 2016 by Springer Fachmedien Wiesbaden GmbH.

W

Stichwortregister

Die Herausgeber danken der Deutschen
Bundesstiftung Umwelt für die
großzügige Förderung der Publikation.